Minima Media

Minima Media

Medienbiennale
Leipzig

Handbuch zur
Medienbiennale Leipzig 94
herausgegeben von Dieter Daniels

documentation of the
Medienbiennale Leipzig 94
edited by Dieter Daniels

Plitt Verlag und
Mencke Presse
für die
Edition der Hochschule
für Grafik und Buchkunst Leipzig

Das Handbuch »Minima Media« dokumentiert die Medienbiennale Leipzig 1994
in den Fabrikhallen der ehemaligen VEB Buntgarnwerke Leipzig

The publication »Minima Media« documents the Medienbiennale Leipzig 1994

which took place in the factory formely occupied by the VEB Buntgarnwerke Leipzig

Die Deutsche Bibliothek - CIP-Einheitsaufnahme

Minima Media:
Medienbiennale Leipzig; Handbuch zur Medienbiennale Leipzig…
- Oberhausen: Plitt.
1995. - 1995

ISBN 3-980-2395-7-8

Minima Media
Medienbiennale Leipzig 1994

Herausgeber / editor:	Dieter Daniels
Redaktion / editorial staff:	Inke Arns, Dieter Daniels
Übersetzungen / translations:	Tom Morrison, Inke Arns
Fotografie / photography:	Uwe Walter, Berlin
Umschlagfoto / cover photo:	Christoph Keller
weitere Fotos / other photos:	siehe Nachweis S. 208/see index p. 208
Design, DTP:	WOP, Leipzig (Telefon: 03 41/4 77 72 46)
Druck/print:	Plitt Druck- u. Verlag GmbH, Oberhausen
Auflage/edition:	1500 Exemplare / copies
	Eine auf 50 Stück limitierte Sonderauflage mit einem signierten Videoband
	„A Waste of time" von Allan Kaprow ist erhältlich.
	A limited edition of 50 copies including a signed videotape by Allan Kaprow
	„A Waste of time" is available,

© Autoren und Herausgeber, Leipzig 1995
© authors and editors, Leipzig 1995

Plitt Druck- u. Verlag GmbH, Oberhausen
und / and
Mencke Presse Leipzig

Edition der Hochschule für Grafik und Buchkunst Leipzig,
herausgegeben von / edited by Joachim Brohm und Timm Rautert

Vertrieb / distributed by:
Plitt Druck- u. Verlag GmbH
Feldstraße 21
D-45149 Oberhausen
Telefon: 02 08 / 65 15 09
Fax: 02 08 / 65 44 59

ISBN 3-980-2395-7-8

Gedruckt mit Unterstützung des Kunstfonds e.V. Bonn durch Mittel der VG Bild-Kunst
und mit Unterstützung des Sächsischen Staatsministeriums für Wissenschaft und Kunst

printed with financial assistance by the Kunstfonds Bonn e.V.
and with financial assistance of the Saxon State Ministry of Art and Science

Inhalt

Vor & Nachwort zu Minima Media

Dieter Daniels

Ein solch komplexes und situationsbezogenes Ereignis wie »Minima Media« in ein Buch zu fassen ist nicht leicht. Der vorliegende Dokumentations- und Textband kann kaum stundenlanges Wandern durch die leeren Werkshallen ersetzen, das man als Besucher auf sich nehmen musste, wenn man mit einem Lageplan ausgestattet alle Exponate auffinden wollte. Selten ergibt sich die Gelegenheit, auf dem immensen Areal von 100.000 qm Geschossfläche eine Ausstellung zu inszenieren. Die Versuchung war entsprechend, sich mehr vorzunehmen als möglich sein kann. Die 31 Installationen und 6 Telekommunikationsprojekte von »Minima Media« nutzten schliesslich circa ein Drittel des leeren Areals der ehemaligen Buntgarnwerke, hinzu kamen die 6 über das Stadtgebiet verteilten Arbeiten im öffentlichen Raum sowie Performances, Videoabende, Vorträge und schliesslich mehrere Begleitveranstaltungen in Leipziger Galerien und Kulturinstituten.

Man darf also behaupten, dass mit der Beteiligung von insgesamt circa 75 internationalen Künstlern »Minima Media« das erste umfassende Medienkunstereignis in den »Neuen Ländern« war. Sollte man den Veranstaltern vorwerfen, dem programmatischen Aufruf zur Beschränkung auf das Wesentliche, wie er im Konzept von »Minima Media« formuliert ist, selbst nicht gefolgt zu sein?

Aber: um der politischen, menschlichen und ästhetischen Umbruchssituation gerecht zu werden, und um das von diesem Umbruch leergefegte Gebäude zu einem Gesamterlebnis zusammenzufassen, und um die Verbindung von Ost- und West-Europa zu schaffen, und schliesslich den Bogen zu schlagen von der in der DDR völlig unbekannten historischen Entwicklung der Medienkunst zu einem Blick auf die Tendenzen der Zukunft - was hätte man weglassen sollen?

Der faszinierende Ort wurde von einigen Besuchern als bedrohlich empfunden. Auch für die Veranstalter und Künstler war er eine besondere Herausforderung und es gab Zeitpunkte, an denen die Realisierbarkeit des ganzen Projekts in Frage stand; so als sich drei Wochen vor der Eröffnung herausstellte, dass das gesamte alte Stromnetz des Gebäudes nicht mehr benutzbar ist oder als am Tag nach der Eröffnung ein Wasserrohrbruch alle Installationen im Keller des Gebäudes vorübergehend lahmlegte.

Bis hin zu den banalsten Problemen stand »Minima Media« somit ganz im Zeichen des derzeitigen Umbruchs. In einer Stadt wie Leipzig ist das Leben seit der Wende gekennzeichnet durch einen existentiellen Gegensatz: alles ist entweder »alt« oder »neu«. Dieser Gegensatz zieht sich durch alle Lebensbereiche und umfasst Wohnungen, Autos, Telefonleitungen ebenso wie Bücher, Kunstwerke und schliesslich politische und ideologische Positionen. Der von allen Beteiligten empfundene Zwiespalt wird leider meist allzu einfach auf Ost und West oder »gut« und »böse« verteilt. Nachdem in der westlichen Kultur die Frage der Innovation im Rahmen von Postmoderne usw. eher kritisch betrachtet wurde, hat das Aufeinandertreffen von zwei seit 40 Jahren getrennten deutschen Kulturen den Präzendenzfall für die Krise beider Wertsysteme geliefert, die im gesamteuropäischen Rahmen erst noch bevorsteht.

Wie soll man über ein solch esoterisches Gebilde wie Medienkunst sprechen, wenn die neuen Technologien in den neuen Ländern von vielen Menschen vor allem als Bedrohung des eigenen Arbeitsplatzes gesehen werden? Was bedeutet die Geschichte der künstlerischen Eroberung der Medien in der westlichen Avantgarde seit den 1960ern im Vergleich zu einem Land, in dem es bis 1989 keine privaten Computer, Videokameras oder auch nur Fotokopierer gab?

»Minima Media« war der Versuch, diese Situation mit den Mitteln der Kunst zum Thema zu machen. Der beschriebene Kontrast von »alt« und »neu« findet seine fast dramtische Zuspitzung, wenn in den Werkshallen der abgewickelten Buntgarnwerke, die bis zur Währungsunion einer der Vorzeigebetriebe der DDR waren, die Kunst mit neuen Technologien Einzug hält. Es waren eben jene neuen Technologien, die zur Unrentabilität des alten Industriebetriebs beigetragen haben, dessen Leere nun wie eine grosse Frage nach der Zukunft dazustehen scheint. Die Kunst ist eine Zwischennutzung, in der einmaligen Situation, an diesem sensiblen Punkt der Geschichte ein gesamtes Areal durch subtile Eingriffe zu transformieren.

Buntgarnwerke
Innenansicht
Interior

All dies wird jedoch vielleicht im Rückblick deutlicher als bei der Arbeit am Projekt selbst. Hier standen oft ganz pragmatische Fragen im Vordergrund. So bestand die seltene Chance, zu jeder Installation eine ganz eignes Umfeld zu suchen, teils in Zusammenarbeit mit den Künstlern, teils durch die Organisatoren. Kein Museum kann einfach 100 Meter Platz bis zum nächsten Exponat lassen, damit die Arbeiten sich nicht gegenseitig stören. Gerade das war hier möglich und liess einen offenen Parcours entstehen, in dem sich manchmal enge Verbindungen der vorgefundenen Räume mit den Werken ergaben. Bis auf wenige Ausnahmen wurden alle Arbeiten vor Ort realisiert, bzw. im Fall historischer Stücke rekonstruiert, ohne dabei auf fertige Exponate und Leihgaben zurückzugreifen. Der Bezug auf den Ort war also ebenso gewollt wie unvermeidbar. Die 1974 für einen ganz anderen Ort entstandene Installation »Der Gedenktag des ...« von Jochen Gerz geht eine Verbindung mit dem erinnerungsschweren Gebäude ein, das stellenweise noch Relikte des sozialistischen Jubiläums- und Gedenkkultes enthält, um so zu neuen Bedeutungsschichten zu führen. Auch hier kommt ein pragmatischer Aspekt hinzu: nur durch die mit der Realisation vor Ort verbundene Einsparung an Transporten und Versicherungen war es überhaupt möglich, eine solch umfangreiche Ausstellung mit dem knappen vorgegeben Budget zu realisieren.

In der Abfolge der Räume und Werke trafen starke Kontraste aufeinander. Der beheizte Eingangsbereich mit den Netzwerkprojekten und dem Cafe strahlte kommunikative Werkstatt-Atmosphäre aus. In den entlegeneren Teilen des Areals bis jenseits des Elsterkanals hingegen fand sich der Besucher meist in kühler Einsamkeit mit den Werken. Wer die Ausstellung im Dunkeln besuchte sah etwas ganz anderes als bei Tageslicht. Aufsteigend von den interaktiven Terminals der Netzwerkprojekte bis zum ganz verdunkelten obersten Geschoss mit den grossen Film- und Videoprojektionen von Stan Douglas und Beban/Horvatic erwarteten den Besucher immer grössere Bildformate. Trotz der weiten Distanzen enfaltete sich auch zwischen den Werken Spannung. Im Keller des Gebäudes rief die kleine Puppe von Tony Oursler ihren anzüglichen Monolog ins Dunkel, als sollte er die schweigende Leidenschaft der »Star Trek« Paare von Douglas Gordon kommentieren, während aus den dahinterliegenden Kellergängen das unheimliche Dröhnen der Installation von Alexandru Patatics herüberschallte. Die historischen Videotapes in den beiden Treppenhäusern umfassten die gesamte Ausstellung mit einer Klammer und liessen den ständigen Vergleich von heutigem Stand der Arbeit mit der Geschichte der letzten 30 Jahre zu. Das Gebäude und die Kunstwerke traten so in einen engen Dialog, der tiefgreifender als bei jeder Museumsausstellung Teil des Gesamterlebnisses wurde.

Die Buntgarnwerke, das grösste Industriedenkmal Deutschlands, warten derzeit noch auf ihre Umnutzung: ein Hotel, Geschäftspassagen und Büroetagen sind geplant. Die erste Leipziger Medienbiennale fand 1992 im ehemaligen Reichsgericht statt, das seit 40 Jahren als Museum der Bildenden Künste dient und nun wieder ein Gericht beherbergen soll. Die nächste Medienbiennale wird sich in Leipzig also wieder einen neuen Ort suchen und ein anderes Thema finden, und hat so die Chance einer veränderten Situation in einer Zeit raschen Wandels gerecht zu werden.

18. April 1995

Dieter Daniels

It is not easy to pack into a book a complex and situation-related event like »Minima Media«. Photos and texts can hardly be a substitute for the hours spent wandering through the empty factory workshops by visitors armed with a floor plan and the resolve to see all the exhibits. The opportunity we had of staging an exhibition in a building offering 100,000 m² floor space was a rare one, and inevitably we were tempted to overreach ourselves. In the end, the 31 installations and 6 telecommunications projects making up »Minima Media« took up roughly one third of the empty textile mill. 6 more works were presented in the public realm in Leipzig, while performances, video screenings, lectures and a number of related events were staged in the city's art galleries and cultural institutes.

Therefore, one can safely claim that »Minima Media« - with contributions from some 75 artists internationally - was the first comprehensive media-art event in former East Germany. But would it be true to say the organizers ignored their own call for a reduction to essentials as formulated in the »Minima Media« concept?
The question needs to be put differently: could anything have been left out? Without blurring the impression of a situation of political, human and aesthetical upheaval? Without softening the impact of a post-planned-economy factory experienced in all its emptiness? Without giving a less complete picture of links between Eastern and Western Europe and of media art's historical development - an unknown chapter in the GDR - and future directions?

Some visitors found the location more threatening than fascinating. The space was certainly a special challenge for the artists and organizers. There were moments when it was unclear if the event would happen at all; for instance, when the electrical system of the building proved obsolete three weeks before the opening date, or when a burst pipe temporarily paralyzed all installations in the basement on the second day of the exhibition.

Down to the most trivial problems, therefore, »Minima Media« was not isolated from the general pitfalls and surprises of life in a city going through the process of change and redevelopment. Since the demise of the GDR, life in cities like Leipzig has been characterized by an existential contrast: everything is either »old« or »new«. This contrast pervades all areas of life and applies as much to accommodation, cars, telephone lines as to books, artworks and, ultimately, political and ideological positions. Unfortunately, the ambivalence sensed by all concerned tends to be channelled into the (over)simple categories of East and West or »good« and »bad«. Now that Western civilization has advanced through postmodernism etc. to a tentatively critical view of innovation, the collision of two German cultures after 40 years of separation anticipates the crisis of either system of values lying before Europe as a whole.

Buntgarnwerke
Überblick
general view

How is it possible to speak about an esoteric creation like media art in the new German states where people often see the new technologies primarily as a threat to their jobs? How significant is the artistic conquest of the media by the Western avant-garde in a country where privately-owned computers, video cameras or photocopiers were unheard of before 1989?
»Minima Media« was an attempt to thematize this situation with artistic means. In an almost dramatic overstatement of the aforementioned contrast between »old« and »new«, art based on the new technologies took possession of the closed-down textile mill (one of the GDR's showcase state combines until monetary union between GDR and FRG). These very technologies were instrumental in rendering the old industrial operations obsolete, unprofitable, and now emptiness hangs over the factory like a question mark about an uncertain future. Art is an interim occupant only, but one in the unique position of being able to transform an entire space by subtle interventions at a critical moment in history.

These issues are perhaps clearer in retrospective than they were at the time of setting up the exhibition and grappling with the practical questions. We had the rare chance of seeking out a separate environment for every installation, sometimes together with the artists. No museum can afford to leave a space of 100 metres between exhibits in order to keep one from intruding on the other. The distance possible here resulted in an open circuit in which close links could develop between the old premises and the new artworks. With a few exceptions, all the works were completed (or, in the case of historical items, reconstructed) on-site without recourse being made to existing artworks or works on loan. References to the location were therefore as welcome as they were inevitable. Although conceived for a wholly different location in 1974, Jochen Gerz's installation »Der Gedenktag des ... « (The Commemoration Day of ...) established an immediate rapport with the relics of the Communist anniversary and memorial cult still strewn about the factory, opening up new layers of meaning. There was also a pragmatic side to this in-house construction policy: the saved transportation and insurance costs made an exhibition on this scale feasible despite a very tight budget.

Visitors moving between different parts of the buildings and site were exposed to sharp contrasts. The atmosphere in the heated entrance foyer that housed the network projects and café was communicative and workshop-like. In the more remote parts of the grounds - which extend as far as the other side of the Elster canal - visitors were plunged into stark isolation, left alone with the exhibits. Viewers returning to see the exhibition by night found it wholly transformed. Picture formats - starting with the interactive terminals of the network projects and ending with the huge film and video projections by Stan Douglas and Beban/Horvatic on the pitch black top floor - progressively grew in size. Despite the physical distance between different objects, tensions still arose. Down in the basement, Tony Oursler's little puppet called its risqué monologue into the dark, as if commenting on the silent passion of Douglas Gordon's »Star Trek« couples, accompanied by the eery droaning sound of Alexandru Patatics' installation in adjacent basement corridors. The historic video tapes in the two stairwells formed a clasp round the entire exhibition, inviting comparison between contemporary work and products of the last 30 years. The dialogue between the building and the artworks was intense, more integral to the overall experience than would have been possible in a museum.

The Buntgarnwerke, Germany's largest industrial monument, now awaits conversion: plans foresee a hotel, shopping centres, office floors. The former Reichsgericht courthouse, which for 40 years was a museum of art and housed the first Leipzig Medienbiennale in 1992, is now due to become a courthouse once more. The next Medienbiennale will need to look for a new site in Leipzig, for a different theme. This will be another chance to reflect the altered situation in a time of fast change.

April 18th, 1995

Treppenhaus
mit historischen Videos

staircase
with historic videos

Zwischen den Künsten
Auf der Suche nach Kategorien und Kriterien

Inke Arns

»Im Zeitalter ihrer Auflösung ist die Kunst – als negative Bewegung, die die Überwindung der Kunst in einer historisch gewordenen Gesellschaft verfolgt, in der die Geschichte noch nicht durchlebt wurde – eine Kunst der Veränderung und gleichzeitig der reine Ausdruck der Unmöglichkeit von Veränderung. Je grösser ihr Anspruch wird, desto kleiner wird die Chance einer angemessenen Realisierung. Diese Kunst ist gezwungenermassen *Avantgarde*, sie *ist nicht*. Ihre Avantgarde ist ihr Verschwinden.«
(Guy Debord, »La société du spectacle«, Paris 1987, S. 149)

Während Guy Debord, der Theoretiker der Situationistischen Internationale, in den 60'er Jahren angesichts der alles vereinnahmenden »Gesellschaft des Spektakels« das Verschwinden der Kunst prognostizierte, stellt sich diese Frage in der gegenwärtigen Situation nicht mehr in dieser Form. Sie muss auf eine andere Weise gestellt werden. Nicht die These des Verschwindens der Kunst erscheint heute diskussionswürdig, sondern das Verschwinden der Kunst wie wir sie kennen, das Verschwinden der Kategorien und Kriterien. Was umtreibt die Kunst in einer Gesellschaft, in der »Information das letzte gültige Tauschobjekt darstellt?«[1] Die Information natürlich. Die Übertragungsmechanismen, die zugleich Auswahl- und Manipulationsmechanismen sind; die Medien.

Annäherung

Der Begriff »Medienkunst« ist als solcher allerdings problematisch. Er impliziert eine »Andersartigkeit« von Medienkunst im Vergleich zur bildenden, also ohne neue Medien arbeitenden Kunst. Die Annäherung gestaltet sich schwierig. In Diskussionen mit Freunden tauchen ab und an hilflos formulierte Sätze auf, wie z.B: »... ich definiere die Kunst nicht nach den verwendeten Medien, sondern nach ... eben der Kunst.« Aber: In der zweiten Hälfte des 20. Jahrhunderts hat die Kunst immer auch einen selbstreferentiellen Charakter gehabt - also einen analytischen Blick auf das von ihr verwendete Medium (z. B. auf das Medium Farbe in der Minimal Art). Warum wurde die Minimal Art dann nicht Media Art genannt? Der Grund ist offensichtlich: Medienkunst defi-

niert sich durch den Einsatz von »neuen Medien«, also digitalen Techniken. Der ungeliebte Begriff ist eine Krücke für etwas, für das wir noch keinen Namen haben. Da uns kein besserer Begriff einfällt, müssen wir im Folgenden mit dieser Krücke vorlieb nehmen.

Spaltung

Bildende Kunst und Medienkunst beäugen sich in den meisten Fällen misstrauisch. Die Trennung zwischen ihnen beruht auf unterschiedlichen Annahmen über die jeweils andere Seite. Elektronische Kunst boomte in den letzten Jahren nicht zuletzt durch den Fall der Kosten von elektronischen Produktionsmitteln. Anfang der 90'er Jahre setzte ein wahrer »Hype« um Schlagworte wie »Interaktivität«, »Totalsimulation«, »Virtual Reality« ein, der unter anderem von dem populären Science Fiction Roman »Neuromancer« von William Gibson ausgelöst wurde. Die Medienkunst nahm sich dieser Begriffe an und versuchte sich an der Herstellung von eingängigen »Bildern« in Form von aufwendigen interaktiven Installationen. Sie vernachlässigte in ihrer Anfangsphase allerdings des Öfteren die Inhalte (um nicht zu sagen die Kunst) - »ästhetischer Overkill kontra Subversivität und Reflexivität.«[2]. Interface-Design, also die Gestaltung der Schnittstelle Mensch - Maschine, ist ein interessanter und wichtiger Forschungsschwerpunkt. Wo Interface-Design jedoch zum einzigen Inhalt der Kunst erhoben wird, verflüchtigt sich die Kunst.

Foyer mit Telekommunikationsprojekten

entrance area with telecommunication projects

All dies nahm ihr die bildende Kunst übel. Aus dem Blickwinkel der bildenden Kunst stellte diese Entwicklung eine nicht hinzunehmende Verquickung von Wissenschaft, Kunst, Forschung und Trivialkultur dar. Das Berliner Telekommunikationsprojekt Handshake formulierte diesbezüglich: »Medienkunst, elektronische Kunst und Computerkunst sind blumige Begriffe für etwas, bei dem man nicht weiss, was sich eigentlich dahinter verbirgt. Es stellt sich die Frage, ob elektronische Kunst mehr anzubieten hat, als preiswerte Innovationsarbeit für zukünftige Produkte der Unterhaltungsindustrie zu liefern. Ist der Vorwurf - häufig von bildenden Künstlern geäussert - berechtigt, dass Medienkünstler der Technikfaszination unterliegen und nur aus diesem Grund Technologie in ihre Arbeit miteinbeziehen?«[3]

Foyer mit
Telekommunikations-
projekten

entrance area
with telecommunication
projects

Auf der Seite der bildenden Kunst ist eine gewisse »Betriebsblindheit« gegenüber der künstlerischen Aneignung von neuen Technologien festzustellen. Die bare Existenz von »neuen Medien«, die gegenwärtig doch allerorts thematisiert und als gesellschaftsverändernde Revolution bezeichnet werden, scheint in vielen Fällen noch nicht das Bewusstsein der bildenden Kunst erreicht zu haben. Neue Medien werden als trivial eingestuft, weil sie sich an ein Massenpublikum wenden.

Diese unproduktive Spaltung in »bildende Kunst« und »Medienkunst« spaltet sogar die Medienkunst selber und reicht bis zu einzelnen Künstlern, die in diesem Bereich arbeiten: Während Medienkünstler wie Jeffrey Shaw und Peter

Weibel intern in der Medienkunstszene verbleiben, scheinen z.B. einige wenige Namen wie Nam June Paik und Bill Viola den Sprung in die Szene der »bildenden Kunst« geschafft zu haben.

Die Verflüchtigung des Objektes

Das Verschwinden des Kunstobjektes ist ein alter Hut. Seit den 60'er Jahren - also beginnend mit der Konzeptkunst und durchgehend bis heute - findet in der Kunst ein kontinuierlicher Immaterialisierungsprozess statt. Neben dieser Immaterialisierung fand das Prozesshafte, die Kommunikation, ihren Eingang in die Kunst. Roy Ascott formulierte in den 60'er Jahren:

»Jetzt, wo wir erkannt haben, dass in der Welt alles Prozess und ständiger Wandel ist, ist es weniger überraschend, dass sich die Kunst auch mit Prozessen beschäftigt. (...) Objekt-Verteidiger! Keine Angst! Eine Kultur der ständigen Veränderungen und behaviouristische Kunst müssen nicht das Ende des Objektes bedeuten, solange sie den Beginn neuer Werte für die Kunst bedeuten.«[4]

Neue Kriterien und Kategorien für die Kunst sind heute nötiger denn je.

Vor allem im Hinblick auf den Bereich der »Netzkunst«, der künstlerischen Internet-Projekte wird diese Notwendigkeit spürbar. Blieben bei Konzeptkunst, Happening und Performance noch »taktile« Objekte oder »Reste«, »Spuren« übrig, so kann man dies von der Netzwerkkunst nicht mehr behaupten. Diese Kunst hat einen extrem hohen Grad digitaler - nicht materieller - Abstraktheit erreicht.

Die Auflösung der Begriffe

Die Kunst wird zum reinen Prozess, Kommunikation wird zur Kunst. »Netzkunst« oder »Medienkunst« betreibt letztendlich die endgültige Auflösung der Begriffe, der Kategorien und Kriterien; der »Kunst«. Vor einem Telekommunikationsprojekt stehend fehlen der Kunstkritik die Worte: Den Rezensionen zu »Minima Media« in Kunstzeitschriften waren die ausgestellten Telekommunikationsprojekte keiner Erwähnung wert. Die Kunstkritik merkt, dass die Kategorien nicht mehr funktionieren - es sind aber auch noch keine neuen Werkzeuge zur Hand. Also schweigt man.

Schweigen übrigens auch auf der anderen Seite: die Computer- Fachpresse ging nur auf die Telekommunikationsprojekte ein und sparte den eigentlichen Kontext - die Ausstellung - aus.

Muss die Medienkunst sich an den Kriterien der Kunst messen lassen? Ja und nein - intuitiv ist die Antwort erst einmal »Ja«. Bei genauerer Betrachtung jedoch zeigt sich, dass - wie oben beschrieben - die Kategorien und Kriterien der bildenden Kunst bei der avanciertesten (und radikalsten) Form der Medienkunst - den Telekommunikationsprojekten - nicht mehr greifen. Wir brauchen neue Kategorien und Kriterien - vielleicht auch neue Begriffe?

Wurde durch das Begriffspaar »bildende Kunst« - »Medienkunst« die vertikale Linie der Ausstellung Minima Media gebildet, so komplettierte sich durch die zweite, horizontale Linie »Ost« - »West« das imaginäre Fadenkreuz der Ausstellung. Künstler und Künstlerinnen aus Ost- und Mitteleuropa bereicherten die Medienbiennale 94 mit ihren oft ironischen und ironisch-subversiven Arbeiten.

Die Medienbiennale 94 hat mit ihrem Konzept »Minima Media« - der Reduktion auf das »Wesentliche« - versucht, eine Diskussion über eben diese neu zu definierenden Kriterien in Gang zu bringen. »Minima Media« war auch ein erster Versuch, die Trennung zwischen bildender Kunst und Medienkunst aufzuheben. Und nicht zuletzt gab es Arbeitsansätze aus dem »Osten« zu sehen, die vielleicht etwas Leichtigkeit in die doch manchmal sehr ernsthafte Schwere der »westlichen« (Medien-)Kunst bringen könnten.
Ein Anfang ist gemacht - wir werden die Diskussion weiterverfolgen.

Berlin, April 1995

1 Thomas Pynchon, »Die Enden der Parabel«, Hamburg 1991, S. 407
2 Peter Friese, »Der wahre Künstler... Zur Legende vom schöpferischen Subjekt im Medienzeitalter«, in: RAM-Realität-Anspruch-Medium, hg. v. Kunstfonds e.V., Bonn 1995, S. 198
3 Handshake, Berlin 1994, Konzept der Gruppe Handshake (siehe auch in diesem Katalog)
4 Roy Ascott, »Behaviourables and Futuribles« (1967), in: Steve Willats (Hg.), »Control«, No. 5, London 1970

Inke Arns

»L'art à son époque de dissolution, en tant que mouvement négativ qui poursuit le dépassement de l'art dans une société historique où l'histoire n'est pas encore vécue, est à la fois un art du changement et l'expression pure du changement impossible. Plus son existence est grandiose, plus sa véritable réalisation est au delà de lui. Cet art est forcément d' avant-garde, et il n'est pas. Son avant-garde est sa disparition.«

(Guy Debord, »La société du spectacle«, Paris 1987, S. 149)

Treppenhaus mit historischen Videos

staircase with historic videos

Back in the 60s Guy Debord, the theorist of the Situationist Internationale, forecast the disappearance of art in view of the all-consuming »spectacle society«, but the current situation raises a different issue. The question relevant today appears to be less about the survival of art than the disappearance of art as we know it, the evaporation of categories and criteria. What concerns art in a society in which »information represents the last valid bartering object«?[1]
Information, obviously, is the answer; the transmission mechanisms simultaneously functioning as selection and manipulation mechanisms: the media.

Approach

The term »media art« is a problem, implying as it does that media art is »different« from the other visual arts working without new technologies. It is difficult to find the correct approach. In discussions with friends one hears helpless statements like: »I don't define art by the media employed but by ... well, the art.« On the other hand: self-reference is part of the art produced in the second half of the 20th century in which the media deployed were subjected to analytic scrutiny (e.g. the paint medium in Minimal Art). So why was Minimal Art not called Media Art?
The reason is clear: media art defines itself by its usage of »new media«, that is to say digital technologies. The unloved name acts as a crutch for something for which no name exists. Until we find a better name, we have to make do with the crutch.

Division

In general a gulf of suspicion lies between »fine« art and »media« art. This separation is due to the different assumptions artists on either side hold about those on the other.
The plunging price of electronic production facilities was a major contributor to the electronic art boom of recent years. The 90s opened in a veritable hype of keywords such as »interactivity«, »total simulation«, »virtual reality« triggered by William Gibson for one, the author of the popular sci-fi novel »Neuromancer«. Media art adopted these terms and attempted to produce »images« that could be grasped in the form of elaborate interactive installations. In this initial phase, however, the substance (if not to say the art) was often neglected - »aesthetic overkill contra subversiveness and reflectiveness«.[2] Interface design - the arrangement of the man-machine interface - is an interesting and important focus of research. However, the art evaporates when interface designs are elevated to its sole content.

Fine artists liked none of this. From their standpoint, the development represented an unacceptable union of science, art, research and light fiction. The Berlin telecommunications project HANDSHAKE formulated the problem as follows: »Nobody is completely sure what lies beneath the flowery names media art, electronic art and computer art. The question is whether electronic art can deliver more than inexpensive pioneering work for future entertainment industry products. How justified is the reproach - often heard from artists working with traditional media - that media artists are mesmerized by technology and include it in their work for this reason only?«[3]

With regard to using technology for art, a certain degree of »organizational myopia« can be detected on the part of fine artists, who often show no awareness of the mere existence of »new media«, although these innovations are a constant topic of discussion and touted as the harbingers of a social revolution. Because of the mass appeal of the new media, they are stamped with the label »frivolous«.

This unproductive division into »fine art« and »media art« extends even into the media art world, separating artists working in the same field. While artists like Jeffrey Shaw and Peter Weibel have remained confined to the electronic art scene, the work of others like Nam June Paik and Bill Viola appears to have been accepted by the »fine art« world.

The evaporation of the object

The vanishing art object is not new; in a process beginning with conceptual art in the 60s and continuing up to the present, art has been subject to a continuous immaterialization. Communication, the »on-line« process, entered the art arena at the side of this immaterialization. Roy Ascott wrote the following in the 60s: »Now that we see that the world is all process, constant change, we are less surprised to discover that our art is all about process too.(..) Object hustlers! Reduce your anxiety! Process culture and behaviourist art need not mean the end of the Object, as long as it means the beginning of the new values for art.«[4]
New criteria and categories for art are more important than ever before. The pressing need becomes especially clear with regard to the »network art« produced by Internet art projects. Network art leaves behind none of the »tactile« objects, »residues« or »tracks« of conceptual art, happenings and performances. Art has reached a high degree of digital - non-material - abstraction.

The dissolution of terms

Art is turning into a pure process, communication is becoming art. »Network« or »media« art ultimately aims at a final dissolution of concepts, categories and criteria; of »art«. None of the telecommunication projects featured in »Minima Media« was considered worth mentioning in art journal reviews of the exhibition. Although the critics have noticed that the categories no longer function, they still lack new tools. The answer (in most cases) is silence. The silence is echoed on the other side of the fence: the computer trade journals covered the telecom projects but ignored the context, namely the exhibition itself.

Must media art measure itself against the traditional criteria of »fine« art? Yes and no. The intuitive answer is »yes«. But on closer consideration it becomes clear that the art criteria and categories are unable to focus on the most advanced and (radical) form of media art, namely the telecommunications projects (see above). We need new categories and criteria - and possibly new terms as well.

If the coupling of the notions of »fine« and »media« art is viewed as the vertical thread running through »Minima Media«, the horizontal cross-wire consisted of the line between »East« and »West«. The often (subversively) ironic contributions by artists from Eastern and Central Europe enriched the Medienbiennale 1994.

The »Minima Media« concept was chosen with the aim of triggering a debate specifically about the criteria requiring reappraisal. At the same time, »Minima Media« was a first attempt to break down the barriers between fine art and media art. And some new approaches from Eastern Europe suggested a potential for lightening the sometimes top-heavy earnestness ao (media) art in the West.
It was a beginning - and we will follow the discussion.

Berlin, April 1995

1 Thomas Pynchon, »Die Enden der Parabel«, Hamburg 1991, S. 407

2 Peter Friese, »Der wahre Künstler... Zur Legende vom schöpferischen Subjekt im Medienzeitalter«, in: RAM-Realität-Anspruch-Medium, hg. v. Kunstfonds e.V., Bonn 1995, S. 198

3 Handshake, Berlin 1994, Konzept der Gruppe Handshake (siehe auch in diesem Katalog)

4 Roy Ascott, »Behaviourables and Futuribles« (1967), in: Steve Willats (Hg.), »Control«, No. 5, London 1970

Zum Konzept Minima Media

Dieter Daniels

Die Medienbiennale 1994 zeigt Installationen, Performances, Videos, Telekommunikationsprojekte und Kunst im Stadtraum von 75 internationalen Künstlern. Als erstes umfassendes Medienkunst-Ereignis in den neuen Bundesländern geht sie neue Wege und greift die Gegensätze auf, die in einer Stadt wie Leipzig das Leben zwischen Ost und West, zwischen alten und neuen Werten, Technologien, Medien und Ideen kennzeichnen.

Stars & Nobodys

Die meist wohl gehütete Grenze zwischen Prominenz und völlig unbekannten »Grössen« wird versuchsweise in Frage gestellt. Die Spanne der beteiligten Künstler reicht von Weltstars wie Bruce Nauman oder Nam June Paik bis zu jungen, noch unbekannten Künstlern, u.a. aus Osteuropa, wie z.B. Alexandru Patatics aus Timisoara oder Alexej Shulgin aus Moskau, die erstmals ausserhalb ihrer Heimat ausstellen.

Buntgarnwerke mit Blick auf Plagwitz

Buntgarnwerke with view on Plagwitz

1960er & 1990er

Trotz ihrer Geschichte von drei Jahrzehnten wird Medienkunst oft einseitig unter dem Aspekt ständiger Innovation gesehen. Deshalb wird es Zeit, bewusst auf Ansätze der 1960er Jahre zurückzugreifen, die Leitmotive für Modelle und Haltungen der 1990er liefern. Die historischen Ideen einer intermedialen Kunst, die sich den Vermittlungswegen von Kunstmarkt und Museen verweigert, bilden bis heute das Reservoir für die die Visionen einer aus ihrem kulturellen Korsett befreiten Kunst. Die Bewegung des Mai 1968 hat ebenso ihre Spuren in unserer Gesellschaft hinterlassen, wie die Ereignisse des Herbst 1989 die 90er Jahre bestimmen. In beiden Fällen werden überkommene Schemata in Frage gestellt.

Lowtech & grosse Ideen

Werke mit den unterschiedlichsten Medien und Techniken treffen aufeinander: Installationen mit Video, Computer, Audio, Film und Diaprojektion - oder Konzepte, die ganz ohne Technik auskommen - ausserdem Performances, Aktionen und Events. Allen Beiträgen der Medienbiennale ist jedoch gemeinsam, dass sie Technik nicht als Selbstzweck betrachten, sondern sie einer intelligenten Analyse unterziehen.

Offene Werke & geschlossene Kreise

Der Betracher findet sich in unterschiedlichen Rollen: interaktive Stücke fordern sein Eingreifen, narrative Werke lassen ihn einem linearem Ablauf von Anfang bis Ende folgen, close-circuit Installationen bringen den Betrachter selbst ins Bild oder erlauben ihm die Kontemplation vor einem statischen Bild.

Regionalismus & Internationalismus

Der skeptische Regionalismus der Leipziger Künstler, die mit Projekten im öffentlichen Raum ihre im Umbruch befindliche Stadt thematisieren, trifft auf den grenzenlosen Internationalismus von Kunst im weltumspannenden elektronischen Netzwerk des Internet.

Minima Media

Das Motto »Minima Media« liefert das verbindende Konzept dieser Gegensätze. Statt durch pure Masse und apparativen Aufwand zu beeindrucken, steht bei den Werken der Medienbiennale die Frage nach der Funktion und Wirkung von Medien im Vordergrund. Die elektronischen Medien werden immer kleiner und deshalb omnipräsent. Demgegenüber gibt es eine Tendenz

Dieter Daniels

der Medienkunst, ihre Bedeutung durch Berge von Monitoren zu behaupten - so als wollten sie den Medien die Aura von Grösse und Einmaligkeit zurückgeben, von der wir doch wissen, dass sie in der Ära der digitalen Reproduktion auf immer verloren ist.

Die technologische Entwicklung unseres Medienzeitalters ist für den Einzelnen längst nicht mehr überschaubar. Die Kunst ist einer der wenigen Orte, wo ohne ökonomischen Druck neue Formen des Umgangs mit Medien erprobt werden können. Vielleicht ist es eine der stärksten Herausforderungen an die Künste im digitalen Zeitalter, die unüberschaubare Realität der technologischen Welt auf fassbare Symbole zu reduzieren.

Der umfassendste und bestimmendste Gegensatz der Medienbiennale 1994 ist derjenige zwischen dem alten, leerstehenden Industriegebäude und den neuen, elektronischen Kunstwerken. Das Ende des mechanischen Zeitalters in den »abgewickelten« Buntgarnwerken mit ihrer Industriearchitektur des 19.Jahrhunderts trifft mit fast pathetischer Härte auf die künstlerischen Anzeichen der beginnenden digitalen Revolution. Trotz dieses Kontrasts liefert das leerstehende Gebäude mit der immensen Geschossfläche von 100.000 qm die einzigartige Chance, jedem Kunstwerk seinen eigenen Raum und individuellen Kontext zukommen zu lassen. Der grosse Leerraum, den eine vergangenen Epoche zurückgelassen hat, schafft die Offenheit für die Erprobung neuer Modelle.

Leipzig, 18. September 1994

The Medienbiennale 1994 presents installations, performances, videos, telecommunication projects and art in an urban setting by 75 international artists'. The first comprehensive media art event in the »new« German Länder breaks new ground and plays on the contrasts between East and West, between old and new values, technologies, media and ideas which in a city such as Leipzig characterize life in general.

Stars and nobodies

Experimentally the usually quite carefully cultivated border line between prominent figures of the art world and totally unknown »greats« will be questioned here. The artists involved range from internationally recognised stars such as Bruce Nauman and Nam June Paik to young and unknown talents from Eastern Europe and elsewhere, such as Alexandru Patatics from Timisoara and Alexej Shulgin from Moscow, both of whom are exhibiting their work for the first time ever outside their home countries.

The 1960s and the 1990s

Despite a history spanning three decades, media art is often seen through a biased eye as being in a state of constant innovation. It is therefore time to return quite consciously to its beginnings in the 1960s where we find the generating ideas for the models and attitudes of the 1990s. The historical ideas of an inter-media art which shuns the mediating path of the art market and museums today still form the reservoir for visions of an art which has been freed of its cultural bonds. The movement of May 1968 left its mark on our society; similarly, the events of autumn 1989 are determining the course of the 1990s. In both cases, traditional schemata are being questioned.

Low tech and big ideas

Exhibits using the most diverse form of media and technique can be found here: installations using video, computers, sound, film and slide projections; concepts requiring no technology at all; as well as performances, actions and events. All the artists contributing to ›Minima Media‹ have one thing in common: they do not see technology as an end in itself but subject it to intelligent analysis.

Open works and closed circles

The observer finds himself in different roles: interactive pieces require his intervention, narrative works allow him to follow a linear series of events from beginning to end, and closed-circuit installations take the viewer right into the picture or allow him to contemplate in front of a static image.

Regionalism and internationalism

A sceptical view of the region by Leipzig artists, whose projects in the public realm take the radically changing city as their theme, meets up with the immense internationalism of art in the worldwide electronic Internet network.

Minima Media

The motto »Minima Media« expresses the concept which links these contrasts. It focuses on a paradox in the current development: everything in electronic media is getting smaller all the time and is therefore omnipresent in all areas of everyday life, whilst the artworks using media seem to get bigger and more representative. It is as if they are supposed to fill up the empty space left behind by the minimization of electronics. The mass of hardware piled up in many media art manifestations seem to be the last effort to give back the grandeur and uniqueness to the media world, although we know that it is lost forever in the realm of digital reproduction.

It has long since become impossible for the individual to comprehend the technological development of our media age. Art is one of the few places where we can try out new ways of dealing with media without economic pressure. Perhaps one of the greatest challenges to the arts in the digital age is to reduce the incomprehensible reality of the technological world to understandable symbols.

The most sweeping and most characteristic contrast of the Medienbiennale 1994 is that between the old empty factory and the new, electronic art works. The end of the mechanical age in the closed down textile mill with its nineteenth century industrial architecture collides with almost spectacular force with the artistic symbols of the emerging digital revolution. Despite this contrast, the empty building with its enormous floor space of 100.000 sqm offers a unique opportunity to give each work of art its own space and individual setting. The large empty space, left behind by a past epoch, creates the openness to test new concepts.

Leipzig, September 18, 1994

Wojciech Bruszewski

Jochen Gerz

Allan Kaprow

Bruce Nauman

Nam June Paik

Józef Robakowski

Mieko Shiomi

Historische Videos

Historical Positions

Historische Positionen

Wojciech Bruszewski [Lodz/PL]

The infinite talk
[1988/94]

Audioinstallation
1 Amiga mit
Sprachausgabe,
2 Vitrinen,
Dokumentations-
material

»The Infinite Talk« wurde für die Medienbiennale als Klanginstallation durch den Künstler rekonstruiert. Ursprünglich war »The Infinite Talk« als »unendliches« Radioprogramm konzipiert, das zwischen 1988 und 1993 permanent von einem auf der Ruine der Künste (Berlin) installierten Radiosender auf der UKW Frequenz 97,2 Mhz ausgestrahlt wurde. Gesendet wurden zwei Computerstimmen, deren Dialog aus nach dem Zufallsprinzip montierten philosophischen Fragmenten bestand und ab und zu abrupt von einer Frage nach der Uhrzeit unterbrochen wurde - die dann auch stets präzise beantwortet wurde.

Der Sendebetrieb wurde wegen Vergabe der Frequenz an einen kommerziellen Radiosender am 3. Dezember 1993 eingestellt. (IA)

The artist reconstructed his work »The Infinite Talk« as a sound installation for the Medienbiennale. The original creation was broadcast continuously between 1988 and 1993 on the FM frequency 97.2 by a transmitter installed in the Berlin-based project Ruine der Künste. Two synthesized voices carried on a dialogue made up of a random collage of philosophical fragments. Occasionally, a voice asking for the time interrupted the philosophical debate, and was always answered correctly.

Transmission ceased on 3 December 1993 when the broadcasting frequency was taken over by a commercial station. (IA)

Jochen Gerz [Paris/F]

Der Gedenktag des
16. Juni 1974 findet
heute statt [1974]

Schiefertafel, Stuhl,
Mikrofon, Verstär-
ker, Lautsprecher.

Rekonstruktion des Stücks in Zusammenarbeit mit dem Künstler. Das Stück fand am 16. Juni 1974 im Museum von Bochum einmal statt. Zwischen dem 29. Mai und dem 18. Juni 1974 fand es in Paris, in der Galerie Entré, 21 mal statt. Eine Schiefertafel an der Wand gibt das Stück des jeweiligen Tages bekannt. Ein Stuhl steht unter der Tafel, mit dem Rücken zur Wand. Ein Mikrofon steht auf einem Stativ in der Mitte des Raumes und nimmt die Geräusche auf, die von einem Lautsprecher wiedergegeben werden. So wird alles Hörbare im Raum unmittelbar mit seiner eigenen Wiederholung konfrontiert.

Reconstruction in collaboration with the artist. The piece took place once on June 16, 1974 at the Museum in Bochum. Between May 29, and June 18, 1974 it took place 21 times in the Galerie Entré in Paris. A slate on the wall announces the piece of the day. A chair is placed beneath the slate, with the back to the wall. A microphone is standing on a tripod in the middle of the room and is recording the sound repro-duced by a loudspeaker. Everything audible in the space is directly confronted with its own repetition.

Allan Kaprow [Encinitas/USA]

A waste of time
[1994]

Event mit Studenten
der HGB am 30.10.94
und Präsentation
am 31.10.94

Allan Kaprow hat speziell für **Minima Media** ein Event mit Studenten der HGB Leipzig konzipiert und realisiert, dass sich auf das leerstehende Industriegelände bezieht. In zwei ungenutzten, übereinander liegenden Fabrikhallen fanden die von Kaprow gemeinsam mit den Studenten durchgeführten Aktionen entsprechend dem schriftlichen Konzept statt. Hilfsmittel waren zwei Videokameras, zwei Funkgeräte, zwei Spiegel und zwei Fäden von ca. 1000 Meter Länge. Die Aktion fand ganztägig am Sonntag, 30. Oktober 1994 statt, die öffentliche Abschlusspräsentation der dabei entstandenen Videos mit Diskussion am Montag, 31. Oktober 1994 um 20.00 Uhr.

For Minima Media Allan Kaprow conceived an event relating to the labyrinthine factory site and staged it with students from the HGB Leipzig. Kaprow and participants followed a written concept that claimed two connected floors of the disused factory. Two video cameras, two walkie-talkies, two mirrors and two threads some 1000 metres in length were the auxiliary equipment. The action took place all day on Sunday, 30 October 1994, the video recordings were presented and discussed in public the following evening at 8 pm.

Konzept

9.00 Uhr - A, bewegt sich rückwärts, legt Schnur Nummer 1 (von der grossen Rolle) auf dem Fussboden der alten Fabrik aus (um Pfosten, Büroräume, Toiletten, Wandschränke, Lagerbereiche, etc. herum). B, nimmt A von vorne auf Video auf, bewegt sich vorwärts.

11.00 Uhr - C, geht vorwärts der Schnur nach zu ihrem Endpunkt , einen grossen Spiegel hochhaltend, der nach vorne gerichtet ist. C bewegt sich vorwärts. D, nimmt C von vorne auf Video auf, bewegt sich selbst rückwärts (kann sich und die Schnur im Spiegel sehen).

14.00 Uhr - E, sich vorwärts bewegend, folgt der Schnur von ihrem Anfangspunkt, beschreibt über Walkie-Talkie F, der sich auf einer anderen Etage befindet, die verschiedenen Kurven und Streckenabschnitte. G, nimmt E von hinten auf Video auf, bewegt sich auch vorwärts. F, spricht über Walkie-Talkie mit E, bewegt sich rückwärts, legt Schnur Nummer 2 gemäss E's Beschreibung aus: links, rechts, sechs Schritte, neun Schritte nach links, ... versucht die exakte Route der Schnur Nummer 1 wiederzugeben. H, nimmt F von vorne auf Video auf, bewegt sich vorwärts.

16.00 Uhr - I, wickelt Schnur Nummer 1 von ihrem Endpunkt an wieder auf, bewegt sich vorwärts. J, hält einen grossen Spiegel frontal zu I, bewegt sich rückwärts. K, nimmt I und J von hinten auf Video auf, bewegt sich vorwärts, bis die Schnur vollständig aufgewickelt ist.

18.00 Uhr - L, geht Schnur Nummer 2 von Anfang bis Ende nach, bewegt sich vorwärts, wickelt die Schnur vollständig auf. M folgt L, bewegt sich auch vorwärts, nimmt L mit der Videokamera auf. N, einen grossen Spiegel haltend, der L und M reflektiert, bewegt sich rückwärts, bis die Schnur aufgerollt ist.

20.00 Uhr - Kleiner öffentlicher Rückblick. Alle 6 Videobänder werden gleichzeitig auf 6 Monitoren abgespielt, die in einem Kreis um die Zuschauer aufgebaut sind. 5 grosse Spiegel (circa 1,5 m x 25 cm) sind im Raum aufgehangen, um die Wiedergabe zu vervielfältigen. Anschliessend Diskussion.   Allan Kaprow 1994

Concept

9 AM - A, moving backward, laying string number 1 (from large roll) on floor of old factory (around posts, office spaces, toilets, closets, storage areas, etc.). B, videotaping A from A's front, moving forward.

11 AM - C, following string back from its end point, holding up large mirror facing forward, and moving forward. D, videotaping C from the front, moving backward (seeing self and string in mirror).

2 PM - E, with walkie-talkie, moving forward, following string from its beginning point, describing to F on another floor of factory, its various turns and lengths. G, videotaping E from behind, also moving forward. F speaking to E on walkie-talkie, moving backward, laying string number 2 according to E's descriptions: left, right, six steps, nine steps to left....trying to reproduce exact route of string number 1. H, videotaping F from the front, moving forward.

4 PM - I, rewinding string number 1 from its ending point, moving forward. J, holding large mirror in front of I, moving backward. K, videotaping I and J from behind, moving forward, until string is rewound.

6 PM - L, following string number 2 from its beginning point to its end, moving forward, rewinding string. M, following behind L, also moving forward, videotaping L. N, holding large mirror, facing L and M, moving backwards, until string is rewound.

8 PM - At small public review. All 6 videotapes to be played simultaneously on 6 monitors arranged in circle around audience. 5 large (1,5 m x 25 cm, more or less) closet mirrors suspendet around space for multiple reflection. Discussion to follow.

                Allan Kaprow 94

Teilnehmer/ participants: Andreas Grahl, Michael Rückert, Markus Brehm, Conny Renz, Silke Hoch, Lale Cavuldur, Inke Arns, Johannes Stahl, Dieter Daniels, Allan Kaprow, Nicola Meitzner, Holmer Feldmann

Allan Kaprow: A Waste of Time

Allan Kaprows Ereignisse finden selten so statt, wie sie sich der Leser seiner Konzepte vorstellen mag. Zu stark beziehen sie dafür den Faktor ein, der ein wesentliches künstlerisches Material Kaprows ist: den Lauf der Dinge. Das Leipziger Ereignis machte da keine Ausnahme. Mit Verzögerung begonnen, bekam die Aktion gleich bei den ersten Personen eine unvorhergesehene Eigendynamik: ein Teilnehmer legte den Ariadnefaden so rasch und kompliziert aus, dass die Wechsel der Ebenen, Fadenverzweigungen und Fallstricke weder für seinen Kameramann noch für anschliessende Teams zu verfolgen waren. Und auch die - für den Medienzweig der HGB konsequent in die Aktion einbezogenen - Video- und Fotokameras gerieten angesichts eines unerwartet dunkel ausfallenden Tages an ihre Grenzen: in einigen finsteren Gängen der riesenhaften Fabrik konnten weder Mensch noch Maschine den Leitfaden erkennen. Vollends unverhofft unterschieden sich die Grundrisse der zwei Ebenen im Hallenlabyrinth so stark, dass alle über Sprechfunk übermittelten Beschreibungen nicht ausreichen konnten, um zwei identische Wege durch das Gebäude zu markieren. Die Fäden verliefen als Folge davon völlig unterschiedlich; die dokumentierenden Videobänder zeigen - über das individuell von den Kameraleuten gestaltete Bild hinaus - im höchsten Mass unterschiedliche Ansichten von Halle und Ereignis.

»Strenger Formalismus ist ein sicherer Weg, wenn man zu chaotischen Strukturen kommen möchte.« Mit diesem nur auf den ersten Blick widersprüchlichen Satz stellte Allan Kaprow kurz den philosophischen Hintergrund von »A Waste of Time« klar, eines Ereignisses, das er im Rahmen der Medienbiennale Leipzig 1994 für die Hochschule für Grafik und Buchkunst geplant hatte. Akribisch und ein wenig umständlich beschreibt er im vorher an die Teilnehmer verteilten Papier das Wie und Wo seines »events«: auf zwei Ebenen der ehemaligen Buntgarnwerke sollten im Verlauf eines Tages insgesamt 14 Personen in Handlungen eingebunden sein. Mit Elementen, die aus dem Kontext der Buntgarnwerke und der Kunsthochschule naheliegen, entwirft es eine sehr spezielle Version des antiken Mythos von Ariadne, Theseus und jenem Labyrinth, in dem der schreckliche Minotaurus auf seine Opfer wartete.

Was war eigentlich falsch?

Nun wäre es leicht, auf die Suche nach vermeintlichen oder wirklichen Fehlern zu gehen. Hatten nicht schon die Architekten dieses in Deutschland zur Zeit grössten leerstehenden Industriedenkmals einfach Unrecht, als sie die Fabrik mit zwei so unterschiedlichen gegliederten Ebenen ausstatteten? Die seit 1992 nicht mehr industriell genutzten Räume weisen auch keine eindeutig erkennbaren Spuren mehr auf, wo denn welche Funktion der Buntgarnproduktion stattgefunden haben kann: Fehlt der Fabrik dadurch ihre Prägung? Kommt es deshalb zu Irrwegen, die vielleicht durch beredte Details dieses verlotternden Umfelds noch verstärkt werden? Nein, Architekten und Stilleger haben ihre Arbeit gemacht wie tausende Arbeitende vorher auch - und alle konnten dabei nicht wissen, dass durch ihr Zutun so ein Labyrinth entstand, von dessen Handhabbarkeit 1994 Allan Kaprows »Waste of Time« abhing. Haben die Teilnehmer zuviel Eigendynamik entwickelt? (Das ist ein häufig diskutiertes Problem bei solchen Kunstaktionen, die ursprünglich einfache Dinge entwickeln wollen.) Ohne eine Theorie für diese Fragen auszuweisen, gibt Allan Kaprow zwei praktische Antworten. Jedes von ihm entworfende Ereignis findet nur einmal statt; der Verlauf der Aktion ist gültig und bleibt es. Und wenn das Ereignis bedroht ist, weil der Zeitrahmen zu eng wird, Teilnehmer ausfallen oder Stäbe zum Abrollen von Fäden fehlen, findet er praktische Lösungen: Aktionen können verkürzt werden, Stabähnliches findet sich auch in leeren Fabriken.

Ist dieses gesamte Ereignis als Fehlerquelle angelegt? Dass Teilnehmer nicht den Faden finden können, nicht die Zeit einhalten, ihr Kind mitbringen, die Fabrik schöner finden als die Aktion und auf Bildersafari gehen, dass der Faden verheddert wird, dass Kunststudenten nicht gestalten dürfen (wozu sie unter anderem ja auch ausgebildet werden), dass Teilnehmer zu spät kommen, dass die Technik nicht funktioniert? Der Lauf des präzise geplanten und vorbereiteten einfachen Ereignisses sensibilisiert für die Eigendynamik, die der Lauf jeden Ereignisses birgt, aber vielleicht noch mehr für die Eigenheiten des »Faktors Mensch«, wenn er als handelndes Element zum Entstehen eines Kunstwerks beiträgt.

Kaprows Aktion könnte daher auch gut geeignet sein, im Zeitalter von Rationalisierungen - und bezeichnenderweise in einer leerstehenden Fabrik im Osten - auf spielerische Weise die Frage nach dem Mensch ins Zentrum zu rücken.

Minima Media: Vom Einsatz der Mittel

»A Waste of Time« war nicht nur ein weiteres Ereignis vom »Erfinder des Happening« - der angesichts der immer stärker kategorisierenden Verwendung des Worts längst nicht mehr glücklich über dieses Attribut ist. Vielmehr fügte sich der Event sehr sinnvoll in eine Ausstellungskonzeption ein, die ihrem Motto »Minima Media« sehr unterschiedliche Entwürfe entgegenstellte. Zunächst ist die Einfachheit der Übermittlung selbst eine Stellungnahme: Kaprow schickt ein einfaches handbeschriebenes Blatt Papier per Briefpost. Dieses bildet ein wesentliches Zentrum des Ereignisses; der Rest ist Realisation - und als solche den Eigengesetzlichkeiten unterworfen, die letztlich zum Thema der Arbeit werden. Zu einer Zeit und in einem Kontext, wo Interaktivität zu einem künstlerischen Mittel geworden ist, über dessen Verwendung nachgedacht wird und werden muss, bekommt allein schon diese Anlage der Arbeit den Charakter einer grundsätzlichen Stellungnahme.

»A Waste of Time« arbeitet darüber hinaus mit Elementen, die für reproduktiv strukturierte Ausdrucksmittel - wie beispielsweise Videoarbeiten - wichtig sind: das Konzept inszeniert eine Wechselbeziehung zwischen zwei Handlungen und Räumen, die allein schon durch ihr zeitliches Hintereinander - geschweige denn der individuellen Impulse - nicht identisch werden können. Auch das Auf- und Abwickeln eines Fadens, der vom Ereignisverlauf her einen geschlossenen Kreis ergeben könnte, zeigt

deutlich an, wie unterschiedlich zum stets repro-
duzierbaren Experiment nach wissenschaftlichen Kriterien dieses soziale ebenso wie künstlerische Material »Handlung« sich verhält. Die
Videodokumentation macht das Entstehen der
Markierung auch anschliessend nachvollziehbar
und offen für eine Analyse - ebenso wie der
Faden den Weg »reproduzierbar« macht. Aber
anders als es aufgrund von üblichen Dokumen-
tationsvideos vielleicht zu erwarten gewesen
wäre, protokollieren die Videos den individuellen
Zugang des Aufnehmenden zum Ereignis fast
noch stärker als das Ereignis selbst. Kaprows
Ereignis lässt diese Überlegung auf mehreren
Ebenen gleichzeitig zu: die ebenso mythologisch
überhöhten wie medial fundierten Spiegelungen
zeigen mitunter auch den Protokollanten und
damit die gesamte Versuchsanordnung. Diese
sehr bewusste Distanz zur laufenden Diskussion
über Medien stimuliert das Nachdenken über die
Unschärferelation zwischen künstlerischem
Entwurf und praktischer Umsetzung ebenso wie
die wechselweise Abhängigkeit von Realisierung, Erfassen und Herzeigen von Ereignissen.
Eigentümlicherweise blieb das Publikum von
diesen Elementen ausgeschlossen: das im
geschlossenen Kreis der Teilnehmer entstandene Ereignis wurde erst öffentlich durch die
Dokumentation und Inszenierung. Diese »einge-
richtete« Arbeit mit Werkcharakter hat jedoch im
Ablauf des gesamten Ereignisses eine wesentliche Funktion, die weit über das Protokoll hinaus-
geht. Erst hier offenbart sich für den Kreis der
Teilnehmenden und genauso für das Publikum
die vollständige Arbeit. Sie ist einerseits zur
präsentablen Form geworden - andererseits
geht sie mit der gemeinsamen Betrachtung in
einen weiteren, potentiell andauernden Vorgang

über: die Betrachtung der Ereignisse in den
Buntgarnwerken und der damit korrespondie-
renden Handlungselemente und -dokumente.

Zeitvergeudung!

»A Waste of Time« nannte Kaprow das Ereignis
gleichermassen tiefstapelnd und treffend. Am
Ende ist es auch eine Zeitvergeudung, aus
diesen Vorgängen eine verbale Betrachtung zu
machen, wie es mit diesem Text geschieht. Vielleicht sollte es bleiben bei der Form, die Kaprow
nicht ohne didaktischen Hintergrund der
Abschlussveranstaltung gab: ein Reigen aus
Spiegeln, in denen Teilnehmer und Besucher
sich und die dokumentierenden Videos sehen
konnten, und eine kurze Aussprache über die
Ereignisse, mit Schilderungen der eigenen
Erlebnisse, so wie man wohlerholt von den
behäbigen Geschehnissen aus den Sommerfe-
rien berichtet. In diesem Sinne vergeudete Zeit
war es allemal - und davon ernährt sich Kaprows
Kunst, die - ebenso individuell wie gesellschaft-
lich wirksam - mit dem Happening nicht beginnt
und mit den Minima Media nicht ihr Ende findet.

Johannes Stahl

Allan Kaprow: A waste of time

»Strict formalism is a safe route if chaotic structures are wanted.« Allan Kaprow uses this sentence, which is self-contradictory on the first reading only, as brief elucidation for the philosophical background to »A Waste of Time«, the event he planned for the Hochschule für Grafik und Buchkunst during the Medienbiennale Leipzig 1994. In a meticulous - and somewhat long-winded - paper distributed in advance to the participants, he describes the hows and wherefores of his event: in the course of a day 14 people are to be involved in activities on two floors of the closed-down textile factory. Elements relating to the factory and college context create a very special version of the antique myth of Ariadne, Theseus and the labyrinth in which the dreaded Minotaurus waits for his victims.

Allan Kaprow's events seldom conform to the imaginary picture formed by the reader of his concepts; they leave too much leeway for the course of events, a factor which is one of Kaprow's essential artistic materials. The Leipzig event was no exception. Starting later than planned, developments took an unexpected turn with the very first participants, one of whom laid out the thread of Ariadne so quickly and intricately that neither his camera man nor other teams could keep up with the movement between the floors, follow the ramifications or avoid the catchwires. Similarly, the unusually dark day revealed the limitations of the video and photo-cameras integrated in the action by the college's media department - in some of the darker passages of the massive factory, the thread was indiscernible to the human eye and lens. Another surprise was that the labyrinthine layouts of the two factory floors were so dissimilar that descriptions transmitted by walkie-talkie were insufficient to mark two identical paths through the building. In consequence, the threads followed completely different routes; the very different views of the factory and event documented on video differ in a measure that far exceeds the subjectivity of the individual filmers.

What was then wrong?

It would be easy to start looking for alleged or real mistakes. Starting perhaps with the architects who planned such different layouts for the two floors of the industrial monument, which is currently the largest disused building of its kind in Germany? The factory workshops were last used for production in 1992 and

no longer provide any evidence of their former functionalistic character? Was this deficit the reason for the false trails, did the eloquent details of decay add to the confusion? No: the architects and shutdown teams did their job like thousands before them - who could be expected to know that in 1994 the factory would be the site of a labyrinth whose comprehensibility would be crucial to Allan Kaprow's »A Waste of Time«. Were the participants too spontaneous? (This problem is frequently discussed with regard to art events that are supposed to remain simple.) Without theorizing about these questions, Allan Kaprow offers two practical answers. Each event he plans takes place once only; the course taken by the action is valid, and remains that way. And if the event is threatened by timetable pressures, absentee participants or a lack of rods to uncoil the threads, he finds practical solutions: actions can be cut short, for example, and rod-like objects can be found even in empty factories.

Is the entire event designed with built-in errors? Planned with the knowledge that participants will fail to find the thread, overrun the time schedule, take their children along, find the factory more attractive than the agenda and start hunting down photos instead of the thread? Using threads that will get tangled, art students who will be unwilling to take events as they come (development of own forms, after all, is part of their training), participants who come too late, equipment that does not work? The course of the precisely planned, uncomplicated event reminds us of the dynamism underlying any event, and especially of the peculiarities of the »human factor« if playing an active role in the development of a work of art.

In this light, Kaprow's action could well be seen as a playful look at the question of the human status in the age of rationalization - especially when the site is a disused factory in former East Germany.

Minima Media: the employment of means

»A Waste of Time« was not just another event by the inventor of the »happening«, a categorizing term with which Kaprow has been unhappy with for a long time. It was an event that was very appropriate to an exhibition concept juxtaposing the motto of »Minima Media« with very different designs. First, the simplicity of information was a statement in itself: Kaprow sent a simple hand-written sheet of paper by snail mail. This paper formed the core of the event, which was about obeying its instructions, and as such exposed the work to the autonomy which is ultimately its dominant theme. In a time and context where interactivity has become an artistic tool whose usage is necessarily a subject of reflection, the conspicuous absence of dialogue is a statement of its own.

The concept of »A Waste of Time« also uses elements that are important to expressive means based on reproductive structures - video works, for example - by interrelating two lines of action and physical locations which cannot become identical because they are separate in time (not to mention the disparity between individual behaviour). Similarly, the procedure of unwinding and winding a thread which could be seen as a controlled circuit indicates the gulf that lies between the social/artistic material »action« and constantly reproducible scientific experiments. The video documentation allows the development of the trail to be reconstructed and analyzed retrospectively - just as the thread makes the path »reproducible«. But, perhaps surprisingly for a documenting video, the tapes reveal almost more about the individual approach of the person who holds the camera to the event than about the event itself. Kaprow's event supports this reading on more than one level: the mythologically elevated and media-based mirrors show also the camera person, and so lay bare the structure of the experiment. This conscious distance to the current media discussion encourages us to think about the uncertainty relation between artistic design and practical realization as well as the mutual interdependency of implementing, recording and showing events.

Peculiarly, the role of the audience plays no part in these considerations: the event is produced in a closed circuit of participants and is made public by the documentation and presentation. However, the »set-up« product with the character of a completed work is important to the overall course of the event. It is more than a record, because the complete work is disclosed to the participants and viewers only in the documentation. On the one hand, the work is given a presentation form, on the other hand, the act of joint viewing makes the work a new, potentially enduring process: that of viewing the events in the textile factory along with the elements and documents of action that correspond to what is viewed.

»A Waste of Time«!

Kaprow' title was as appropriate as it was self-deprecating. Ultimately, it is a waste of time to describe his event with words. The best idea might be to stick to the more instructive form Kaprow chose for the finale: a circle of mirrors in which participants and visitors could see themselves and the documenting videos. And a short talk about the events, with people describing their experiences in their own words and with something of the easy warmth of people returning from a summer holiday. Like a holiday it was, absolutely, time-out, and this wasted time nourishes Kaprow's art which - as effective socially as it is personally - neither begins with the happening nor ends with the Minima Media.

Johannes Stahl

Bruce Nauman [Galisteo/USA]

Raw material -
BRRRR [1990]
Videoinstallation
[Leihgabe ZKM
Karlsruhe]

Zwei Videotapes laufen parallel ab, beide zeigen Bruce Naumans Gesicht im Close-up. Nauman wiederholt ständig dieselbe Bewegung, ein unartikuliertes, vehementes Kopfschütteln das seine Lippen zu einem lauten »Brrrr« verzerrt. Die Sequenz von 11 Sekunden ist durch Videoschnitt zu einer Dauer von 1 Stunde verlängert. Ein Tape läuft über die Projektion auf der Wand des Raums, das zweite Tape über zwei Monitore von denen einer kopfüber auf dem anderen steht. Die Videobilder werden abwechselnd verschieden farbig verfremdet. (DD)

Two video tapes run in parallel, both showing a close-up of Bruce Nauman's face. Nauman repeats the same movement continuously: an inarticulate, vehement shake of the head that distorts his lips and draws from them a loud »Brrr«. The 11-second long sequence has been video-edited to last 1 hour. One tape is projected on a wall of the room, the second tape is shown on two monitors, one of which rests upside down on top of the other. The video images are alienated alternately by various colour effects. (DD)

Buddha [1989]

Installation
[Leihgabe
ZKM Karlsruhe]

**Eine von Paik selbst geformte, sehr rohe Bud-
dhafigur aus Bronze sitzt vor einem leeren Fernsehgehäuse, in dem eine Kerze brennt.**

A very raw Buddha figure formed by Paik and cast in
bronze sits in front of an empty TV case inside which
a candle is burning.

Im Werk Name June Paiks stehen sich zwei mögliche Haltungen zu den elektronischen Medien gegenüber: einerseits die Betonung der Redundanz der Medien durch Übersteigerung, z.B. in den grossen interkontinentalen Satelliten-Live-Events wie »Wrap around the world«, andererseits die totale Reduktion des elektronischen Mediums auf einen Nullzustand wie in dem hier gezeigten »Buddha«.

Schon in Paiks frühesten elektronischen Arbeiten wird das Medium TV zu einem Mediationsobjekt umgeformt. In »Zen for TV« (1963) ist das TV-Bild zu einer einzigen Linie reduziert, die Mattscheibe wird zum Ort der Kontemplation statt zum ständig sprudelnden Quell der Ablenkung. Paiks Jugend in Korea öffnet ihm gewiss leichter den Blick dafür, dass das Fernsehen heute den Ort einnimmt, der in jedem buddhistischen Haus für den Hausaltar reserviert ist.

Die direkte Gegenüberstellung von »westlichem« Gerät und östlicher Gottheit, von TV und Buddha, zieht sich in mehreren Varianten durch Paiks Werk. Erstmals ist sie in einer Performance im Kölnischen Kunstverein 1974 zu sehen, bei der eine Buddha-Statue und Paik im traditionellen koreanischen Gewand je einem Monitor gegenübersitzen, der über eine Videokamera deren eigenes Bild zeigt. Der Buddha, der sich selbst auf dem Bildschirm betrachtet, wird in den folgenden Jahren in mehreren Versionen als eigenständige Installation abgewandelt. Sein westliches Pendant ist der »TV-Rodin« (Paiks erstes Video-Multiple von 1976/78), bei dem Rodins »Denker« vor dem Monitor über sich selbst nachdenkt. Noch einen Schritt weiter als »Zen for TV« wird die Reduktion des elektronischen Bildes in einigen TV-Objekten Paiks geführt, die die Bildröhre durch ein anderes Objekt ersetzen, z.B. ein Aquarium mit Goldfischen oder Blumen oder eine schlichte Kerze, deren flackerndes Licht an die Stelle des elektronischen Flimmerns tritt und dem TV-Gehäuse eine sakrale Aura verleiht.

In der hier gezeigten Variante des »TV-Buddha« von 1989 verschmilzt Paik Elemente aus allen zuvor genannten Arbeiten: Die Gegenüberstellung der Performance von 1974 verwächst zu einer Figur, der Buddha nimmt die Gesichtszüge Paiks an. Der Buddha/Paik sieht nicht mehr sich selbst oder ein Videotape auf dem Monitor, sondern blickt auf ein zum Sakral-Gehäuse umgewandeltes »Candle TV«. Vor allem aber stehen sich nicht mehr zwei »ready-made« übernommene Stücke gegenüber, sondern die Figur wurde von Paik selbst modelliert, vom »TV-Rodin« übernimmt er ausserdem das skulpturale Gewicht der Bronze. Paik wird also nicht nur zum Buddha, sondern zugleich zum Bildhauer, er selbst ist der TV-Rodin des 20. Jahrhunderts. Will Paik, der sich einmal als den »berühmtesten schlechten Musiker der Welt« bezeichnet hat, nun auch noch den Titel des »berühmtesten schlechten Bildhauers« erwerben?

Die Verschmelzung von Elementen aus älteren Werken zu neuen Stücken und das permanente Selbstzitat ist eine der grundlegenden Arbeitsmethoden Paiks. In seinen Videotapes ist dieses ständige Recycling von eigenem und fremdem Material besonders deutlich und er ist stolz darauf, als Videokünstler seit fast 20 Jahren keine Kamera mehr benutzt zu haben. Paik hat erkannt, dass das elektronische Medium ein Mittel der unbegrenzten Reproduktion, nicht der einzigartigen Kreation ist - und die verlustfreie Multiplikation der digitalen Technologie wird diesen Aspekt in Zukunft zweifellos noch verstärken. Durch die Kombination von westlicher Technologie und östlichem Denken schafft Paik eine Verbindung zwischen dem buddhistischen Glauben an die ewige Wiederkehr und der Reproduktion des immer Gleichen im elektronischen Medium.

Während der »TV-Buddha« von 1974 diese Gegenüberstellung exemplarisch verkörpert, vollzieht seine Re-Inkarnation von 1989 eine selbstironische Rückwendung: Paik modelliert sein Selbstportrait als eine Verschmelzung von Buddha und TV-Rodin, der über sein eigenes »Candle-TV« meditiert - aus dem Arbeitsprinzip des permanenten Selbstzitats ist ein Prinzip der Reflexion über das eigene Werk geworden. Diese Skulptur hat auch bereits eine längere Karriere hinter sich, und sass zum Beispiel 1986 in der Stuart Collection der Universität von San Diego draussen auf der Wiese vor einem völlig leeren Fernsehgehäuse, betrachtete sich zwischenzeitlich selbst über Kamera und Monitor wie ihr älterer Buddha-Kollege oder schwamm bei den Skulpturprojekten in Münster als »TV-Buddha für Enten« auf einem kleinen

Fluss, während im TV-Gehäuse Blumen blühten. Die Buddha/Paik Statue ist eine Art Modul, dass seinen Platz in verschiedenen Konzepten aus Paiks Opus einnehmen kann, um ihnen einen neuen Kommentar hinzuzufügen, der im Rückblick über seine Laufbahn ungefähr lauten könnte: »Hier sitze ich und kann nicht anders«. Dieter Daniels

Nam June Paik: Buddha

Nam June Paik's work involves two possible attitudes to electronic media: on the one hand there is an emphasis on media redundancy through overkill, as in the major intercontinental satellite-transmitted live events such as »Wrap around the world« and, on the other hand, there is the complete reduction of the electronic media to a zero state as in his »Buddha«.

Even in Paik's earliest electronic works, the medium of TV is transformed into an object of meditation. In »Zen for TV« (1963), the TV image is reduced to a single line, and the screen becomes a place of contemplation instead of a constantly moving source of distraction. Spending his formative years in Korea no doubt opened Paik's eyes to the fact that the TV now takes the place traditionally reserved for the altar in any Buddhist household.

Variations on the theme of a direct confrontation between the »Western« device and the Eastern deity, between TV and Buddha, can be found throughout Paik's work. It emerges for the first time in a performance at the Kölnische Kunstverein in 1974, in which a Buddha and Paik dressed in a traditional Korean robe each sit opposite a monitor on which their own respective image ist projected by a video camera. In the years that follow, the Buddha watching himself on the screen occurs in several versions as an installation in its own right. His Western counterpart is the »TV Rodin« (Paik's first video multiple, 1976/78) in which Rodin's »Thinker« sits in front of the monitor, contemplating himself.

Some of Paik's TV objects take the reduction of the electronic image one step further than »Zen for TV« by replacing the inner life of the TV with another object such as an aquarium with goldfish or flowers or a simple candle, whose flickering light takes the place of the electronic flicker, lending the TV casing a sacred aura.

In the variation of »TV Buddha« (1989) shown here, Paik blends elements from all the works mentioned above: the protagonists of the 1974 performance merge into a single figure, with the Buddha taking on Paik's own facial traits. The Buddha/Paik no longer watches himself or a videotape on the monitor, but gazes at a »Candle TV« transformed into a sacred casing. Above all, however, instead of »ready made« pieces, this work involves a figure which has been modelled by Paik himself; he also adopts the sculptural weight of bronze from the »TV Rodin« installation. Paik thus not only becomes the Buddha, but at the same time he also becomes the sculptor; he himself is the TV Rodin of the 20th century. Does this mean that Paik, who once dubbed himself the »world's most famous lousy musician« now seeks the title of the »most famous lousy sculptor«?

Blending elements from previous works with new works and indulging in constant self-citation is one of Paik's basic working methods. Nowhere is this constant recycling of his own and other material more obvious than in his videotapes, and he is proud of being a video artist who has not used a camera for almost 20 years. Paik has realised that the electronic medium is a means of unlimited reproduction rather than one of unique creation - and the loss-free manipulation ofdigital technology will no doubt strengthen this aspect in future. By combining occidental technology with oriental thought, Paik creates a link between the Buddhist faith in an eternal cycle of repetition and the reproduction of eternal sameness in the electronic medium.

Whereas the TV Buddha of 1974 epitomises this confrontation, his re-incarnation of 1989 is a look back in irony: Paik creates his self portrait as a blend of Buddha and TV Rodin meditating on his own »Candle TV« - the working principle of permanent self-citation has produced the principle of reflection on one's own work. This sculpture can already look back on quite a long career. For example, it formed part of the Stuart Collection of the University of San Diego, sitting outside on the lawn in front of a completely empty TV casing, occasionally looking at itself via the camera and monitor like the Buddha of the earlier installation, while, on another occasion, as part of a sculptural project in Münster, it went swimming on an stream as a »TV Buddha for Ducks« with flowers blossoming in the TV casing. The Buddha/Paik Statue is a kind of module that can take its place in various concepts of Paik's oeuvre, adding a new commentary which, given his career so far, could be described as »here sit I and cannot do otherwise«.

Dieter Daniels

Józef Robakowski [Lodz/PL]

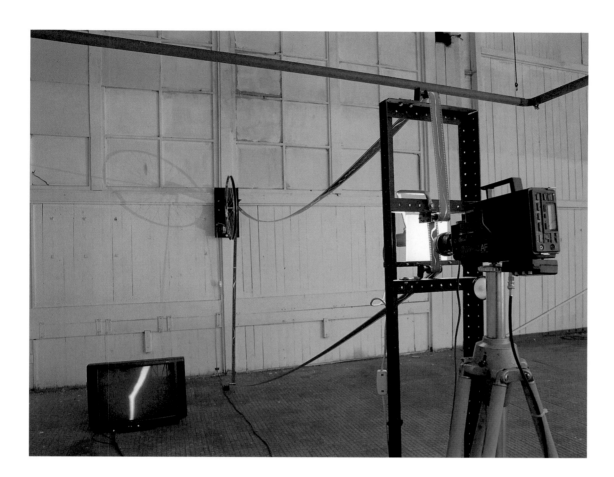

Ein Filmstreifen mit abstrakten Zeichen läuft mittels eines motorgetrieben Mechanismus über das Rad eines Fahrrads durch den Raum, vorbei an der Linse einer Videokamera. Die Kamera zeichnet die vorbeiziehenden Bilder auf und überträgt sie direkt auf den Videomonitor, so dass der ablaufende Film als Video sichtbar wird.

A motorized bicycle wheel runs a strip of film with abstract symbols through the room. The film passes the lens of a video camera which records the passing images and transmits them directly to the video monitor. The moving celluloid is played back as a video. (DD)

Mieko Shiomi [Osaka/J]

Mieko Shiomi begann als Musikerin und kam über Nam June Paik in Kontakt mit der Fluxus Bewegung. 1964 nimmt sie in New York an den Fluxus Aktionen teil und kehrt dann ab 1965 wieder nach Osaka zurück und ist von Japan aus eine aktive Teilnehmerin von Fluxus. Durch diese Entfernung wurde die Kommunikation auf Distanz zu einem zentralem Element ihrer Arbeit. Mit der Serie der »Spatial Poems« entwickelt sie seit 1965 weltumspannende Mail Art Konzepte, die bereits viele Aspekte der heutigen globalen Telekommunikation vorwegnehmen. In Anknüpfung an diese Konzepte hat Mieko Shiomi zu Minma Media ein Stück per Post beigesteuert, das nach ihren Angaben vor Ort realisiert wurde. **(DD)**

Mieko Shiomi started out as a musician before being introduced to the Fluxus movement by Nam June Paik. She participated in the Fluxus happenings in 1964, and returned to Osaka the following year. From Japan she remained an active contributor to Fluxus. Due to this geographical isolation, communication become a central element in her work. Since 1965, she has been developing in the »Spatial Poems« series worldwide mail art concepts that anticipate many aspects of contemporary global telecommunication. Mieko Shiomi referred to these concepts by contributing to Minima Media a postal piece that was constructed in Leipzig according to her instructions. (DD)

Diesmal würde ich gerne an Ihrer Ausstellung mit einer minimalistischen Arbeit mit Zuschauerbeteiligung teilnehmen.

Meine Pläne sind folgende:

Der Titel ist »shadow event for a vitrine«. Legen sie zwei grosse Schilder und 26 kleine Schilder mit Anleitungen in die Vitrine. Die Schilder werde ich anfertigen und Ihnen später zusenden, spätestens Mitte September. Die Anleitungen werden sein:

»Projiziere einen Schatten Deiner Hand in diese Vitrine.«

»Projiziere einen Schatten Deines Geistes in diese Vitrine«

»um zu analysieren«, »um zu bürsten«,

»um zu bestätigen« .... »um zu kopieren«.

Ich benötige Ihre Mitarbeit. Ich hoffe, dass Sie folgende Dinge in Leipzig vorbereiten können. Legen Sie zwei Taschenlampen auf die Vitrine. Diese sollen sich in zwei kleinen, hübschen Kästen befinden, leicht genug, um eine Beschädigung der Glasplatte der Vitrine zu vermeiden. Die Kästen können aus einem beliebigen Material sein, sollten allerdings mit einem dicken Stoff ausgekleidet sein. Lassen Sie folgende Schilder für die Kästen schreiben und an ihnen befestigen:

»Benutze diesen Strahler für Deine Hand«

»Benutze diesen Strahler für Deinen Geist«

Der Strahler für den Geist kann blau, bzw. mit blauem Cellophan verkleidet sein.

Ich wünsche Ihnen einen grossen Erfolg mit Ihrer Ausstellung!

Freundliche Grüsse,
Mieko Shiomi 15. August 1994

(Brief an Dieter Daniels)

This time I would like to participate in your show by minimal style with audience participation.

Here is my plan: The title is »shadow event for a vitrine«.

Place two big lates and 26 small plates of instructions inside the vitrine, which I will make and send you later, at least by middle September.

The instructions will be:

»Project a shadow of your hand into this vitrine«

»Project a shadow of your spirit into this vitrine«

»to analyze it«; »to brush it up«, »to confirm it«....»to xerox it«

I need your collaboration. I hope you could prepare the next things in Leipzig. Please place two spotlights on the vitrine. In two small nice boxes not to break the top glass of the vitrine. The box can be of any material, but spread thick cloth in it under the spotlight.

And also write these signs around the box:

»Use this spotlight for your hand«

»Use this spotlight for your spirit»

(these signs can be in German)

The spotlight for the spirit can be colored blue, pasted blue cellophane.

I wish you a great success for your show!

Best Wishes,
Mieko Shiomi, August 15, 1994

(letter to Dieter Daniels)

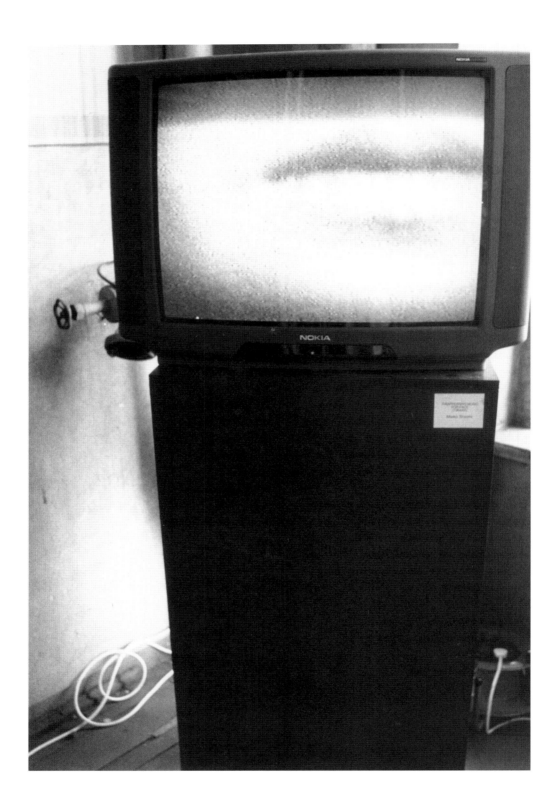

Mieko Shiomi
»Disappearing music
for face«

Zu jeder der sieben »historischen Positionen« wird ein Video in Permanenz gezeigt. Die historischen schwarz-weiss Tapes der 1960er und 1970er bilden in den beiden Treppenhäusern des Hauptgebäudes eine Klammer um die aktuellen Installationen.

For each of the seven »classics«, one video is shown permanently. The black-and-white tapes from the 1960s and 70s in the two stairways of the main building form a bracket round the contemporary installations.

Wojciech Bruszewski (Lodz/ PL)
»ten pieces« (1973-77) 30 min, s/w, Ton
Zehn kurze Stücke zwischen Performance und Installation thematisieren elementare Vorgänge und Prozesse der Bildentstehung.

Ten short pieces located between performance and installation deal with elemen tary procedures and processes involved in producing images.

Jochen Gerz (Paris/ F)
»Rufen bis zur Erschöpfung«
(1972) 20 min, s/w, Ton

Jochen Gerz steht in grosser Entfernung von der Videokamera in einer leeren Landschaft und versucht sich durch Hallo-Rufe bemerkbar zu machen. Er verausgabt sich dabei völlig, bis schliesslich die Stimme versagt und das Video endet.

Standing in an empty landscape far away from the video camera, Jochen Gerz attempts to attract attention by calling »Hallo«. He keeps shouting with all his might until his voice fails and the video ends.

Allan Kaprow (Encinitas/USA)
»Time Pieces« (1973) 47 min, s/w, Ton
Videoaufzeichnung des Happenings »Time Pieces«, das 1973 von Allan Kaprow anlässlich der »ADA - Aktionen der Avantgarde« zu den Berliner Festwochen 1973 konzipiert wurde. Realisation vom 14. - 16. September 1973 in ca. 30 Berliner Privatwohnungen und im Stadtgebiet. Am 13. 9. 73 erläuterte Kaprow den Verlauf des Stückes und verteilte Tonbandgeräte und Plastikbeutel an die Teilnehmer. Am 17.9. 73 brachten die Teilnehmer die mit Luft gefüllten Plastikbeutel, Tonbandaufzeichnungen und schriftliche Notizen zurück und tauschten ihre Erfahrungen aus. Kaprow richtete mit dem Dokumentationsmaterial in der Akademie der Künste (Berlin) das Environment »Friedhof« ein.

Video recording of the happening »Time Pieces« composed in 1973 by Allan Kaprow for the »ADA - Aktionen der Avantgarde« during the annual Berliner Festwochen. The happening was staged in some 30 private flats in Berlin and other locations in the city between September 14 and 16, 1973. Kaprow described the agenda on September 13, and distributed to the participants tape recorders and plastic bags. On the 17th of the same month, the participants brought back the air-filled plastic bags, tape recordings and written notes and talked about their experiences. Kaprow used the documentary material to create an environment entitled »Friedhof« (graveyard) in the Akademie der Künste (Berlin).

Bruce Nauman (Galisteo/ USA)
»Bouncing in the corner No 2« (1969) 60 min, s/w,
Ton, 24 min.

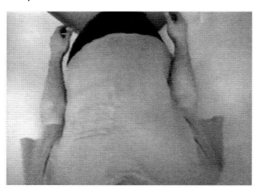

Bruce Nauman lässt seinen Körper eine Stunde lang in rythmischen Abständen in die Ecke eines Raumes fallen. Die Kamera nimmt ihn dabei auf dem Kopf stehend auf, so das der Eindruck einer Pendelbewegung entsteht.

At regular intervals over the space of an hour, Bruce Nauman slumps against the walls in the corner of a room. As the camera recording him is upside down, the impression of a pendulum motion results.

Nam June Paik (New York/USA)
»Mayor Lindsay« (1965), 5 min, s/w, Ton
Eines der ersten Videotapes der Kunstgeschichte. Eine Szene aus einem Fernsehbericht, in dem der New Yorker Bürgermeister Lindsay sich den Journalisten stellt, wird in kurzen Sequenzen wiederholt. Da es 1965 noch keine Amateuren zugängliche Einrichtung für elektronischen Schnitt gab, erreicht Paik dies durch manuelle Eingriffe in das laufende Videoband, so dass es zu ständigen Verzerrungen und Bildzusammenbrüchen kommt.

One of the first art video tapes. It repeats short sequences of a scene from a TV report in which Lindsay, the mayor of New York, answers journalists' questions. As amateurs had no access to electronic editing facilities in 1965, Paik manipulates the running tape by manual interventions, producing constant distortions and collapsing images.

Józef Robakowski (Lodz/PL)
»I am going« (1973) 3 min, s/w Film, Ton

Robakowski trägt mit steigender körperlicher Anstrengung die laufende Kamera die Treppenstufen eines hohen Aussichtsturms hinauf. Die Bilder zeigen die Konstruktion des Turmes mit der dahinterliegende Landschaft, die aus immer höherem Blickwinkel erscheint, bis zum Schluss die Kamera von der Aussichtsplattform über die Landschaft schwenkt.

An increasingly exhausted Robakowski carries the running camera up the steps of a high look-out tower. The film shows the structure of the tower and the surrounding countryside, which is seen from an ever-higher visual angle until, finally, the camera conveys the panoramic view from the look-out platform.

Mieko Shiomi (Osaka/J)
»Disappearing music for face«
(1964/65), s/w Film, ohne Ton
Aus der Reihe der von Maciunas zusammengestellten Flux Films: Yoko Onos Mund zeigt im Close-up das ganz allmähliche Verschwinden eines Lächelns. Eine Umsetzung von Shiomis oft aufgeführtem Event in einen Film, gedreht mit einer Zeitlupen-Kamera von Peter Moore.

From the series of flux films compiled by Maciunas: a close-up of Yoko Ono's mouth showing the very gradual disappearance of a smile. A film version of Shiomi's frequently staged event, shot by Peter Moore with a slow-motion camera.

Breda Beban + Hrvoje Horvatic

Heiner Blum · Birgit Brenner

Klaus vom Bruch

Dellbrügge/de Moll

Peter Dittmer · Stan Douglas

Frank Fietzek

Benedikt Forster

Twin Gabriel

Douglas Gordon

Ingo Günther

Dieter Kiessling

Werner Klotz · Mischa Kuball

Zbigniew Libera · Helmut Mark

Kevin McCoy

Marcel Odenbach · Tony Oursler

Alexandru Patatics

Daniela Alina Plewe

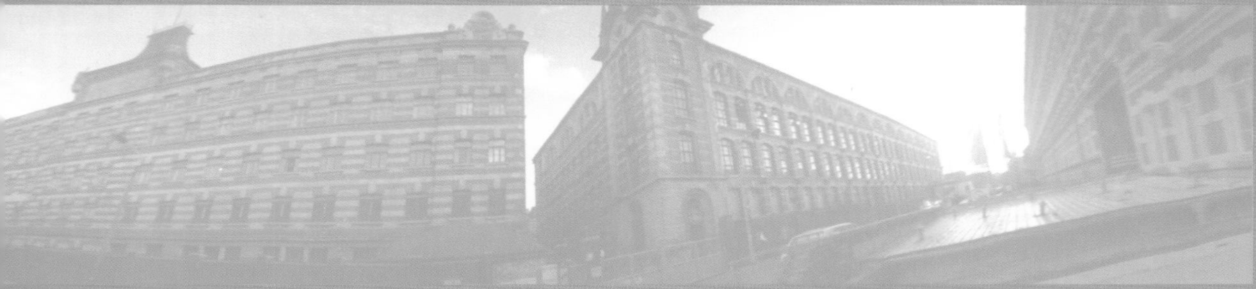

Alexej Shulgin

Micha Touma + Tjark Ihmels

Anja Wiese · artintact

Positionen der 90er

Aspects of the 1990s

**Before the kiss
[1993]**

close-circuit
Videoinstallation
3 semitransparente
Projektionsflächen.
3 Projektoren.
2 Kameras.
Recorder
mit Videotape

In der verdunkelten obersten Etage des Gebäudes nähert sich der Besucher drei grossen Videoprojektonswänden, die zwischen die Säulen der Halle gespannt sind. Durch die subtile Beleuchtung geführt, tritt er vor eine Schrift auf dem Boden: »I tremble with a longing for unity« (Grillparzer). Gleichzeitig erblickt er sein überdimensionales Videobild auf der rechten Projektionswand. Geht der Betrachter weiter, so kommt er vor der nächsten Projektionswand in den Bereich der zweiten Kamera, die diesmal sein Bild aus grösserer Distanz, zusammen mit dem umgebenden Raum zeigt. Von hier lässt sich hinüberblicken zur dritten Projektionsfläche, die genau denselben Raumausschnitt der Halle wiedergibt, allerdings, ohne dass der Betrachter sich darin wiederfindet. Statt dessen erblickt er hier die beiden Künstler, die sich in einem vorher aufgenommenen Video an seiner Stelle in fast ritualisierten Schritten und Gesten durch den Raum bewegen.

Die Gegenwart des Betrachters im Raum und die vergangene - aber durch das Video noch präsente - Anwesenheit der Künstler im selben Raum werden in subtiler Abfolge nebeneinander gestellt. (DD)

Visitors walk through the darkened top storey of the factory and see three large projection screens stretching from pillar to pillar. A soft light on the floor draws their eyes to an inscription: »I tremble with a longing for unity« (Grillparzer). At the same time they glimpse their oversize video images on the right-hand screen. Moving on to the next screen, they find a projected image of themselves and the immediate environment captured from a longer distance by camera no. 2. Still standing there, the visitors glance over at the third screen. It is showing the same part of the building, but they have vanished from the picture. It is a pre-recorded video of the two artists moving through the same space which the visitors still occupy, their steps and gestures almost ritualistic. A subtle juxtaposition of the viewer's presence in the room with the previous, but recorded and still immediate, presence of the artists. (DD)

Seit Mitte der 80er Jahre arbeiten Beban und Horvatic zusammen und haben bereits ein umfangreiches Repertoire an Video und Installationsarbeiten vorzuweisen, deren kompositorische Ausgewogenheit und deren klarer, visonärer Blick ihrem wachsendem Ansehen zugute kommen, das sich mit dem Umzug des Paares vor drei Jahren aus ihrer Heimat Jugoslawien nach London noch weiter entfalten konnte. Die Wurzeln des Paars in Konzeptkunst, Body Art und Performance verbinden sich mit einer Präzision der Bilder, wie man sie von der ehemaligen Malerin Beban und dem als Filmemacher ausgebildeten Horvatic erwarten kann.

Das zentrale Zusammenspiel von körperlicher Anwesenheit und dem phänomenologischen Register der Wahrnehmung wird in der Installation »Before the Kiss«, die ursprünglich für die wunderbar atmosphärischen Räume der Prema Galerie in Gloucestershire in Auftrag gegeben wurde, untersucht. Sie ist eine trügerisch einfache, minimalistische und gleichzeitig aber zutiefst evokative Arbeit. Indem sie riesige

Videoprojektionen (mit einer »closed-circuit« Kamera) mit bereits aufgenommenem Performance-Material verbinden, konstruieren Beban und Horvatic ein bezwingendes visuelles Szenario, das durch die Anwesenheit von Betrachtern vervollständigt wird. Beim Betreten des Raums sehen die Besucher sich mit einer überlebensgrossen Videoprojektion ihrer selbst, porträtmässig in der Mitte der Halle hängend, konfrontiert. Beim Weitergehen werden sie eine weitere, dahinter befindliche Projektionswand bemerken. Auf ihr entwickelt sich eine stetig wiederholte Performancesequenz: Beban und Horvatic durchschreiten den Raum und treten dabei scheinbar an die Stelle des Besuchers.

Der sensible Einsatz von Beleuchtung und die geisterhafte Gegenstandslosigkeit des stark vergrösserten elektronischen Bildes formen die subtile Konfiguration der Elemente einer Arbeit, in die der Betrachter sanft hineingelockt wird, gleichzeitig sich aber sofort als ihr Teil fühlt. Diese intime, kontemplative Atmosphäre lässt eine Fülle von Bedeutungen zu: persönliche,

visuelle und psychologische. Sie bringt Themen wie An- und Abwesenheit, Reales und Imaginäres, Selbst und Anderes, Betrachter und Betrachtete mit ein. Für Künstler, deren Arbeit sich fortlaufend um Fragen der Dualität dreht und in deren Zentrum oft die Versöhnung sich widersprechender Elemente steht, repräsentiert »Before the Kiss« einen neuen Höhepunkt, in dem viele ihrer Ideen und Ansätze zu einem überraschenden und nachwirkenden Ganzen zusammenfliessen.
Steve Bode

Working together since the mid Eighties, Beban and Horvatic have already created a substantial body of single-screen and installation pieces whose compositional finesse and lucid, visionary aspect have attracted a growing reputation, one which has continued to travel since they have left their native Yugoslavia for London almost four years ago. The duo's roots in conceptual art, body art and performance are seen in a fastidious regard for the image one would expect from a former painter Beban and the film-school trained Horvatic.

The pivotal interplay between physical presence and the phenomenological register of perception is explored in their installation »Before the Kiss«, initially commissioned for the wonderfully atmospheric gallery space at Prema in Gloucestershire. It is deceptively simple, minimal but supremely evocative work. Combining large-scale video projections (from a closed-circuit camera) with pre-recorded performance footage, Beban and Horvatic construct a compelling visual scene which is completed and, in sense, consummated by the image, and presence, of the viewer. As the viewers enter the space, they are confronted with a larger-then-life video-projected image of themselves, hanging portrait-like at the center of the large room. Subsequently, as they move across the floor of the space, they notice another projection screen, set behind of the one showing their own image. Here, a loop performance sequence, featuring Beban and Horvatic circling around each other and replacing the visitor in the same space he just entered.

The subtle configuration of elements, enhanced by an exemplary use of lighting and ghostly insubstantiality of the much-magnified electronic image, creates a work into which the viewer is gently seduced yet immediately feels a part of. This intimate, contemplative setting - both mysterious and beguilingly enveloping - in turn encourages a plethora of meanings: some personal, some perceptual and psychological; invoking themes of presence and absence, real and imaginary, self and other, observer and observed. For artists whose work is frequently framed around question of duality, and whose particular focus often involves stradding contradictory elements of reconciling competing demands, »Before the Kiss« represents a new light, drawing many of their ideas and approaches together to a startling and reverberate effect.

Steve Bode

**Augentauschen
(1993)**

Installation
für vier Dia-
projektoren
mit Überblend-
einheit

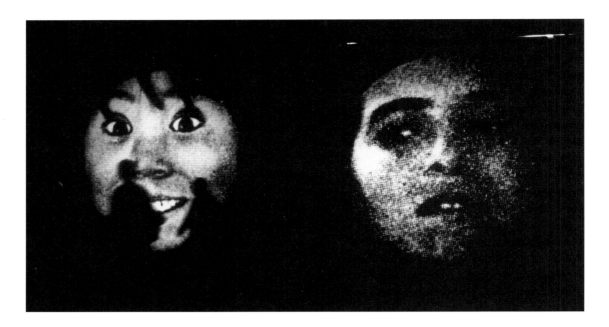

Die Idee für diese Arbeit entstand 1987 während der Vorbereitungen für die Werkgruppe »Portraits«, die 1988 für die Ausstellung »Binationale» (Kunsthalle Düsseldorf) realisiert wurde. Bei den »Portraits« wurde die auf ein grosses Format aufgeblasene Fotografie einer anonymen Person durch einen eingeäzten Namenszug ergänzt.

Im Unterschied zu den »Portraits« handelt es sich bei der Arbeit »Augentauschen« nicht um aufgezogene und gerahmte Fotos, sondern um eine Diaprojektion. Grundidee ist ein Lexikon menschlicher Gesichter und Gesichtsausdrücke. Vier Karussell-Diaprojektoren werden mit jeweils 81 unterschiedlichen Diapositiven geladen. Bei den insgesamt 322 verschiedenen Dias handelt es sich in der Hauptsache um Frontalansichten menschlicher Gesichter; der Bildausschnitt ist kreisförmig und umfasst den engeren Gesichtskreis mit Augen, Nase und Mund. Ergänzend hierzu erscheinen Aufnahmen von Händen, Augen, Mündern, Menschenmassen, Uhren, Detonationen, Zahlen, Wasser und Landschaften, die den Fluss der Gesichter immer wieder unterbrechen. (Die Fotografien entstammen einem Archiv, bestehend aus mehreren zehntausend Fotos, das ich über Jahre angelegt habe. Das Archiv enthält Bilder authentischer Ereignisse, Fotografien von Film- und Bühnenschauspielern sowie selbst aufgenommenes Material.)

Die Objektive der vier Projektoren werden auf eine Wand gerichtet. Jeweils zwei Projektoren teilen sich überlagernd ihr kreisförmiges Projektionsbild, verbunden durch eine Überblendeinheit. Die Ansicht der Wand zeigt nebeneinander zwei grosse projizierte Kreise, die an Augen erinnern. Die Bilder der projizierten Gesichter befinden sich in ständiger Bewegung; in einem permanenten Ein- und Ausblendrhythmus gehen sie ineinander über.
(produziert mit Unterstützung des ZKM Karlsruhe)

Heiner Blum

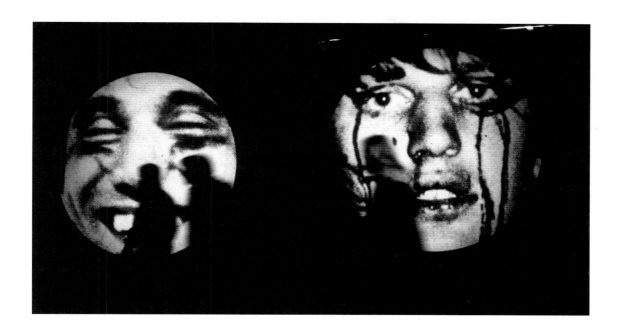

This work was conceived in 1987 during the preparations for the »Portraits« group realized in 1988 for the »Binationale« exhibition in Düsseldorf. The »Portraits« were blown-up photographs of anonymous persons, the large format supplemented by an engraved name. In contrast to the »Portraits«, »Augentauschen« is concerned with slide projection rather than printed, framed photos. The basic idea is an encyclopedia of human faces and expressions. Each one of four revolving slide projectors is loaded with 81 different diapositives. The 322 slides mainly consist of frontal views of faces; the trimming is circular, encircling the facial features of eyes, nose and mouth. Pictures of hands, eyes, mouths, crowds, clocks, detonations, numbers, water and landscapes supplement these details and repeatedly interrupt the flow of faces. (The photos come from an archive of thousands I built up over the years. It stocks shots of authentic events, photos of film and stage stars, as well my own photographs.)

The objectives of the four projects are pointed to a wall. Linked by a cross-fading unit, two projectors at a time overlay their projected images. The view of the wall shows two large circles, eye-like in their juxtaposition. The projected facial images move constantly, fusing together in a permanent rhythm of change. (produced with support by the ZKM Karlsruhe)

Heiner Blum

Birgit Brenner (Berlin/D)

An die Body Art der sechziger und siebziger Jahre anknüpfend, inszeniert Brenner an Formen des Rituals orientierte Handlungen, deren oft beklemmende Identität aus der stereotypen Wiederholung einzelner Gesten und Verhaltensmuster resultiert. In der 1993 entstandenen Video-Skulptur »Rouge essentiel 52, Lancôme« wird das - typisch weibliche - Ritual des Schminkens in extenso vorgeführt. 55 Minuten lang (für die Ausstellung auf 25 Minuten gekürzt) kann der Betrachter auf einem Wandtelefon mit eingebautem Monitor verfolgen, wie sich die Künstlerin die Lippen rot bemalt, einen Kuss auf die Mattscheibe drückt, die Lippen abwischt und von neuem schminkt. Aus dem Telefonhörer begleiten die stereotyp wiederholten Sätze »Bleib hier - Geh weg« die Aktion, die solange fortgesetzt wird, bis der Lippenstift verbraucht ist und das Gesicht hinter dem zunehmend rot gefärbten Bidschirm verschwimmt. Im bewussten Rückzug auf fast pathologisch wirkende Gesten und ständig sich wiederholende Handlungen wird der Körper - ähnlich wie in den frühen Performances von Marina Abramovic, Ulrike Rosenbach, Valie Export oder Rebecca Horn, der Professorin von Birgit Brenner an der Berliner HdK - als manipulierter oder, in den Worten Valie Exports, »selbstloser« Körper vorgeführt. Allerdings beinhaltet die aus den ritualhaften Wiederholungen resultierende Demontage des Klischees »Schminken« bei Birgit Brenner keinen Akt der Befreiung, sondern endet in einer ziellosen, um sich selbst kreisenden Bewegung, in der sich das Ich schliesslich verliert. Der Betrachter, durch den kleinen Bildschirm und die Telefon-Situation in eine distanzlose Nähe zur dargestellten Handlung gebracht, erlebt die Transformation quasi am eigenen Körper mit und kann sich zum Schluss, begleitet von den Aufforderungen aus der Muschel des Telefonhörers, auf die Suche nach seinem eigenen Ich machen ...

Anja Osswald

Picking up on the Body Art of the sixties and seventies, Brenner stages actions oriented on forms of rituals; their often oppressive intensity results from the stereotyped repetition of individual gestures and patterns of behaviour. In the 1993 video sculpture »Rouge essentiel 52, Lancôme«, the - typically female - ritual of putting on make-up is presented in long play. For 55 minutes (shortened to 25 minutes for the exhibition) the viewer can follow on a wall telephone with built-in monitor how the artist paints her lips red, presses a kiss on the screen, wipes her lips clean and starts making up again. In the telephone receiver, the stereotypically repeated sentences »Stay here - Go away« accompany the action, which is continued until the lipstick is used up and the face blurs away behind the increasingly red screen. In the conscious withdrawal into gestures that appear almost pathological and actions that constantly repeat themselves, the body - similar to early perfomances by Marina Abramovic, Ulrike Rosenbach, Valie Export or Rebecca Horn, Birgit Brenner's professor at the Berlin Academy of Art - is presented as a manipulated, or, in the words of Valie Export, »self-less« body. But Brenner's demontage of the »make-up« cliché that results from the ritualistic repetitions contains no act of liberation; it ends in an aimless movement that circles itself, in which the Self is finally lost. The viewer, brought by the small screen and the telephone situation right up close to the action presented, experiences the transformation as if it were taking place on his/her own body and can at the end, accomanied by the requests emanating from the earpiece of the telephone set, set out on the search for his / her own Self.

Anja Osswald

Selbstversuch III:
Rouge Essentiel 52,
Lancôme[1993]

Video-Objekt.
Telefon mit LCD
Monitor,installiert
in einer Telefonzelle
der Werkshallen

Klaus vom Bruch [Köln/D]

Séraphin [1994]

Doppelprojektion,
2 Projektoren,
1 Videotape

Mit 2 Videoprojektoren wird dasselbe Bild von einem Videoband auf eine leicht geknickte Leinwand geworfen. Dadurch dass einer der Projektoren elektronisch auf spiegelverkehrte Wiedergabe umgeschaltet ist, entstehen symmetrische Formen, deren Nahtstelle im Knick der Bildfäche liegt. Die Bilder zeigen Ausschnitte des Körpers von Klaus vom Bruch in langsamen Bewegungen. Durch die Dauer des Videotapes von mehr als einer Stunde bieten sich dem Betrachter bei mehrfacher Rückkehr immer neue Ansichten. (DD)

Two video projectors cast the same video-tape image onto a slightly buckled screen. As one projector is electronically switched to mirror-reverse playback, two symmetrical forms are produced whose seams run along the crease in the projection screen. The images are sectional views of Klaus von Bruch's slowly moving body. Lasting more than an hour, the tape offers new views to visitors each time they return. (DD)

Dellbrügge/de Moll [Berlin/D]

Video-Theorie;
No-Tech-Version
1994
Texte: Ermacora/
Daniels/Geller/Malsch

Schachtel,
2 Schilder,
46 Blätter

»Video-Theorie, No-Tech-Version« ist das Extrakt aus den Video-Theorie-Bändern, deren Texte hier in das Printmedium und in eine kontemplative Betrachtersituation rückgeführt werden. Das Equipment, Monitor und Recorder, werden auf der Zeichenebene mitgeliefert.

Die Arbeit ist leicht zu transportieren, schnell installiert, kostengünstig und auf Interaktivität angelegt. »Video-Theorie« thematisiert den geschlossenen Kreislauf von Werk- und Diskursproduktion und bedient sich der Medientheorie als Ressource künstlerischer Produktion.

Dellbrügge/de Moll

»Video Theory, No-Tech Version« is the extract produced from the video-theory tapes; it restores their words to print format and a contemplative viewing situation. The equipment, monitors and recorders, are supplied on the plane of projection. The work is easily transported, quick to install, low-price and designed for interactivity.

»Videotheory« takes as its theme the closed system of creating art and critical reviews of art and uses media theory as a resource for artistic production.

Dellbrügge/de Moll

Schalten und Walten
[Die Amme] 1992-94

Interaktive
Installation
Personal Computer
mit Soundkarte,
Milchpumpe und zwei
bewegliche Trink-
gläser in Vitrine,
zwei Stahltische

Der Benutzer tritt über die Tastatur mit dem Computer in einen Dialog. Die Antworten des Computers auf die Eingaben des Benutzers lassen den Eindruck eines intelligenten, saloppen oder unverschämten Gegenüber entstehen. Falls der Dialog sich bis zum Erregungszustand der Maschine steigert, wird die Milch im Glas in der Vitrine verschüttet - unter heftigen begleitenden Geräuschen. (DD)

The user enters into a dialogue with the computer via the keyboard. The computer's responses to input are those of an intelligent, nonchalant or impertinent sparring partner. If a user manages to agitate the computer, the glass of milk in the display case gets knocked over to an accompaniment of loud noises. (DD)

Die Amme ist eine Arbeit aus dem (oder ein Hang zu dem) Zyklus »Schalten und Walten«. Ihr Thema ist die »Barriere«.

Die Barriere steht zwischen einem möglichen (aber nicht notwendigen) Ereignis (Kunst) und dem möglichen Betrachter vor dem Objekt. Wobei das Objekt die Bedingung schafft, sowohl für den Vorgang, als auch für die Barriere selbst. Die Barriere folgt in ihrer Funktion dem Vorbild des Schalters. Die vornehme Aufgabe des Schalters ist es, das Ereignis vor dem unaufhörlichen Ereignen und seiner unvermeidlichen Verschluderung zu bewahren. Der Schalter ist der Hüter des Konjunktivs. Er gibt der Ereignisarmut eine Form, indem er das Ereignis, welchem er verwaltend vorsteht, jederzeit wahrscheinlich macht. Die jeweilige Form des Schalters begründet den jeweilig hinreichenden Anlass, der zum Schalter führt.

Die Amme ist ein Objekt der Verwaltung, der Verhinderung, der Ablenkung, der stillen Ökonomie. Betrachtet man es anders, ist die Amme interaktive Computerinstallation, begehbarer Text, Text überhaupt, Literatur, Computerspiel, Orakel, semantischer Pappkamerad, ein Lacher. Für Dittmer ist sie, nicht zuletzt, ein begrüsstes Objekt vertikalen Arbeitens; die Arbeit hat kein natürliches Ende und verschlingt wie nebenher Zeit.

Es scheint der Vorteil der Amme, dass sie so oder so genutzt werden kann und genutzt wird, ganz nach dem aktuellen Bedarf.

Vor der Amme stand die Frage, wie denn falls Prozesse/Vorgänge in ein Kunstobjekt eingebracht werden, deren unvermeidlicher Anfang/ Ende/Unterbrechung zu bestimmen sei. Da gibt es natürlich diese oder jene Varianten, die meistens mit dem Publikum zusammenhängen (abgesehen vom ausdrücklichen pausenlosen Passieren, das aber doch zumindest vom Beginn oder vom Ende der Ausstellung geklammert ist): Anwesenheit des Publikums, Abwesenheit des Publikums (beides in verschiedenen graduellen Variationen, fester Zeitplan, Logik aus dem Off (Tiere!), Physik, bestimmtes Verhalten vor dem oder an dem Objekt usw. Der Ansatz der Amme war, dass eine Verhandlung den Schalter zum Schalten verführt.

Dass inzwischen das verwaltete Ereignis zu einem Nichts geschrumpft ist und der hypertro-

phe Schalter-Verwalter sich über alles gelegt hat, ist eher zum Verwundern.

Man spricht mit dem Computer. Das Gespräch unterliegt keiner offenen Beschränkung ausser der, dass es über die Tastatur geführt werden muss (eher zum Vor- als zum Nachteil).

Im Computer stehen sechs Vehikel der Sprachproduktion bereit:

1. Die Programmaschine, d.i. der Manager der Vorgänge (der grosse Riemen).

2. Der Identifikationsapparat, d.i. ein Wort-Wortgruppen-Gestrüpp grammatikalischer Haltung, der die Erkennung der Eingaben versucht.

3. Das Urteil über die Situation, d.i. eine Kontextverfolgung und eine resümierende Selbsteinschätzung; hier liegt das eigentliche Schalt-Zentrum.

4. Der Reaktionsapparat, d.i. eine Entscheidungsmaschine, die den Zugriff auf den reaktiven Vorrat und die Taktik der Erwiderung steuert.

5. Der Widerredevorrat, aus dem die Widerrede genommen wird, bzw.

6. Der Widerredebildungsapparat, der eine Koordinierung von Lexika und Bildungsvorschriften zur Konstruktion der Widerrede nutzt.

Wie weit oder wie wenig weit die einzelnen Teile bisher entwickelt sind, kann man leicht an den vorliegenden Gesprächsprotokollen verfolgen. Es ist interessant, z.B. die ersten protokollierten Gespräche EAS/Berlin (siehe Basisdokumentation) mit den neuesten zu vergleichen.

Wann Was Wie eintrifft, wird durch den Verlauf des Gesprächs bestimmt. Das Gespräch kann hin zum Ereignis verlaufen oder weg von oder nebenher. Das Gespräch selbst ist der Schalter. Es schafft die Bedingung für An und Aus.

Der Computer täuscht die sprachliche Kompetenz vor. Aber immerhin hat man öfter das Gefühl, er erinnere sich besser und verfolge genauer die Linie des Gesprächs, als sein menschliches Gegenüber. Nur wenn der Computer schwach wird, orientiert er sich lexikalisch; in seinen besseren Momenten versucht er, Haltungen zu identifizieren und über eine sprachlich vermittelte Haltung seine Entgegnung zu formulieren. Der Täuscher muss oft über mehr Beweglichkeit verfügen als der, der sein Handwerk beherrscht: Die Kiste trickst.

Andererseits sind sprachlich übermittelte Gewissheiten und Annahmen im eigentlichen Sinne immer auch Anmassungen und Auslassungen, denen eine grundsätzliche Unsicherheit innewohnt, die ein geschickter Hochstapler zu erinnern weiss, um sich so im Spiel/im Gespräch zu halten. Je weniger der Apparat versteht, um so rabiater oder grössenwahnsinniger (siehe »Ficki Ficki, Hitler, Gott«) wird er, um die Initiative zu behalten. Der Apparat ist einer Zerstörer (ein Rahmen-Zerstörer). Der Apparat behauptet sich als einheimisch im Gespräch; sein Gegenüber bleibt zu Besuch. Interessant aber ist die hohe Toleranz des Publikums gegenüber verbotenen Worten und dreisten Interventionen.

Die Amme scheint eine Arbeit über die Behelfe der Kommunikation zu sein.

Das Gespräch ist der Schalter.

Das Gespräch behandelt Dies und Das oder das zu schaltende Ereignis. Der Träger des Ereignisses ist zufällig ein Glas Milch. Es steht im Innern einer Vitrine, auf einem Tisch, und das Ereignis ist, dass das Glas umgeworfen wird, die Milch auf dem Tisch verplempert, das Glas sich wieder aufrichtet, gefüllt wird und wieder dasteht wie zuvor.

Das Milchglas steht nur noch als Zeichen für das Schaltbare, das Umworbene, für eine auswechselbare Konsequenz des Schaltens. Für etwas, auf das man hauptsächlich wartet oder um das man sich bemühen kann.

Das Ereignis ist, dass die Kunst am Milchglas exerziert wird.

Die Kunst ist, (wann und warum oder:) dass (überhaupt) das Ereignis an dem Milchglas exerziert wird.

Die Kunst wird weniger beansprucht, weil das Publikum sich im Vorraum (Gespräch) aufhält.

Das Publikum wird abgelenkt, weg von der Kunst und zerstreut.

Die Kunst ist flüchtig; der Schalter sitzt breit vor der Kunst.

Das Publikum vergisst manchmal über dem Schalten die Kunst.

Das Publikum wird manchmal mit der Kunst belohnt und manchmal mit der Kunst bestraft.

Das Publikum will nicht immer die Kunst sehen (schöne Ökonomie).

Die Arbeit an der Amme ist beendet, wenn das Glas für immer aufhört, umzufallen.

Das Sprechen zum Computer ist ein nutzloses Sprechen, (oft) ein öffentliches Sprechen (indem

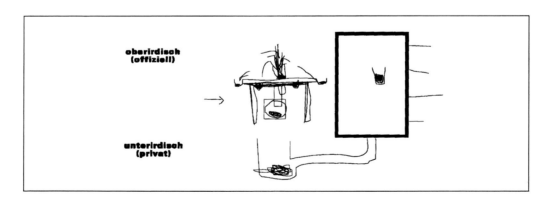

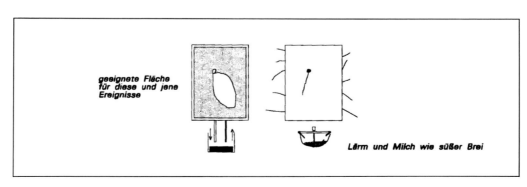

ein Einzelner, stellvertretend, mit einer Gemein-schaft hinter dem Rücken, das Wort ergreift, um es an ein deutliches Gegenüber zu richten), ein Sprechen als Karambolage und manchmal auch ein Sprechen mit einer Hoffnung, die nicht näher zu beschreiben ist.

Mit wem man spricht, ist nicht offensichtlich; vordergründig ist es der Apparat, - aber das ist ja nun Quatsch. Also es bleibt offen.

Peter Dittmer

»Die Amme« (The Nurse) is a work taken from (or pointing to) the cycle »Schalten und Walten«, whose theme is the »Barrier«.

The barrier stands between a possible (but not necessary) event (art) and the potential viewer of an object. The object creates the condition for the viewing process as well as for the barrier itself. The function of the barrier is modelled on the switch. The exclusive task of the switch is prevent the event from incessantly occurring and inevitably becoming wasted. The switch is the keeper of the subjunctive mood. It gives the eventlessness a shape by making a constant probability of the event over which it presides. The shape of each particular switch justifies the respective sufficient occasion for triggering the switch.

»The Nurse« is an object of administration, of obstruction, of distraction, of silent economy. Viewed differently, The Nurse is an interactive computer installation, is text that can be walked through, is words alone, is literature, computer game, oracle, semantic sitting target, an object of ridicule.

Dittmer sees The Nurse not least as a welcomed object of vertical working; it has no natural side and devours time almost casually.

The advantage of The Nurse seems to be that it can be, and is, used in many different ways according to the current need.

Prior to The Nurse the question was one of how it would be possible to determine the inevitable beginning/end/interruption of processes/procedures incorporated in an art object. Naturally, there are many variants. Usually they are linked to the audience (apart from its endless passing by that is usually temporally limited by the opening and close of an exhibition); presence, absence of the audience (in various graduations, fixed schedule, »fringe« logic (animals!), physics, specific behaviour in front of or at the object etc. The Nurse's point of departure was that a negotiation seduces the switch into switching.

It is rather surprising that the administered event has in the meantime shrivelled to nothing and the hypertrophic switch-administrator has taken command of the entire project.

One speaks to the computer. The conversation is not bound by any discernible limitations other than that of having to use a keyboard (more an advantage than a disadvantage).

The computer is equipped with six language-production vehicles:

1. The programming machine, i.e. the manager of procedures (the large belt)

2. The identification apparatus, a word/word group jungle of grammatical positions, encharged with the task of recognizing the input.

3. The judgement of the situation, i.e. tracing of context and a resuming self-assessment. This is the actual switching centre.

4. The reaction apparatus, i.e. a decision-making machine which controls access to the store of reactions and the answering tactics.

5. The store of replies, from which the reply is taken, and

6. The reply-forming apparatus which uses encyclopedias and educational instructions to construct a reply.

The current extent of development of the individual components is easily recognizable by reading the conversation records that exist. For instance, a comparison between the first conversations (EAS)/Berlin (see basic documentation) and the most recent.

When What happens and How is determined by the course of conversation. The conversation can develop towards, away from, or parallel to the event. The conversation itself is the switch. It creates the ON and OFF conditions.

Although the computer appears to be in command of language, one still feels its memory is better, its ability to follow the conversational drift more precise, than that of its human counterpart. The computer takes recourse to its lexical orientation system only when weak; in stronger moments it tries to identify given opinions and formulate its reply with a linguistically conveyed stance. Often, the imposter has to be more flexible than the craftsman: the computer is cheating. On the other hand, linguistically conveyed certainties and assumptions are in the truest sense always presumptions and omissions rooted in uncertainty, to be used by any clever trickster to hold his own in the game/conversation. The less the apparatus understands, the more furious or megalomaniac (see fucky fucky, Hitler, God) it becomes in order to keep control. The machine is a destroyer (a framework destroyer). It asserts its claim to nativeness in the conversation, the human opponent must remain a visitor. It is interesting to know how tolerant the audience is with regard to dirty words and impertinent intrusions.

The Nurse appears to be about the devices of communication.

The conversation is the switch.

The conversation touches on this and that or the event that has to be activated. The carrier of the event happens to be a glass of milk standing on a table inside a glass cabinet. The event is that the glass gets knocked over, milk spills over the table, the glass returns to its upright position, gets refilled and stands there as if nothing had happened.

The milk glass merely symbolizes the switchable, the courted; it stands for an interchangeable consequence of switching. Stands for something one generally waits for or strives for.

The event is that art is exercised on the glass of milk. The art is (when and why or:) that the event (any event) is exercised on the glass of milk.

The claims made on art are lesser because the public is in the (conversation) lobby.

The audience is distracted away from the art object.

Art is volatile; the switch is a solid barrier.

Sometimes audiences are so busy switching they forget the art.

Sometimes the public is rewarded with the art, sometimes it is punished.

The audience doesn't always want to see the art (fine economy).

Work on The Nurse is completed when the glass finally stops falling over. Speaking to a computer is useless talk, (often) public speaking (whereby an individual representing the community behind him takes the floor in order to address a clear counterpart), speaking in the form of a collision, and sometimes speaking with a hope which cannot be defined.

It is not clear who one is speaking to. Apparently to a machine. But: that is nonsense. And so the question remains open.

Peter Dittmer

Stan Douglas [Vancouver/CDN]

Marnie [1989]

Filminstallation,
16 mm s/w Film mit
Lichtton, 5:25 min
Dauer, Tungsten
Projektor, Filmloop
Gerät, Verstärker
mit 6 Lautsprechern,
Masse der
Projektionswand
ca. 6,30 x 4,70 m

»Marnie« ist eine Installation mit einer Film-Endlosschleife. Der Film spielt in einem Grossraumbüro: ein Bereich mit Schreibtischen wird durch einen Gang von einer Reihe abgeteilter Räume getrennt. Das Bild ist grobkörnig und alle Bewegung stark verlangsamt. Das Rauschen und Knistern des Tons stammt von Staub und Kratzern auf der leeren optischen Tonspur. Der Titel »Marnie« bezieht sich auf den gleichnamigen Film von Hitchcock.

Für »Minima Media« wählte der Künstler für die Installation eine spezielle Raumsituation: ein ehemaliges Büro der Buntgarnwerke dient als Projektionskabine, durch das Oberlicht des Raumes wird der Film in die leere dunkle Halle projiziert. Die Plazierung der Projektionswand und der sechs Lautsprecher ist an den Säulen der Halle orientiert. (DD)

»Marnie« is a film loop installation. The film is set in an »open concept« office: an array of desks separated by an aisle from a row of partitioned spaces. The image has been degenerated by a kinescope process and all action is slowed by overcranking and accompanied by the sound of dust and scratches accumulation on an optical sound track. The title »Marnie« refers to Hitchcock's film of the same name.

For »Minima Media« the artist chose a special situation for the installation: a former factory office is used as a projection cabin. The film is projected into the dark, empty factory space through the window of the room. The size of projection wall and the placement of the six loudspeakers are determined by the positions of the pillars in the floor area. (DD)

Filmstills aus
»Marnie«

filmstills from
»Marnie«

1. Die Kamera fährt hoch, schwenkt nach links und liefert so eine umfassende Ansicht des Raumes und seiner Angestellten, die im Begriff sind, zum Feierabend aufzubrechen.

2. Die Kamera fährt nach unten und unterbricht den Schwenkvorgang, sobald eine Frauengestalt - Marnie - ins Bild kommt. Man sieht sie von hinten, mit dem Anziehen ihres Wintermantels und ihrer Handschuhe beschäftigt.

3. Eine Frau, die hinter einem Nachbarschreibtisch steht, spricht leise zu Marnie: »Ich muss los. Bis Montag.« Marnie reagiert mit einer schwachen Geste und einem noch schwächeren Lächeln. Die Frau verlässt das Bild.

4. Marnie sucht ihre Sachen zusammen, schaut sich vorsichtig um und tritt dann langsam in den Gang. Die Kamera folgt ihr mit ein paar Schritten Abstand.

5. Sie geht den Gang hinunter, biegt um eine Ecke, bewegt sich dann durch eine Gruppe von Menschen hindurch, die vor einer Reihe von Aufzugtüren warten. Hier stoppt die Kamera. Man sieht Marnie aber noch einen Raum mit der Aufschrift »Ladies« betreten.

6. Vier Menschen betreten einen abwärtsfahrenden Aufzug.

7. Die Kamera bewegt sich näher zur Toilettentür und wartet.

8. Marnie verlässt die Toilette, hält an und blickt nach rechts auf der Suche nach anderen Leuten.

9. Änderung des Blickwinkels: Die Kamera ist auf den leeren Korridor gerichtet.

10. Schnitt zum vorangegangenen Blick auf Marnie - mit einem Ausdruck gelangweilter Resignation bewegt sie sich auf die Kamera zu.

11. Änderung des Blickwinkels: Die Kamera fährt vorwärts, nähert sich dem nun leeren Büro.

12. Rückkehr zur vorangegangenen Aufnahme: Marnie geht immer noch. Die Kamera bewegt sich langsam rückwärts und neigt sich, sobald Marnie nahe genug ist, um aufzunehmen, wie diese einen Schlüssel aus ihrem Portemonnaie nimmt.

13. Marnie passiert die Kamera, die ihr mit einem Schwenk um 180 Grad ins Büro folgt.

14. Marnie biegt um die Ecke, geht den Gang entlang zum Schreibtisch, der vorher von ihrer Freundin belegt war und öffnet mit dem Schlüssel eine Schublade.

15. Änderung des Blickwinkels: Eine Hand in Handschuhen öffnet die Schublade und bringt eine Karte mit einer aufgedruckten Zahlenkombination eines Safes zum Vorschein.

16. Schnitt zur Nahaufnahme: Das einzige geräuschvolle Ereignis im Film (das »klunk« einer Filmklebestelle, die ein optisches Tonlesegerät passiert) fällt mit der Ansicht von Marnie zusammen, die die Schublade schliesst. Sie verschliesst sie wieder, geht dann zu einem der abgeteilten Räume hinüber. Sie ist im Begriff einzutreten, zögert und blickt sich nach möglichen Leuten im Raum um. Sie öffnet die Tür und geht schnell zum kleinen Safe, der nun in dem kleinen Büro sichtbar wird.

17. Schnitt zur Nahaufnahme des Safe-Zahlenschlosses: Eine Hand in Handschuhen erscheint und beginnt, die Kombination einzustellen.

18. Rückkehr zur vorangegangenen Aufnahme: Marnie öffnet die Safetür, während die Kamera hochfährt, nach links schwenkt und eine umfassende Ansicht des Raums und seiner Angestellten liefert, die im Begriff sind, zum Feierabend aufzubrechen.

(Wiederholung des Ganzen ad nauseam.)

Stan Douglas

1. The camera cranes up and pans left across the open area providing general view of the room and its occupants as they prepare to leave for the day.

2. The camera cranes down and stops panning once it finds the figure of a woman - Marnie - seen from behind putting on her winter coat and gloves.

3. A woman standing at a nearby desk silently tells Marnie, »I've got to run«. »See you on Monday«, and after receiving a faint gesture, and even fainter smile, steps out of view.

4. Marnie collects her things, looks cautiously about, then walks slowly into the aisle. The camera follows - tracking her from a few paces behind.

5. She continues down the aisle, turns at a corner, then walks between a group of people waiting at facing rows of elevator doors. Here the camera stops moving, but is still able to see Marnie as she walks into a room marked »Ladies«.

6. Four people enter a down-bound elevator.

7. The camera moves closer to the washroom door and waits.

8. Marnie exits the washroom, stops, and looks to her right for evidence of other people.

9. Point of view shot: the camera stares down an empty corridor.

10. Cut back to the previous view of Marnie - with a look of bored resignation, she walks forward, towards the camera.

11. Point of view shot: the camera tracks forward, approaching the now-empty office.

12. Return to the previous shot: Marnie still walking. The camera tracks slowly backward, and when she is near, tilts down to see her remove a key from her purse.

13. Marnie passes the camera, which follows by panning 180 degrees and tracking into the office.

14. She turns the corner, walks up the aisle to the desk previously occupied by her friend, and with the key, unlocks a drawer.

15. Cut to a point of view shot: a gloved hand opens the drawer to reveal a card which has a safe combination printed on it.

16. Cut to a near shot: the film's only sonic event (the »klunk« of a film splice passing over an optical sound reader) coincides with the sight of Marnie closing the drawer. She re-locks it and then moves toward one of the partitioned spaces. She is about to enter but hesitates and again looks for signs of other people. She opens the door and quickly walks toward the small safe now visible in the small office.

17. Cut to a close shot of the safe's dial: a gloved hand appears and begins to run through the combination.

18. Return to the previous shot: Marnie begins to open the safe door while the camera cranes up and pans left across the open area providing a general view of the room and its occupants as they prepare to leave for the day.

(Repeat all of the above ad nauseam)

Stan Douglas

Frank Fietzek

**Von den nützlichen
Dingen 1993**

Interaktive
Installation,
zweiteilig,
Bierautomat
im Originalzustand
mit Bier,
modifizierter Bier-
automat mit Compu-
ter, Monitor, Inter-
face

Zwei Bierautomaten sind in Sichtweite voneinander an einer Wand befestigt. Der eine Automat ist ein herkömmlicher Bierautomat, dem man nach Münzeinwurf eine Flasche Bier entnehmen kann. Der andere Automat ähnelt dem ersten, an seiner Vorderseite befindet sich jedoch ein Monitor mit dem Schriftzug »Cyberbräu«. Nach Einwurf einer Münze wird der Benutzer aufgefordert, einen sich im Warenschacht befindlichen Hebel zu betätigen. Durch Drehen und Kippen dieses Bedienungselements kann der Benutzer auf dem Monitor den Inhalt einer simulierten Bierflasche in ein Glas füllen. Nach zwei Minuten ist das Programm beendet. Eine Transformation in das reale Leben hat nicht stattgefunden, sondern wurde vielmehr ad absurdum geführt.

(Diese Installation erwartete den Besucher nach langem Marsch am entlegensten Ende der weitläufigen Hallen, was den Zuspruch auf das Getränkeangebot sehr förderte.)

Sabine Danek

In the installation two beer machines are attached to the wall near each other. One is a conventional machine which gives you a bottle of beer after inserting some coins. The other machine is similar to the first, exept that on the front you see a monitor with the words »Cyber Beer«. Upon inserting a coin, the user is instructed to push a lever in the hole where the bottles come out. By operating this lever, the contents of a beer bottle pour into a glass on the monitor.

(This installation waited for the visitors at the end of a long trek to the far end of the expansive workshops. Drinks sales rose dramatically.)

Sabine Danek

Benedikt Forster (Büchig/D)

Hermeneutische Hinweise zu »Counting to a million« - nur zum interessierten Gebrauch -

Die Kunst ist an der Grenze angesiedelt zum Unerklärbaren. So ist auch die Erklärung des Kunstwerks durch den Künstler ein Tabu. Zu gross schien immer die Gefahr des intellektuellen Kurzschlusses. Die Spannung, aus der das Werk lebt, wird durch das Anlegen der verbindenden Worte kurzgeschlossen.

Der Computer ist ein Höhepunkt der Zählbarkeit; in gewissem Sinne also der Rationalität, des vernünftigen Denkens. Mit dem einhergehenden Triumph der grossen Zahl, der Gigabytes ist andererseits auch eine Grenze genannt: neben das Zählen, das auf die Quantität gerichtet ist, tritt die Qualität als das nicht Messbare, als das Unteilbare. Dieses einheitliche Sein stellt sich dar als der notwendige Antagonist zu den Fähigkeiten des Computers (des rationalen Denkens, des Vernehmens und Zusammennehmens). Die Magie des Gegenstandes erweist sich als die Grundlage, auf der der Computer steht. Damit ist das Geheimnis klar lokalisiert. Es steckt in der Qualität, es steckt in den Gegenständen, die als Zählbares eine Zählbarkeit erst ermöglichen. So erwächst gerade aus der Macht der übergrossen Zahl, die der Computer wesensmässig anstrebt, die Vorstellung ihres Gegenpols. Das ist jene Welt, in der die Zahl nicht vorkommt. Es ist eine zahlfreie Zone. Dies ist die Zone, die ich »Welt aus Bildern« nenne. In diesem Konstrukt bilden die Tätigkeit des Künstlers und die Tätigkeit des Computers die Gegenpole.

So erscheint es sinnvoll, auf dem Gebiet des Zählens das erklärende Wort einzusetzen, um die Grenze in aller Klarheit auszuleuchten, um die es geht: wo die Gegenstände durch ihre Eigenschaft (jenes, was nicht zählbar ist) über sich hinausweisen und einen magischen Raum erzeugen.

Beschreibung der Teile,
aus denen »Counting to a million« aufgebaut ist. Das Kernstück der Anlage ist der Ein-bit-computer. Was im ersten Augenblick wie ein Witz klingen mag und wie ein despektierlicher Kommentar zur Fortschrittsgläubigkeit, hat sich inzwischen als äusserst fruchtbar erwiesen; wird doch durch diesen Begriff ein Wechsel der Blickrichtung ermöglicht. Der Ein-bit-computer erscheint wie das Interface zwischen Zahl und Eigenschaft. Zwanzig Ein-bit-computer sind hier aneinandergereiht; verblüffend wenig, um auf eine Million zu kommen. Gezählt wird - fast überflüssig zu sagen - im binären Code. Der jeweils folgende Ein-bit-computer schaltet gegenüber seinem Vordermann nur jedes zweite Mal. Der Zwanzigste schaltet genau beim 1 048 576ten Impuls.

Erklärung
zu der Frage, wie etwa im Druck verzeichnet wird der Schritt, den »Counting to a million« zurück hat legen müssen, um nun hier zu sein zum Sehen. Die Summe der ausgedruckten Ein-bit-computer wird zum Ornament, zu jenem geistigen Werkzeug, das uns im zwanzigsten Jahrhundert verpönt wurde. Hier taucht es wieder auf als eine Form des Speichers.

Akustik, Ticken.
Ein Klicken wurde einmal hinzugegeben, um auch das Ohr zu erreichen. Mit dem Ohr wurde diese durchschrittene Lichtfläche getaktet. Der Kreis hat einmal weiter sich verwandelt: er wurd' die tickend Uhr. Der Zählerstand war einstellbar, die Zeit lief einfach durch.

Zählen, was?
(Hier wird keine Systematik der Einzelsätze mehr geliefert)
Zählen, wie gesagt, nicht die grösstmögliche, die Einerzahl, die einfachst Mögliche; es geht ums bit. Es geht ums bit auf allen Ebenen.
Der Lichtstrahl wird an fünf Punkten behandelt. Die Fünf ist nötig, um die kleinstmögliche geometrische Figur zu bilden, die aus einem Strahl gebildet, Fläche beschreibt, sich also kreuzt.

Der fünfzackigen Figur wird aus dieser Fähigkeit heraus seit alters her Macht zugeschrieben. Auch in der Zahlenmystik steckt ein Wissen, wie man möglichst viel (i.e. mehr als Zahlen) mit Zahlen speichern kann. Mit diesem Pentagramm verbinden sich, um es mit einem einfachst möglichen Begriff und mit einem Schmunzeln zu sagen, die Welt der bits mit uralter Magie.
Das Pentagramm, dies transparente Zeichen, soll mitunter Tanzen machen.

Schritte werden gezählt,
die in einem abgesteckten Raum bewusst gegangen werden. Das Kreisinnere mit seinen Spiegeln ist ein Basiselement des »Optischen Computers«. Beine, die in dieses Wirkungsfeld hineingeraten, spielen, sich bewegend mit dem Licht. Spiegeln wird der Ort so jedem, der hier rein tritt, wie er sich bewegt. Dies nennt man Tanz.

Zu Fragen grafischer Natur:
Die abbildende Seite von »Counting to a million« ist Computergrafik, ein Schwarz- und-Weiss-Druck, ein Tintenstrahldruck. Es ist der Druck seiner Schaltung. Indessen funktioniert er als Speicher; optischer Ausdruck eines Geschehens, des Entstehens seiner selbst.
Die Druckerpunkte wurden Basiswerte, dots per inch. Auch somit war der Einserstand erreicht. Was als Medium die Installation hier von sich gibt, ist Software in der Hardware; Information in den Gegenständen, programmatische Bedeutung.

Es kamen noch Platinen.
Doch davon wird ganz einfach nicht geredet. Auch wird zur Kunst nichts gesagt. Die schaue man sich original an. Man schaue sich das Ereignis an: Zählen-zu-einer-Million.

Benedikt Forster

Comments on »Counting to a million«
- for interested eyes only -

Art borders on the inexplicable, and explanations by artists of their own artworks is a taboo. The danger of an intellectual short-circuit always seemed too great. The tension breathing life into the work is short-circuited by the connecting words.

The computer is a summit of countability: of rationality, therefore, in a certain sense, of reasonable thinking. The triumph of the large number, of gigabytes, defines a boundary at the same time: alongside counting, which is aimed at quantity, quality becomes something which is immeasurable, indivisible. This unified existence presents itself as being a necessary antagonist to the capabilities of the computer (rational thinking, learning and collecting). The magic of the object proves to be the foundation on which the computer rests.

This knowledge pinpoints the location of the secret: it is hidden in the quality, and in the objects whose countability makes counting possible in the first place. And so the concept of the counterpole to the large number is born directly by the power of the oversized numbers the computer by definition strives to obtain. This counterpole is a world void of numbers, a number-free zone. I call it »the world of pictures«. The counterpoles in this world are artistic activity and computer activity.

It appears to be appropriate to plant the explanatory words in the sphere of counting; this illuminates the boundary I want to show. The boundary at which the quality (that which cannot be counted) of objects points beyond the object and generates a magic space.

Description of the components
making up »Counting to a million«

The core of the installation is the »one-bit computer«. Although this notion sounds like a joke or a disrespectful comment on belief in progress, it has proven very fruitful. After all, it makes people change their direction of viewing. The »one-bit computer« appears to be the interface between number and quality. Here we have twenty »one-bit computers« connected in series. An astonishingly low number to reach the sum of one million. Counting takes place in binary code (this information is probably superfluous). Each computer switches only every second time in comparison to its predecessor. The twentieth computer switches back to its original position at the 1048576th pulse exactly.

Explanation

in response to the question: what would the steps taken in order to be here by »Counting to a million« look like - in print, for example. The sum of the printed »one-bit computers« becomes an ornament, that intellectual tool frowned upon in our 20th century. Now it re-appears as a form of storage.

Acoustics, ticking

A tick was added once in order to reach the ear. The timing for this broken area of light was supplied by the ear. The circle has transformed itself again; it became the ticking clock. The counter reading was adjustable, time simply slipped through.

Counting what?

(A system of individual sentences will be supplied no longer)

As mentioned previously, counting not the largest possible number, the single digit or simplest possible number; we are concerned with bits. Bits on all levels. The light beam is treated at five points. Five points are necessary to form the smallest possible geometrical figure that, based on one beam, can define area by crossing itself.

Due to this capability, the five-pointed figure has been credited with special powers from time immemorial.

Numerical mysticism also possesses the knowledge of how to store as much as possible (i.e. more than numbers) in numbers. To put it simply (and lightheartedly), this pentagram is the link between the world of bits and ancient magic.

Dancing is one effect said to be produced by the pentagram, this transparent symbol.

Steps are counted

that are deliberately taken in a designated space. The mirrored inner circle is a basic element of the »optical computer«. Legs entering its sphere of influence play and move in harmony with the light. The inner circle will reflect the movement of all who enter. We call this dance.

On graphics-related questions:

The reproducing side of »Counting to a million« is computer graphics, a black-and-white print, an inkjet print. It is the printout of its circuit. Meanwhile, it functions as a memory, provides the optical printout of an event, of its coming into being.

The printed dots, dots per inch, became the basic denomination. Thus, the single unit was obtained here too.

The medium generated by the installation is software within the hardware; information within the objects, programmatic significance.

There were printed-circuit boards, too.

But I refuse to talk about them.

And I refuse to talk about art; art is something to be viewed in its original form. But view the event: »Counting to a million«.

Benedikt Forster

Verschollen

»verschollen sind menschen, von deren leben oder tod in ihrem letzten domicil ungewöhnlich lange zeit keine kunde einlief.«
(Deutsches Wörterbuch von Jacob und Wilhelm Grimm, Band 25, S. 1138)
Verschollen ist man immer für die anderen, passiv, der Wahrnehmung aus der Distanz entzogen. Kann ich mich entscheiden, zu verschellen?
»Verschallen, verb. aufhören zu schallen, zu klingen...« »unser heutiges schallen (ist) eine mischung aus zwei alten zeitwörtern ... einem starken schille (schall, schullen, geschollen), nhd. schelle, scholl, schollen und eines schwachen schelle.« (siehe oben) Was weg ist, brummt nicht mehr.

Namen

Baghildis Gompf, Geisselolt Blodig, Heppo Steppuhn, Modest Immekeppel ... Vor- und Familiennamen sind verbürgt. Die Kombination ist Willkür: Im Leerzeichen zwischen den beiden

liegt die Kunst. (Tief) Luft holen. Distanz schaffen. Die Möglichkeit zum verschallen, verschellen, verklingen (...) anlegen. 3000 mal, ohne Wiederholung.

Volk

Wir haben diese Liste von 3000 Namen. 3000 unzeitgemässe Zeitgenossen. Für 12 davon gibt es Gesichter, so echt wie falsch, so real, wie das Bild, das sich der Betrachter von der Person dahinter macht.

Volksstimme

Wahlberechtigt ist jeder, der den Ausweis findet, in der Brieftasche. Der Ausstellungsbesucher kann zugreifen und weggehen, wegsehen, zurückbringen, Mitgefühl entwickeln mit dem Verlierer ...

Universal Deserters

Wir haben für 2 der 3000 Ausweise. Diese finden sich von Zeit zu Zeit in Brieftaschen verstaut in Ausstellungen ausgelegt. Die Brieftaschen sind

Bestandteil der Ausstellung. Oft werden sie so nicht wahrgenommen. Der Besucher, der unter »Kunstbetrachtungsstress« steht, reagiert auf die Brieftasche (meist) »normal«. Das »Normale« bezieht sich auf ein Verhalten unter Artgenossen, von Besucher zu Besucher. Das »Unnormale« ist die Kunst, vielleicht als Feind, vielleicht nur fremd. Der Betrachter setzt sich dem zwar aus, oft aber nur, um die Distanz zum Gezeigten und dem, was dahinter vermutet wird, bestätigt zu finden. Die Teilnahmeerklärung an Kultur ist das Einverständnis zum Stress. Das Anstrengende an Ausstellungsbesuchen geht einher mit einer Adrenalinausschüttung - in der Natur ein Fluchtimpuls. Der (scheinbare) Besitzer der Brieftasche ist schon weg. Insofern verhält er sich natürlich. Insofern verdient er Sympathie. Die Brieftasche mitsamt dem Ausweis ist noch da. Der Besitzer ist also ein Verlierer. Auf jeden Fall gehört zur Brieftasche, zum Ausweis ein Besitzer, der als Person mitgedacht wird, wenn jemand die Hinterlassenschaft wahrnimmt, sich dazu verhält. Durch Mitdenken und Mitgefühl entstehen Bilder, Bilderketten und Geschichten. Urbane Legenden, in denen sich die Welt des Denkers / Fühlers zeigt ...

(e.) Twin Gabriel

Presumed dead

»verschollen refers to people about whose life or death no tidings have been brought to their last domicile for an usually long time.«
(German dictionary by Jacob and Wilhelm Grimm, Volume 25, p. 1138).
One is always presumed dead by the others, passively, denied perception from a distance.
Can I decide to go missing, presumed dead?
»VERSCHALLEN, verb: to stop making a noise, to stop ringing ...« »our modern verb schallen (to sound, ring((is) a mixture of two old verbs ... a resounding «schille» (schall, schullen, geschollen), Low High German schelle, scholl, schollen and a weak schell.« (source: above). No noise comes from the departed.

Names

Baghildis Gompf, Geisselolt Blodig, Heppo Steppuhn, Modest Immekeppel ... The forenames and surnames are authentic, their combination is arbitrary: the art lies in the blank space between the two parts. Take a (deep) breath. Create a distance. Create the possibility of going missing, stopping ringing. 3000 times, with no recurring names.

People:

We have this list of 3000 names. 3000 untimely contemporaries. We have faces for 12 of them, as genuine as they are false, as real as the imaginary picture the viewer has of the person behind the image.

Vox populi:

Anyone discovering an ID card in their wallet is entitled to vote. The visitor to the exhibition can take hold of it and go away, ignore it, take it back, feel sorry for the person who lost it ...

Universal deserters

We have ID cards for 2 of the 3000 names. Occasionally the cards are found tucked away in wallets at exhibitions. The connection between the wallets and the exhibition is often missed. (Most) visitors suffering from »art-viewing-related-stress« react »normally« to the wallet. The »normal« relates to a mode of behaviour among members of the same species, inter-visitor behaviour. The »abnormal« is the art, possibly a hostile force, perhaps only alien. Although the spectators confront the abnormal, often it is only to confirm their distance to the matter shown and whatever lies behind it. The agreement to take part in culture implies readiness to accept the stress involved. The strenuous aspect of visits to exhibitions involves a release of adrenaline - something which is, in natural environments, synonomous with the impulse to flee. The (apparent) owner of the wallet has fled already. To this extent, the person's behaviour is natural, and deserves our sympathy. But, since the wallet and ID card are still in the museum, the owner is a loser. At all events, the wallet, the ID card have an owner who is part of our perception of the items left behind, a person who influences our attitude to these things, someone we think about and feel with. Isolated images, visual sequences and stories come to the surface: urban myths that disclose the world of the thinker / feeler...

(e.) Twin Gabriel

Douglas Gordon [Glasgow/GB]

Szenen aus »Startrek« (Raumschiff Enterprise) in denen es um Konfrontationen zwischen Mann und Frau geht sind auf Zeitlupentempo verlangsamt worden. Ohne jeden Kommentar und ohne Ton werden die Bilder auf eine frei im Raum stehende semitransparente Leinwand projiziert.

Scenes from »Star Trek« featuring male-female confrontations are shown in slow motion. With no commentary or sound, the images are projected onto a semi-transparent screen standing alone in the room.

Ingo Günther [New York/USA]

Versionen
für Deutschland
1848-1988
[1988/94]

Videoinstallation
Videotape, Monitor,
Aktenschrank

»Versionen für Deutschland« ist ursprünglich für die Fernsehausstrahlung entstanden, als Gegenversion zu der 1982 wieder eingeführten deutschen Nationalhymne am Sendeschluss der öffentlich rechtlichen Fernsehanstalten. Im Video werden die entscheidenden Jahreszahlen der deutschen Geschichte zwischen 1848 und 1988 von den wechselnden Nationalflaggen Deutschlands unterlegt und von der leise gesummten Hymne begleitet. Mehrere Versionen dieser neuen Hymne folgen aufeinander und Günther hat ausserdem auch Fassungen als Installation entwickelt. Die Fassung für Minma Media wurde in Absprache mit dem Künstler in einem Aktenschrank aus den Werksbeständen installiert. (DD)

»Versions for Germany« was originally produced for broadcasting on TV as a rejoinder to the public TV stations' playing of the national anthem at the close of each evening's viewing, which was reintroduced in Germany 1982. In the video the decisive years in German history between 1848 and 1988 are shown as numbers against the changing German national flags and accompanied by the quietly hummed anthem. Günther has also developed installation versions of this concept. In consultation with the artist, the Minima Media variant was installed in a filing cabinet salvaged from former factory stocks. (DD) o.T. 1988

Closed-circuit-
Videoinstallation,
Videokamera,
Monitor, Kerze

Die Videoinstallation wird bei völliger Dunkelheit gezeigt. Das Abbild der von der Kamera aufgenommenen Kerze strahlt die wirkliche Kerze an, was wiederum ihre Abbildung ermöglicht.

Die zwei close-circuit Installationen mit der Kerze bzw. der Glühbirne stehen in direkter Beziehung.

The video installation is shown in complete darkness. The camera image of a candle shines onto the real candle, responsible for the camera image of the candle in return.

The two close-circuit Installations using a candle and a light bulb are set in a close relation.

Dieter Kiessling [Düsseldorf/D]

o.T. 1994

Closed-circuit-
Videoinstallation,
Videokamera,
Monitor, Glühbirne

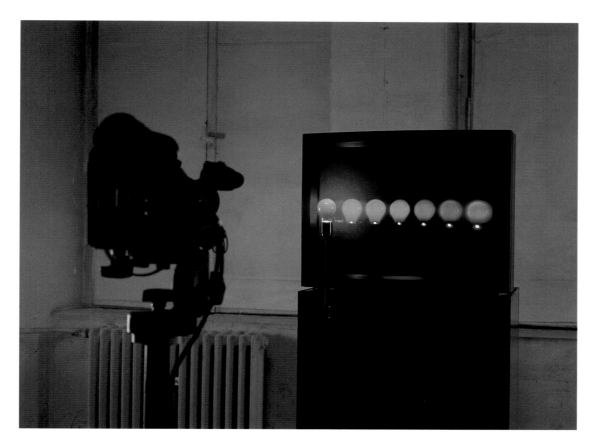

Die Kamera nimmt die rote Glühbirne auf und überträgt ihr Abbild auf den Fernseher. Das Abbild erscheint direkt neben der Glühbirne und wird gleichzeitig mit aufgenommen und übertragen. Diese Reihe setzt sich fort, bis sechs Generationen von Abbildern der Glühbirne nebeneinander erscheinen. Durch das leicht blaue Licht des Fernsehers werden die Abbilder der Birne bei jeder Übertragung etwas stärker blau eingefärbt.

Dieter Kiessling

The camera records a red light bulb and transfers the image onto the TV screen. The recorded image appears next to the real light bulb. Both are then recorded simultaniously and transferred. This process continues until six generations of recorded light bulb images stand side by side. The light bulb images turn a deeper shade of blue each time they are transferred, due to the TV screen's blue shimmer.

Dieter Kiessling

Boreas (1992/94)

interaktive,
windgesteuerte
Installation,
Videokamera
auf Roationsapparat,
Windmesser, Video-
projektor, Hocker

Die Video-Installation leitet ihren Namen von »boreas«, dem Gott des Nordwindes in der griechischen Mythologie ab.

Bei diesem System werden die im Aussenraum von einem Amonemeter (Windmesser) gemessenen Windbewegungen in eine vertikale Rotationsbewegung einer Videokamera im Innern eines Raumes übertragen. Kamera und Amonemeter sind mittels einer durch die Fensterscheibe führenden mechanische Konstruktion miteinander verbunden.

Die Steuerungselektronik und ein Windmessinstrument - was die Windbewegungen visualisiert - stehen in einer Medex-Box im Raum. Das System setzt bei Windbewegungen von 5 Meilen pro Stunde ein und wird bei 24 Meilen pro Stunde (mittlere Sturmstärke) blockiert. Je mehr Wind draussen gemessen wird, je schneller rotiert die Kamera innen.

Worauf die Kamera im Raum fixiert wird und wie die Monitore, die den Effekt übertragen, angeordnet sind, ist variabel und kann sich auf die Spezifik des Raumes oder aber auch auf ein noch dazugenommenes Element des Systems beziehen.

Werner Klotz, 1992

The video installation derives its name from »boreas«; the god of the North wind in Greek mythology.

In this system the wind movements outside a room, which are measured by an anemometer (wind speed measuring device) are transmitted iinto the vertical rotation movement of a video camera inside a room. The camera and the anemomenter are linked to one another by a mechanical construction that penetrates a window pane.

The control electronics and a wind measuring instrument - which makes the motion of the wind visible - are in a Medex box in the room. The system starts operating at a wind velocity of 5 miles per hour and stops at a speed of 24 miles per hour (medium gale force). The more wind measured outside, the faster the rotation of the camera inside.

The point at which the camera is directed within the room and the arrangement of the monitors transmitting the effect are variable and can be adapted to the specific room or to an element added to the system.

Werner Klotz, 1992

Mischa Kuball (Düsseldorf/D)

Zentrumskunst-
Hunstzentrum
(1992/1994)

Filminstallation
Haushaltsleiter,
Filmprojektor, Foto
des Centre Pompidou
auf Alu / Dia-sec
(Courtesy Honrad
Fischer, Düsseldorf)

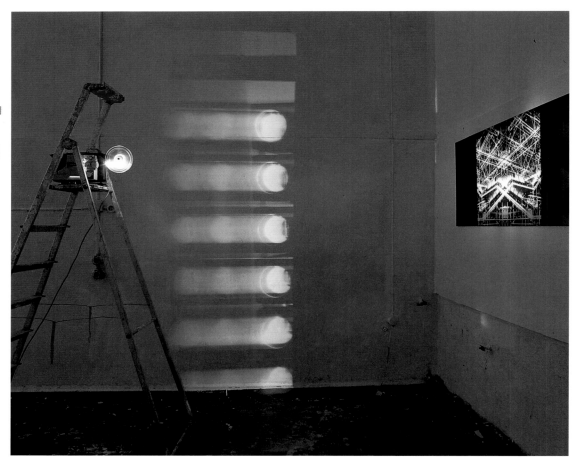

Die zwei Installation mit Film- und Diaprojektion stehen in Beziehung zueinander.

Der Filmprojektor projiziert endlos - lediglich - das Abbild der leeren Filmspule auf das Abbild des Museums; die spiegelnde Oberfläche reflektiert das »Nicht-Ereignis« in den Ausstellungsraum zurück.

The two installations with film and slideprojection are referring to each other.

The film projector continually projects the mere image of the empty film spool onto the image of the museum; the reflecting surface mirrors the »non-event« back into the exhibition room.

Mischa Kuball [Düsseldorf/D]

Six-pack-six/
spinning space
version [1994]

Diaprojektion,
Leuchtkasten, Foto,
Drehbühne DB 100
[Leuchtkasten
Six-pack-six,
Sammlung Ariel
Rogers, Düsseldorf]

Der Diaprojektor rotiert im Raum und zeigt konstant ein Abbild / Dia der beiden Leuchtkästen; durch präzise Plazierung des Projektors sind Leuchtkasten und Projektion an einem Punkt deckungsgleich. Das Abbild des Leuchtkastens und das Abbild der Projektion zeigen sechs Projektoren, die auf den Raum und den möglichen Betrachter verweisen - die Betrachtung ist das »Ereignis«. Diese Arbeit ist speziell für den Kontext »Minima Media« entstanden.

Mischa Kuball

The slide projector rotates in the room, permanently showing an image / slide reproduction of the two illuminated showcases. The precise positioning of the projector means the showcase and projection are congruent at one point. The image of the showcase and the image of the projection show six projectors pointing to the room and to the potential viewer - the »event« is the act of viewing. This work was created specifically for showing in the »Minima Media« context.

Mischa Kuball

74

**Mystic Perseverance
(1984/90)**

Videoinstallation
Videotape, Monitor,
Nachttisch, Texttafel
(Leihgabe der
Staatsgalerie Sztuki,
Sopot)

Die aufgezeichnete Tätigkeit ist von mystisch-magischem Charakter, unabhängig von jeder bekannten Form von Religion, Magie oder Kunst. Sie bildet kein eigenes System und sie verfestigt auch keines. Sie geschieht täglich, unabhängig vom aktuellen Stand der politischen, sozialen, kulturellen, gesellschaftlichen, finanziellen, offiziellen und inoffiziellen Verhältnisse. Sie ereignet sich immer an ein und demselben Ort, wird immer von derselben Person erlebt - der kranken, blinden und gebrechlichen Regina G., die ans Bett gefesselt ist. Meine Anwesenheit war zufällig und wurde von der Person, die dieses Erlebnis erfuhr, nicht bemerkt. Die beschriebene Handlung ist wichtiger Bestandteil des Daseins der Regina G. - und, abgesehen von physiologischer Betätigung, das einzige, was sie selbst tun kann, es ist die einzige Form des Kontakts zur Aussenwelt. Ausgangspunkt der Tätigkeit war der Ritus des Rosenkranzbetens, der nach gewisser Zeit eine andere Form annahm: das Drehen des Rosenkranzes um den Hals. Einige Zeit später veränderte sie die Art und Weise und die Richtung der Drehungen, was zu einer Schlingenbildung um den Hals führte. Folglich wurde der Rosenkranz als zu gefährlich weggenommen. An Stelle des Rosenkranzes trat der erstbeste sich in Reichweite befindliche Gegenstand. Dieser Gegenstand war ein Nachttopf. Die beschriebene Tätigkeit beruht darauf, den Nachttopf beharrlich um die eigene Achse zu drehen. Dabei hat der Nachttopf seine ursprüngliche Funktion beibehalten. Je nach Bedürfnis wird er zu einer Art Medium bzw. bleibt Geschirr für Exkremente.

Zbigniew Libera

The recorded activity has a mystical and magical character independent of any known form of religion, magic or art. It neither builds or upholds any system. It takes place daily, independent from any cultural, financial official and unofficial affairs. It takes place always in one and the same place, and is always experienced by one and the same person - the sick, blind, decrepid and bedridden Regina G. My presence was accidental and went unnoticed by the experiencing person. The recorded action is a major element in Regina G.'s existance - apart from physiological activity it is the only thing she can do by herself, it is her only form of contact with the world outside. The activity originated in the ritual of telling over the rosary prayer which eventually took another form: that of rotating, the rosary around the neck. After a time Regina G. changed the direction and the way the rosary was rotated which resulted in a loop around her neck so the rosary, as a dangerous thing, was taken away. Its place was taken by the first object at hand, wich happened to be a chamber pot. The recorded activity consists in persistent turning of the pot around its axis, while at the same time it retains its primary function - according to the need it becomes either a medium or a receptacle for excrement.

Zbigniew Libera

Radio [1993]
Skulptur/
Installation

»Radio« ist eine Skulptur/Installation, die aus einem Autoradio, zwei Lautsprechern, einem Videoband, einem Videorecorder und einem Videoprojektor besteht. Aufnahmen einer Stadtfahrt durch Leipzig werden über das auf der Wand montierte Autoradio projiziert. Das Radio kann von den Besuchern bedient werden, so das wechselnde Sender und Lautstärken das Videobild begleiten. (DD)

»Radio« is a sculpture/installation comprised of a car radio, two loudspeakers, video tape, video player and video projector. Recordings of a city tour through Leipzig are projected onto the wall and the car radio. Visitors can tune into different radio stations and adjust the volume, meaning the video images are accompanied by varying programmes and sound levels. (DD)

Kevin McCoy [Seattle/USA]

Kabin Fever
[memory box] [1994]
Performance
mit Video-Direkt-
übertragung,
2 Holzkisten,
1 Videokamera,
1 VHS-Recorder,
kleiner s/w Monitor,
Kabel, Cassetten-
deck, Filmprojektor,
Papier, Stifte

Zwei Holzkisten (Masse ca. 1,5 x 1,5 x 1,5 m) stehen im Abstand von mehreren Metern zueinander. In der einen Kiste befindet sich der Künstler mit einer Videokamera. Die Kamera überträgt Bilder über ein langes Kabel auf einen kleinen s/w Monitor in der anderen Kiste. Um den Monitor zu sehen, muss sich der Betrachter in diese zweite Holzkiste begeben. Künstler und Betrachter hocken in den beiden Kisten. McCoy beginnt, reale und fiktive Geschichten aus seiner Vergangenheit zu erzählen, sie nachzuspielen. Er versucht, so detailliert wie möglich zu sein - McCoy liest aus Briefen, macht Musik, Zeichnungen... Ziel ist es, die Begrenzungen von Zeit und Raum aufzuheben; Dinge aus der Vergangenheit zu vergegenwärtigen und Erfahrungen von einer Holzkiste in die andere zu transferieren. Die Technologie erlaubt einerseits die Kommunikation, verhindert sie aber gleichzeitig. Der Aufnahmewinkel der Kamera ist zu schmal, der Monitor zu klein - aber trotz allem wird etwas übertragen bzw. kommuniziert: ein Gefühl oder eine Geste. McCoy blieb während der gesamten Dauer der Medienbiennale - mit kurzen Unterbrechungen - in seiner Holzkiste, in den Pausen spielte er die auf Video aufgenommenen Performances ab. (IA)

Two wooden crates, approximately 1.5 by 1.5 by 1.5 m, stand several metres apart. Inside one crate is the artist together with his video camera. The camera transfers images over a long cable to a small b/w monitor inside the other crate. Anyone interested in what the monitor is showing has to climb inside the second crate. Thus, the two crates are occupied by artist and viewer respectively. McCoy begins to relate and re-enact real and invented stories from his past. He packs in as much detail as possible - quotes passages from letters, plays musical instruments, draws sketches etc. His aim is to abolish the boundaries between time and space, to visualize aspects of the past, to establish an inter-crate transfer of experience. Technology makes communication possible, but obstructs it at the same time: the camera angle is too narrow, the monitor too small. All the same, something - a feeling, a gesture - is transferred/communicated. Apart for the brief intermissions when he played video recordings of his performances, McCoy stayed put inside his box for the duration of the Medienbiennale. (IA)

Wie oft hat Dich der Anblick eines 20 Jahre alten Fotos von Dir in schlechtsitzenden 70er-Jahre-Klamotten erschreckt? Wie viele Deiner alten vollgekritzelten Notizbücher sind heute unverständlich für Deinen erwachsenen Verstand? In »Kabin Fever (memory box)« bewohnt Kevin McCoy einen ärmlichen Isolationstank mit der Absicht, eine fiktionalisierte Version seiner selbst als dem pickeligen amerikanischen Jugendlichen nachzuvollziehen und auch nachzustellen.

Räumliche wie zeitliche Umstände halten diese Person an den inneren Wände der hölzernen Box für uns fest. Im Verlauf seiner Erinnerungen füllte sich die fünf Fuss grosse, quadratische Box mit Fotos, Filmen und Cassetten. Diese rohen Materialien dienen sowohl als Prüfstein als auch Vermittler für diese Erinnerungen. McCoy ist zu einer Konfrontation dieser Erinnerungen mit den sie transportierenden Medien gezwungen. Die Technologie ermöglicht eine Medien-Collage, die seine Versuche, mit uns zu kommunizieren, sowohl fördert, als auch behindert. Die Performance läuft in der Gegenwart ab, folglich wird der von McCoy aus der Vergangenheit heraufbeschworene Jugendliche permanent von dieser überlagert. Audiovisuelle Gestaltungskriterien strukturieren diese Erinnerungen, d.h. die Struk-

tur der zeitlichen Verwirrung wird durch den zu hörenden Ton und die Schwarz-Weiss-Bilder des Videomonitors, durch welchen wir in McCoys Box blicken, verstärkt. Das körnig monochrome Bild suggeriert persönliche Vergangenheit im Bezug zu technologischer. Das konstante Wechseln, Lesen, Wiederlesen und Zusammenfassen von Erinnerung ist mehr als blosse Darstellung und betritt den aktiven Bereich des Darstellens. Die schon existierenden Fotos, Filme, Cassetten sind Schlüssel zur Vergangenheit, ihre Zusammenstellung erfolgt aber in der Gegenwart, in der wir betrachten und zuhören.

Während McCoy sich seinen Weg durch die Kollision von persönlicher Geschichte und amerikanischer Gegenwartskultur bahnt, wird klar, dass er nicht anders als die meisten Jugendlichen mit verschiedenen Identitäten experimentiert, auf der Suche nach einer entsprechenden Mischung von Kreativität und Coolness. »Love it or leave it, asshole«, jugendliche Stellungnahme zum amerikanischen Patriotismus auf die hölzerne Wand geschmiert neben »S'Cool Bus« und »Positraktion and a Hidden Nitro Tank«; die Memory Box stellt alle diese Identitäten, vom unschuldigen Kind bis zum zynischen Heranwachsenden, gleichberechtigt nebeneinander. Völlig natürlich geht hier die Dynamik des kindlichen Spiels in das reife künstlerische Schaffen über und wieder zurück. Trotz der vielen unvollständigen Tastversuche in der Selbstdarstellung ist diese Bewegung geschlossen. Das Bruchstückhafte wird durch unseren eingeschränkten Blickwinkel in das Geschehen in der Box noch fragmentarischer. Beim Betreten der leeren Box wird uns nur ein sehr kleiner Bruchteil der multiformalen Collage zuteil. Ein Chaos, eine Vielfältigkeit an audiovisuellen Informationen, und wir empfangen nur Brocken dessen durch ein kleines Videofenster. Diese kleine angereicherte Video Box in unserer grossen, leeren Box weist auf die Beschränkungen zwischenmenschlicher Kommunikation und Beziehung. Mit den kleinen, strahlenden Visionen einer anderen Welt sind wir gefangen in unserer eigenen Box.

Jennifer Bozick

How often have you cringed upon finding a twenty year old photo of yourself in illfitting 70's clothes? How many of your old scribbled up notebook covers are now incomprehensible to your adult mind? In »Kabin Fever / (Memory Box)«, Kevin McCoy inhabits a poor man's isolation tank in order to retrace an recreate a fictionalized version of himself as the acne-faced American adolescent who defaced those pages.

In »Kabin Fever«, both spatial and temporal forces cause this persona to be literally »drawn-up« for us on the inner walls of the wooden box McCoy is in. During the course of his reminiscences, his five foot square box becomes packed with photos, films, and cassette tapes. These raw materials function as both the touchstones and the transmission wires for his memories. He is forced to confront both the memories he relates and the media collage which both aides and hinders his attempts to communicate with us. Because this performance is conceived in real time, the adolescent persona that McCoy conjures from the past is constantly mediated by the present. The visual and auditory means of illustrating these memories becomes part of their texture.

Formally, this texture of temporal dislocation is reinforced by the processed sound we hear and by the black and white images of the video monitor through which we see into McCoy's box. This grainy monochrome image suggests personal past by referring to technology's past. This constant shifting, reading, re-reading, and re-focusing of memory thus goes beyond representation and enters an active space of representing. The pre-recorded photographs, films and cassetes exist as keys to past events, but their reframing exists in the present tense, as we listen and watch.

As McCoy navigates through the collision of his personal history with that of American popular culture, it becomes clear that, much like most adolescents, he is experimenting with different identities, searching for an appropriate blend of creativity coolness. For example, we read, »Love it or leave it, asshole«, the juvenile ranting of American patriotism scrawled on the wooden wall while, on another wall wie read, »S'Cool Bus« complete with »Positraktion and a Hidden Nitro Tank«. The memory box allows all these identities, from innocent child to cynical adolescent, to live side by side as equals. Here, the dynamic of childhood play flows quite naturally into mature artistic production and back to play again. This movement occurs

complete with alle the incomplete gropings toward self-expression along the way.

This quality of incompleteness of expression is heightened, of course, by our limited view point of what is happening in McCoy's box. We, upon entering the empty box, are allowed to see only a very directed fraction of McCoy's multi-form collage. There is a chaos, a multiplicity of audio and visual information, and we receive only bits of it through a small video window into McCoy's box/mind. This small video box of fullness inside our large box of emptiness calls attention to the limitations of interpersonal communication and connection in any case. We have small bright visions of another's world, but we still contend physically with the inner walls of our own box.

Jennifer Bozick

Safer Video [1993]

Videoinstallation,
Kamera, Monitor,
Kondom, Schrift an
der Wand

Die Kamera blickt den Betrachter an und überträgt sein Bild auf den Monitor. Jedoch das über das Objektiv gestülpte Kondom lässt nur ein sehr verschwommenes Bild erkennen. An der Wand steht der Satz: »Safer Video - gib dem Zuschauer keine Chance«.

The camera stares at the viewer and transfers his image to the monitor. A condom draped over the lens of the camera blurs the picture. A sentence on the wall reads »Safer Video - don't give the viewer a chance«.

Camera [1994]

Videoinstallation,
Puppe, Stativ,
kleiner Projektor,
Videoband
Darstellerin/actor:
Tracy Leipold

Eine kleine Stoffpuppe wird von einem direkt gegenüberstehenden Videoprojektor ange-strahlt. Das Videobild des Gesichts der Darstel-lerin erweckt die Puppe scheinbar zum Leben und lässt sie einen Monolog mit heftigen Ausbrüchen von Emotionen, Unflätigkeiten und Verlockungen aller Art in den grossen dunklen Kellerraum sprechen. (DD)

A video projector is trained on the small rag-doll sitting directly opposite. Seemingly roused to life by the projected face of a woman, the doll bursts out into a monologue, filling the vast, dark basement with vehe-ment outbreaks of emotion, abuse and wheedling exhortations. (DD)

Text des Videos /
text from the tape:

Hey Baby
looking good
come herel
got something for you

hey Baby
looking good
come here
I got something for you

come here
hey Baby
looking good
come here
I got something for you

hey Baby
looking good
come here
I got something for you

Go on
do it
mmmhhh

Go on
do it
mmmhhh

Go on
do it
mmmhhh

knock knock

Get out of my face
Get the fuck out of my face
Get out of my face
Get the fuck out of my face
Get out of my face
Get the fuck out of my face

Badabingbadabung
Get out of my face
Badabingbadabung
Get out of my face
Badabingbadabung
Get out of my face

Oh Baby
Oh I need you
Oh Baby
Oh I need you
Oh Baby
Oh I need you
Oh Baby
Oh I need you
BabyBabybaby
Oh Baby Baby Baby

Yeah yeah sure
right
aham
yeah yeah sure
right
yeah sure
right

I'll kill you
I gottakill you
you damn motherfucker
You fuckin motherfucker
I'll kill you
you fucker
I'll kill you
you damn fucking motherfucker
I'll kill you
I'll kill you

Camera Camera shoot
see?
Camera shoot
see!

I can see you
all of you
right through your clothes
your whole body
up and down
you can't hide

I can see you
you can't hide
I can see you
right through your clothes
your whole body
up and down
you can't hide

Hey Baby
looking good
come herel
got something for you
.....

Alexandru Patatics [Timisoara/RO]

Work in Progress
[1994]

interaktive
Video- und Sound-
installation,
2 Projektoren,
3 Monitore,
2 Videokameras,
2 Gitarrenverstär-
ker, Lautsprecher,
hängende Stahl-
bleche, Wannen
mit Wasser
[produziert mit
Unterstützung des
ZKM Karlsruhe]

Der zunächst nur vorläufig gedachte Titel »Work in progress« erwies sich als Leitmotiv des ganzen Stücks. Da in Rumänien keine Arbeitsmöglichkeit für Medienkünstler bestehen, musste Alexandru Patatics seine Arbeit vor Ort entwickeln. Bei seiner Ankunft in Leipzig zwei Wochen vor der Eröffnung entwarf er ein ganz auf den Kellerraum in den Buntgarnwerken bezogenes Konzept. Nach einer Woche Arbeit im Videostudio des ZKM zurück in Leipzig nahm das Stück in mannigfachen Transformationen Form an, wobei von der Anfangsidee kaum noch etwas übrig blieb. Patatics verwendete zahlreiche Materialien aus den Restbeständen der Buntgarnwerke, von grossen Blechen bis zur Elektroinstallation.

Das Endresultat war eine interaktive close-circuit Installation für Sound und Video: Sobald man in dem dunklen Kellerraum in den Lichtstrahl der Installation tritt, erscheint das eigene Bild auf zwei grossen Projektionsflächen. Gleichzeitig löst man ein lautes Dröhnen aus, dessen Stärke sich unmittelbar in Verzerrungen der beiden Bilder auswirkt. Der Effekt entsteht dadurch, dass das Bild über eine Wasseroberfläche bzw. ein Blech gespiegelt wird, die jeweils vom dröhnenden Ton in Schwingungen versetzt werden und unterschiedliche Verzerrungen der beiden Videobilder bewirken. Mit einfachsten Mitteln und aus recycelten Materialien entsteht so eine komplexe und irritierende Installation, die Bild und Ton ebenso wie Elektronik und Mechanik in direkten Zusammenhang bringt. (DD)

The temporary title »Work in progress« turned out to be the dominant theme of the composition. The absence of technical facilities for media artists in Romania meant Alexandru Patatics was obliged to evolve his work in Leipzig. Arriving two weeks before the exhibition opened, he drew up a concept that integrated the basements of the textile mill. After Patatics returned from a week in the ZKM video studio in Karlsruhe, he put his piece through a range of transformations that left little of the original idea intact but found abundant use for leftover factory stock such as metal sheeting and electrical gear.

The final result was an interactive close-circuit installation for sound and video. As soon as the visitor entered the light beam of the installation in the dark basement, his own image appeared on two large projection surfaces. Simultaneously, a loud droning started up and directly distorted the two images which were reflected on the surface of water and a sheet of metal respectively. The droning provoked differing vibrations in either reflecting surface and distorted each video image accordingly. Thus, the simplest means and recycled materials were used to devise an intricate, perplexing installation directly linking sound and image as well as electronics and mechanics. (DD)

Zu meiner Arbeit

In den letzten Jahren waren meine künstlerischen Interessen überwiegend auf eine Arbeit experimentellen Charakters ausgerichtet. Es spielten dabei verschiedene Ausdrucksmöglichkeiten - die Findung verschiedener technischer Mittel - eine Rolle; die Beschäftigung mit Problemstellungen im ambientalen Bereich führten zu einer synkretischen Korrelation zwischen Raum, Licht, Ton (Geräusch) und Bewegung.

Das Ergebnis der künstlerischen Arbeit ist in sich der Träger eines von vielen Bedeutungen beladenen Kontextes, gleich eines für mehrfachen Zugang offenen Tracées; paradoxal zu der Tatsache stehend, dass das Mobil dieser Vorgehensweise nicht der Träger eines apriorischen Sinnes, einer Aussage ist. Man könnte sagen, dass der Zweck dieser Vorgehensweise eben die Eröffnung und Durchschreitung dieser Bahn ist, dessen formaler Gehalt auf die materiellen Mittel reduziert ist, wobei dem Betrachter die Freiheit bleibt, seinen eigenen Weg und Zugang oder Modus der Rezeption zu finden.

Von einem anderen Standpunkt betrachtet ist offensichtlich, dass die Vorgehensweise auch als gewollter Ausbruch aus den Determinationen einer konkret-sozialen Umwelt gesehen werden kann, mit ihren moralisierenden Attributen oder der Notwendigkeit, die eigene geistige Identität zu verwerten. Ohne prinzipiell das semantische Potential im Bereich solcher Herangehensweisen zu verneinen, beziehe ich mich darauf.

Mein Wunsch ist es, zu einem universellen metaphysischen Substrat zu gelangen, dass ich in eben der Essenz der Materie wiederfinde, die in den materiellen Mitteln enthalten ist. Diese sind da, um den Betrachter jenseits des Alltäglichen zu seiner geistigen Ganzheit zu führen, die unvermeidlich in jedem von uns widerhallt.

Die Realisation des Projekts, in diesem Fall einer Installation, hängt weitgehend von den technischen Mitteln ab, die mir zur Verfügung stehen, wobei anzumerken ist, dass jedwede Mittel - seien sie noch so einfach oder aufwendig - spezifische Möglichkeiten auf dem Weg der kreativen Vorgehensweise bieten.

Die oben erwähnte Abhängigkeit kann als bedeutsame Funktion aufgefasst werden; gleich wichtig für die Einfügung der Arbeit in einen gegebenen Kontext sowie für die Korrelation der Bilder, der Geräusche und der Bewegung.
Alexandru Patatics

About my Work

The last few years my artistic interests have been of a predominant experimental nature. I am most interested in finding different forms of expression; e.g. various systems of technology. The preoccupation with problems in the ambient sphere lead to a syncretic correlation between space, light, sound and movement.

The result of the artistic work is in itself the carrier of a context loaded with interpretations, comparable to a tracée with multiple entrances. This leads to the paradox that the mobile of this approach does not lead to an a priori understanding of a statement. It is possible to say that the approach's purpose (happens to be) the opening of and passing through this course, whose formal content has been reduced down to the material means. The viewer, however, is given the freedom to choose his own course and entrance or mode of adoption.

Seen from a different point of view, it is obvious that the approach is a forced escape from the determinations of a socially defined environment, with its moralising attributes and the necessity to retain one's personal identity. I refer principally to this approach, without negating its semantic potential. My desire is to reach a universal, metaphysical substratum found once again in the essence of matter, contained in the material means. Its existence leads the viewer beyond the every day to the spiritual essence unavoidably echoing in each of us.

The project's realisation, in this case an installation, depends largely on the technical means at my disposal. It is noteworthy however, that all means no matter how primitive or advanced, offer unique possibilities for a creative approach. The dependance mentioned above plays an important role, equally important for the work's insertion into a given context as for the correlation of the images, sounds and movements.
Alexandru Patatics

Daniela Alina Plewe [Berlin/D]

MUSER'S SERVICE
[1994]

Interaktive
Sprach-Installation
mit PC und
Wasserbett

Programmierung:
Horst Schulte

Computer aided brainstorming?

Muser's Service ist ein Programm zum Tagträumen (engl. to muse). Es verbindet zwei beliebige Begriffe durch eine Kette von Assoziationen. Die Benutzer können sich die generierten Texte über Sprachsynthesizer, Bildschirm oder Drucker ausgeben lassen. Sie wählen Anfangs- und Zielbegriff und dazu die Methoden der Verknüpfung. Wer nur eine bestimmte Richtung einschlagen möchte, ohne das genaue Ziel zu kennen, umschreibt es mit Eigenschaften. Muser's Service steuert dann ein passendes Objekt an.

Das Programm greift auf eine interaktiv erweiterbare Datenbank zurück. In einer einfachen Syntax (Objekt-Relation-Objekt Einheiten) sind sprachliche Ausdrücke mit ihren Verbindungen gespeichert. Eigene Gedanken müssen bei der Eingabe auf die verwendeten Assoziationsmethoden hin geprüft werden. So werden das Fühlen des Denkens (Introspektion) und die maschinelle Erzeugung von ungewohnten Gedankenverbindungen zum Thema.

Als Installation hat die englische Version bereits in St. Petersburg, Malmö, Helsinki und Hamburg Daten gesammelt. Demnächst soll Muser's Service auch im Internet zugänglich sein. Bei der Medienbiennale Leipzig wurden die Besucher mit synthetischer Wärme (Wasserbett 36 °C) und einem Zeitgeber (unregelmässig springende Digitaluhr) empfangen.

Realisiert mit Unterstützung von Novotech (Konstanz), TeamKonzept (Berlin) und Caprice (Berlin).

Daniela A. Plewe

Computer aided brainstorming?

Muser's Service is an English-language service for daydreamers that connects two specified concepts by means of a chain of associations. Users can have the resulting texts reproduced by speech generator, monitor or printer. They select the start concept and goal concept, and the methods of networking. If they want to associate in a specific direction without knowing the precise goal, they can give a vague description in terms of characteristics. Muser's Service then homes in on the appropriate goal.

The programme is supported by an extendable interactive databank. Linguistic expressions, together with their associations, are stored in simple syntax form (object-relation-object). On input, the user's ideas are classified in relation to the programme's methods of association. The themes of the project are the sensation of thinking (introspection) and the mechanical reproduction of unfamiliar thought patterns.

As an installation, Muser's Service has already collected data (in St. Petersburg, Malmö, Helsinki, Hamburg) which will be integrated into the Internet version. In Leipzig, visitors to the exhibition are welcomed with synthetic warmth, and can measure the length of their visit by an artificial sense of time.
Sponsored by Novotech (Konstanz), TeamKonzept (Berlin) und Caprice (Berlin).

Daniela A. Plewe

Beispiel / example :

START: life
GOAL (specified by properties):
highly desirable, always new, hard to get

Preferred methods of association:
cause-effect, contrast, means-end, similarity

RUN: life causes trouble creates uneasy feelings opposed to passion is an adventure without obediance often brings comfort is dangerous as is sometimes despair can be a lack of courage due to anxiety after disappointment about love and sexual activities with breasts are similar to udder belong to cows are part of nature opposed to civilisation is a kind of efficiency is supported by machine made humans with outstanding performance aiming for progress is important for happiness

Alexej Shulgin (Moskau/RUS)

Meditation Cabins with Menu Work (1994)

Videoinstallation

Die Installation besteht aus vier Kabinen (1,5 m x 3 m), jeweils mit einem Stuhl und einem Monitor. Auf jedem Monitor wird jeweils eine andere Variation einer Landschaft gezeigt: ein Waldpanorama, ein Meerespanorama, ein Bergpanorama und ein Flachlandpanorama.

Alle Landschaftsaufnahmen werden auf eine Weise umgewandelt (vibrierend dargestellt), wie sie bereits in meinem »Latent Energy« Video (siehe »Rotating Landscapes«) verwendet wurde. Es gibt keinen Ton.

Der Effekt der Vibration kann folgendermassen beschrieben werden: Während der Holzrahmen fest an der Wand montiert ist, vibriert das Bild, angetrieben von einem Elektromotor, innerhalb des Rahmens sehr stark. Im Fall der Videoversion wird der Antrieb durch ein entsprechendes Computerprogramm ersetzt. Aber auch hier bleibt der unbewegte Rahmen im Gegensatz zum monoton vibrierenden Bild bestehen.

Das »Menu Work« besteht aus vier Fotografien der oben erwähnten Landschaften, die auf einem Schaumstoffkern in einem Holzrahmen mit elektrischem Antrieb aufgezogen sind. Dieses ist mit einem Ultraschalldetektor verbunden, der sich beim Herantreten des Betrachters einschaltet.

Nach Betrachten des »Menu Work« kann der Betrachter die Kabine mit der von ihm bevorzugten Landschaft auswählen. Die lautlose Vibration des Bildes im Monitor soll den Betrachter zur Meditation führen.

Ein besonderer Effekt entsteht durch den Übergang von elektromechanischer Bewegung im Menu Work zu elektronischer Bewegung im Monitor. Letztere ist »zuverlässiger«. Die Kabinen betonen noch die Intimität der Betrachter-Monitor-Beziehung.

Alexej Shulgin

The installation consists of 4 cabins 1,5 x 3 m with a chair and a monitor in each cabin. One monitor shows one variant of landscape types: forest landscape, seascape, mountain landscape and flat country landscape.

All landscapes are transformed (vibrated) in a way shown in my »Latent Energy« video (see works »Rotating Landscapes«). No sound.

The effect of »vibration« may be described like this:

While the wooden frame of the work is firmly mounted to the wall, the picture inside the frame is vibrating very fast by means of an electric motor drive (or computer program - in case of the video installation) - still frame and monotonous vibration of the picture.

The »menu work« consists of 4 photographs of above mentioned landscapes mounted on a foamcore in a wooden frame with electric motodrive. The wooden frame is connected to an ultra-sonic detector, switching on when a viewer comes to it.

After looking at the »menu work«, the viewer can choose a cabin with a landscape, which he (she) likes most. Silent vibration of an image in a monitor must lead to meditation of a viewer.

A special effect appears transferring the electro-mechanical nature of movement in the menu work to electronical nature of the monitor movement (which is more »reliable«). Cabins stress intimacy of a viewer-monitor relationship.

Alexej Shulgin

Die unwirkliche Stadt [1994]

Leuchtkasten-
installation
drei Werbeständer
mit Innen-
beleuchtung.
Computerdrucke

Bei ihrer Aktion »Der andere Raum« haben Touma und Ihmels 1994 im gesamten Leipziger Stadtgebiet 40 grosse Leuchtkästen mit ihren Computerausdrucken anstelle der üblichen Werbung bestückt. Für »Minma Media« entwickelten sie die entsprechende Innenraumvariante, welche die geplante Umnutzung des ehemaligen Werksgeländes in eine Geschäftspassage vorwegnimmt. (DD)

During their project entitled »Der andere Raum« in 1994, Touma and Ihmels substituted their computer printouts for the usual advertising posters in 40 large illuminated showcases scattered around Leipzig. For Minima Media they developed interior variants which anticipate the planned future usage of the disused factory site as a shopping mall. (DD)

So theoretisch und abstrakt die Gedanken von ›materiell und immateriell‹ auch daherkommen mögen, sie finden in unserer nächsten Umgebung bereits ihre optische Entsprechung: die Magie der Werbe-Leuchtkästen.

Wer nachts in Leipzig (ich habe nirgendwo sonst diese magische Wirkung gespürt) diese Kisten hat leuchten sehen, wird verstehen, was ich meine.

Aus einem stadtnahen Waldstück beispielsweise, leuchtet unvermittelt und irreal ein Bild dem verwunderten Passanten entgegen, ein Bild völlig neuartiger Materialität. In seiner Stofflichkeit hat sich dieses Bild dem Fassbaren entzogen, es ermöglicht: den Ausblick in uns unbekannte Räume.

Tjark Ihmels

Although seemingly theoretical and abstract, the concepts of ›material and immaterial‹ have optical equivalents in our immediate vicinity: the magical illuminated advertising showcases.

Anyone who has seen these boxes shining by night in Leipzig (I was never aware of this magical effect anywhere else) will understand what I mean.

People passing the small wooded area on the outskirts of the city, for example, are astonished by an unreal sight, a picture bursting with a new kind of materiality. This very substantiality removes the image from the realm of the tangible, freeing our view into unknown realms.

Tjark Ihmels

Im Feld der Neuen Medien begannen wir unsere Zusammenarbeit. Im Schnittpunkt zwischen bewegtem Bild, interaktiver Disziplin der Neuen Medien und dem Bildbegriff der traditonellen Malerei befinden wir uns. Gerade hier nämlich stossen wir auf Grenzgebiete der verschiedenen Formen der Bildartikulation und deren Produzierbarkeit und ihrer Vermittlungsstrukturen.

Die Bilder, die ich zeige, sind mit der Gerätschaft der Neuen Medien geschaffen. Sie beziehen sich auf eine Gegenwart, in der der Gegenstand in seiner Raumzeit- Bezogenheit durch uns nicht in unmittelbarer Weise erlebt wird. Unser Wirklichkeitserlebnis ist ein Erlebnis der Ferne. Was wir als Nähe erleben, ist in der Ferne geschehen.

Micha Touma

Our cooperation began in the field of new media at the intersection between moving pictures, the interactive disciplines of the new media and the image concept of traditional painting. And precisely this intersection is where we rebound against the borders of the different forms of visual articulation, of the producibility and communicative structures of images.

The images I show were created with the equipment of the new media. They relate to a present in which we experience the object in its spatial-temporal relationship and therefore indirectly. Our experience of reality is an experience of the remote. What we feel to be close-by took place far away.

Micha Touma

**Gedicht [-Maschine]
[civilized animism]
[1994]**

Tonbandinstallation
16 Tonbandgeräte,
1 Tonbandschleife

Die Gedicht (-Maschine) besteht aus 16 hintereinandergeschalteten, kreisförmig angeordneten Tonbandgeräten. Über die Tonköpfe der Maschinen wird eine Tonbandschleife transportiert. Die Lautstärke der Geräte ist unterschiedlich justiert, auf den Raum abgestimmt. Die Tonspur setzt sich zusammen aus hintereinander-kopierten, 1-Meter langen Tonsequenzen, auf denen eine menschliche Stimme (die der Künstlerin) Tierlaute imitiert. Die Lautsequenzen wiederholen sich auf unregelmässige Weise und es entsteht so ein (maschinell erzeugtes) Stimmen- / Lautorchester, das durch den Raumhall noch verstärkt wird. (IA)

The poem (machine) consists of 16 tape recorders connected in series to form a circle. Along the recording heads of the machines a loop of tape is transported. The sound volume of each recorder has been adjusted to match the room acoustics. The sound track is composed of a series of 1-metre long sequences in which a human voice (the artist's) imitates animal noises. The irregular repetition of the different sound sequences produces a (machine generated) voice/noise orchestra that is amplified by the echoes in the room. (IA)

Müde Tiere/Traurige Tiere
(für Dick Higgins)

Geräusche: pieppieppieppiep, Hecheln, Klopfen, Wimmern, Knarren, Brummen, Scharren, Jaulen, Heulen, Piepen, juhuhuhuhuh, ein dicker Brummer summt vorbei, etwas dehnt sich langsam, jemand gähnt, Bedauern: ein Ton des Bedauerns von einem Hund wie Winseln ausgestossen, ein bisschen traurig und doch tröstend die mühsame Dehnung der Räder, etwas mit letzten Kräften, eine Arbeit über diese Geräte, diese alten Geräte, ihre Gemeinschaft, ihr sich Abquälen - das Zwischendurchauftauchen des »GuckGuckGuckGuck«, lustvoll, lebendig wie eine Erinnerung: aufmunternd, lockend mechanisches Wasserrad, bald ist's vorüber, nur noch einige Tropfen ... ein Rinnsal.

Ihr: civilized animism

Anja Wiese 20.9.1994

tired animals / sad animals
(for Dick Higgins)

Noises: beepbeepbeepbeep, panting, knocking, whining, creaking, droning, scraping, yowling, wailing, beeping, weyheyhey, a big truck roars past, something stretches slowly, someone yawns, regret: a whine-like sound of remorse uttered by a dog, kind of sad but comforting at the same time: the laborious expansion of the wheels, squeeze some work dealing with these wheels from their death pangs, these old machines, their community, - the sporadic emergence of »LookLookLookLook«, pleasurably, lively as a recollection: encouraging, tempting not long to go now, mechanical water wheel, only a few drops left... a trickle.

Yours: civilized animism

Anja Wiese 20.9.1994

artintact 1 [1994]

CD-ROM Magazin
interaktiver Kunst
mit Beiträgen von:
Jean Louis Boissier,
Eric Lanz,
Bill Seaman

produziert vom
ZHM Karlsruhe

Anfang 1994 wurde am Zentrum für Kunst und Medientechnologie Karlsruhe ein MultmediaLab eingerichtet, das u.a. als Produktionsstätte für CD-ROM genutzt wird. Das erste dort realisierte Projekt ist »artintact«, ein interaktives Magazin als CD-ROM und Buch, das nicht nur eine Dokumentation, sondern die Kunstwerke selbst als »Multiples« auf den Markt bringt.

Obwohl sich der Bereich interaktiver Medienkunst in den letzten Jahren überaus schnell entwickelt hat, fehlt es bisher noch an geeigneten Präsentationsformen für interaktive Installationen. Museen, Festivals und Symposien - Orte, wo sie normalerweise ihr Publikum finden - waren bisher nur selten in der Lage, den sich verändernden Anforderungen an die Ausstellungsarchitektur gerecht zu werden. Die Frage nach angemessenen Rahmenbedingungen ist darüber hinaus grundsätzlicher Natur. Da die Kunstwerke zumeist nur jeweils einem oder eini-

gen wenigen Besuchern das Angebot machen, per Interaktion zum »Benutzer« zu werden, verlangen sie innerhalb des öffentlichen Raumes nach einer gewissen Intimität.

Mit »artintact« startete das Institut für Bildmedien am ZKM einen Versuch, interaktiven Kunstwerken einen völlig neuen Präsentationsrahmen zu bieten: publiziert auf dem potentiellen Massenmedium CD-ROM, vertrieben über den Buchhandel, kann mit ihnen jeder Käufer am heimischen Computer in aller Ruhe und jederzeit kommunizieren. Genauso wie die »identische Reproduzierbarkeit des binären Codes« das Kunstwerk als Original endgültig verabschiedet hat (Dieter Daniels), hat interaktive Kunst auf CD-ROM allerdings auch jeden Repräsentationscharakter verloren. Die CD-ROM, auf der Kunst gespeichert wird, unterscheidet sich äusserlich nicht von anderen, ob sie nun Spiele oder Enzyklopädien enthalten. Wird sie nicht aktiviert und tatsächlich benutzt, ist vom Kunstwerk nichts zu sehen, existiert es nicht: das Sammlerobjekt offenbart sich erst, wenn man sich damit beschäftigt.

»artintact« ist als Magazin konzipiert und wird bis zu zweimal im Jahr erscheinen - eine eigene Ausstellungsreihe, die von einem Katalogbuch begleitet wird. Gastkünstler des Instituts für Bildmedien sind eingeladen, interaktive Werke für das CD-ROM-Format zu entwickeln oder zu adaptieren. Im Buch erscheinen Essays zu den Werken und ein Einführungstext, der sich allgemeiner mit interaktiver Kunst beschäftigt und die tiefgreifenden Veränderungen von Kunst im Kontext der elektronischen Medien diskutiert.

Die CD-ROM von »artintact 1«, die bei der Medienbiennale gezeigt wurde, beinhaltet drei Kunstwerke: »Flora petrinsularis« von Jean-Louis Boissier (F), »Manuskript« von Eric Lanz (CH/D) und »The Exquisite Mechanism of Shivers« von Bill Seaman (USA/Aus). »Manuskript« wurde nur für die CD-ROM geschaffen, die anderen beiden Arbeiten sind Variationen von Werken, die bereits als interaktive Installationen existierten. Es mag paradox erscheinen, diese zunächst für einen Ausstellungskontext konzipierten Kunstwerke für das CD-ROM-Format und damit für den Home-Computer und den individuellen Gebrauch zu bearbeiten, um sie nun in Leipzig wieder in einer grossen Ausstellung zu zeigen. Der Aufbau mit Schreibtisch, kleinem Monitor und Maus stellt aber erneut eine interaktive »Skulptur« her, die die heimische Intimität zitiert. Trotz hoher Komplexität in der Entwicklung entspricht das Medium CD-ROM in neuer Weise der Forderung nach »Minima Media« - ein technisch weniger aufwendiger Aufbau ist kaum denkbar. Das Zusammenspiel des »kalten Mediums« CD-ROM mit den Relikten im Präsentationsraum, der letzten Station nach dem langen Weg durch die riesigen Hallen und Gänge der Buntgarnwerke, regte auf neue Weise zum Nachdenken darüber an, in welcher Form nunmehr von »sinnlicher Erfahrung« im Umgang mit Medienkunst gesprochen werden kann.

Astrid Sommer

Bill Seaman
»The Exquisite
Mechanism of
Shivers«

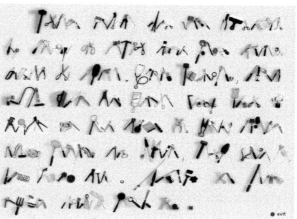

Eric Lanz
»Manuskript«

Jean-Louis Boissier
»Flora petrinsularis«

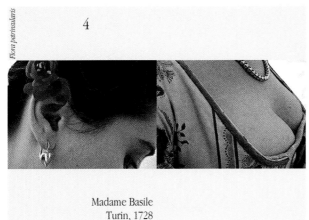

Flora petrinsularis

4

Madame Basile
Turin, 1728

The Center for Art and Media Karlsruhe established a MultimediaLab in early 1994. The first project completed by the laboratory, whose uses include that of CD-ROM production facility, is »artintact«, an interactive magazine published in CD-ROM and book format offering - as »multiples« - the actual works of art as opposed to a mere documentation.

Despite the fast pace of development in interactive media art over the last few years, suitable presentation forms for interactive installations remain scarce. So far, few museums, festivals and symposiums - venues where installations normally find viewers - have proved able to meet the changing architectural requirements. But the issue of an appropriate framework has a more fundamental character. Since the artworks offer usually one, or at most several, visitors the opportunity to interact and become a »user«, a certain degree of intimacy is called for within the public spaces.

»artintact« represents an attempt by the ZKM Institute for Visual Media to create an entirely new presentation structure for interactive art: a structure which uses the potential mass medium CD-ROM for publication and booksellers for distribution. Consumers can communicate with the work on their home computers, undisturbed and whenever they wish. Just as the »identical reproducibility of the binary code« means the work of art has lost its status as a one-off, original item (Dieter Daniels), interactive art similarly loses its representative function when transferred to CD-ROM. A disk storing an art product looks exactly the same as the others containing games or encyclopedias. Unless the CD-ROM is played and actually used, the artwork remains invisible and non-existent. It is a collector's object that reveals itself only when it is used.

»artintact« is conceived as a magazine and will appear up to twice per year as a separate series of exhibitions with accompanying catalogue. The Institute for Visual Media has invited its visiting artists to develop or adapt interactive works for CD-ROM. The catalogue features essays on the works and an introduction concerned with interactive art in general and the radical changes to which art is subject in the electronic media context.

»artintact 1«, the CD-ROM shown at the Medienbiennale, contains three pieces: »Flora petrinsularis« by Jean-Louis Boissier (F), »Manuskript« by Eric Lanz (CH/D) and »The Exquisite Mechanism of Shivers« by Bill Seaman (USA/Aus). While »Manuskript« was created for CD-ROM, the other two works are variations of existing interactive installations. There may appear to be some paradox in the fact that these installations were first conceived for a museum context, re-processed for CD-ROM and individual use on the home computer, and finally shown as part of a large exhibition in Leipzig. However, the setup with a desk, small monitor and mouse re-establishes an interactive »sculpture« that recalls the intimacy of the home application. Despite the complexities involved in its development, the CD-ROM medium is a new answer to the call for »Minima Media« - it is hard to imagine a less complicated technical configuration. Fresh material for reflection on how the perception of media art can be made a »sensory experience« was delivered by the interaction of the »cold medium« CD-ROM with the relics in a presentation space which was the final station in a long trek through the vast workshops and corridors of the former textile factory.

Astrid Sommer

Hank Bull

Nina Fischer

+ Maroan el Sani

Handshake

Muntadas

Museum für Zukunft

Gebhard Sengmüller

Wagon [1994]

Bildtelefon
Life-Aktion
Vancouver/Leipzig

Dabei entsteht ein
Videotape, das in
der von Hank Bull
entworfenen Instal-
lation gezeigt wird.

picture-phone
life performance
Vancouver/Leipzig

During the live
link-up a video
is recorded.
It is shown
in the installation
designed by Hank
Bull.

Wagon

High technology - niedrige Kosten
Minima Media
Du schickst eine Videoperformance durch
das Telephon nach Leipzig
Du faxt die Skizze einer Kiste auf Rädern
Das Video wird auf der Kiste spielen
In einer verwunschenen Buntgarnfabrik

Ponton lieh uns ein Bildtelephon
Antonia Hirsch gab uns Vancouver
In der Performance mischten sich Gespräche,
Kreise und Kate Craig strickte währenddessen
ein Rad aus Wolle, zum Andenken
an die Buntgarnwerke

Mit den Zimmerleuten
Mit den Videotechnikern
Mit den Studenten, die den Telephontanz
ausführten
Entfernung und Differenz

Hank Bull, November 1994

Wagon

High technology - low cost
Minima Media
You will send a video performance to Leipzig
by telephone
You will fax a drawing of a box with wheels
The video will play on the box
In a magic carpet factory

Ponton loaned us a picture phone
Antonia Hirsch gave us Vancouver
The performance mixed conversation, circles, and
Kate Craig knitting a wheel from wool, in memory
of the Buntgarnwerke

With the fabricators of the box
With the video technicians
With the students who made the telephone dance
The distance and the difference

Hank Bull, November 1994

Nina Fischer und Maroan el Sani [Berlin/D]

talk with
tomorrow '94

Internet-Projekt
zur Fahndung nach
der Identität huma-
noid-paranormaler
Phänomene

Internet project
searching for the
identity of huma-
noid-paranormal
phenomenon

I. Paranormale Phänomene

Der technologische Genius des Menschen hat einen weltweiten Informationsfluss ermöglicht. Vor dem Hintergrund einer solchen, mühsam erarbeiteten Perfektion der Technik muss es geradezu als Provokation wirken, wenn seit Menschengedenken mit bemerkenswerter Gleichförmigkeit von anderen Informationswegen berichtet wird, die den Raum und sogar die Zeit durchdringen sollen. Es geht um Begebenheiten, bei denen Menschen Ereignisse wahrzunehmen scheinen, die ausserhalb der Reichweite ihrer Sinnesorgane liegen und von denen sie auf normale Weise keine Kenntnis haben können.

II. Das Projekt

Mit dem Internet-Projekt »talk with tomorrow '94« bieten wir einen Einblick auf die historischen, philosophischen, naturwissenschaftlichen und technischen Aspekte zu diesem Thema. Hierbei interessieren uns neben der Benennung und Kenntlichmachung von Uner-

klärbarem, ebenso die Manipulationsmöglichkeiten bei diesen »Wundern«, sowie deren als Beweismittel dienende, visuelle bzw. akustische Aufzeichnung.

»talk with tomorrow '94« ist über das World Wide Web im Internet abrufbar. Wir berichten aus unserem aktuellem Informationspool. Zusätzliche Infos zu den o.g. Bereichen, werden auf Wunsch von uns recherchiert und können per Mail angefordert werden. Wir stehen bereits im Kontakt mit diversen wissenschaftlichen Institutionen, zahlreichen Amateurforschern und einigen Künstlern, die sich mit dem Thema beschäftigen.

Das Projekt startete am 16. 7. 1994 im Rahmen der Ausstellung »Private Mix« in der Galerie Eigen+Art, Berlin (17. 7.- 20. 8.). Wir wurden gebeten 7 Elemente aus einer eigenen, privaten Sammlung oder Archiv zu präsentieren. Wir zeigten einen »Fahndungsaufruf« (Plakat) und sechs ausgewählte »Fahndungserfolge« (Bilder/Objekte).

III. Warnung

Experimentelle Transkontakte sind wie viele andere PSI-Experimente nicht immer ungefährlich. Das Gleiche gilt für den Umgang mit selbstgebastelten elektronischen Geräten. Der Nutzer muss daher in eigener Verantwortlichkeit entscheiden, ob er über ausreichende Kenntnisse verfügt, um das eine oder andere geschilderte Experiment zu wiederholen. Gegebenenfalls sollte ein fachkundiger Berater hinzugezogen werden. Transkontakte können auch zu psychischen Belastungen führen, denen nicht jeder gewachsen ist. Seelisch labilen Personen ist daher von Experimenten generell abzuraten. Im übrigen ist es praktisch unmöglich, letzte Gewissheit über die Identität von Transkommunikations-Partnern zu erlangen. Jenseitige Mitteilungen müssen nicht notwendigerweise wahrer sein als irdische. Der Experimentator sollte sich seinen gesunden Menschenverstand bewahren und jede Abhängigkeit von jenseitigen Wesenheiten zu vermeiden suchen. Die Verantwortung, die jeder von uns für sein eigenes Leben und das anderer trägt darf nicht beeinträchtigt werden.

I. Paranormal Phenomena

The technological genius of man has made a world wide information exchange possible. With this background of an extensively worked out perfection of technology it appears to many as a provocation that since ancient times reports have been made of different information systems which are able to pierce through space and time. The discussed occurences have the following characteristics: people perceive events which lie outside their sensory perceptions, they perceive events which under normal circumstances they would not have any knowledge about.

II. The Internet-Project

With »talk with tomorrow'94« we offer an introduction and glimpse into the historical, scientific and technical aspects connected to this theme. Our vested interest is in the naming and defining of the unexplainable, in the possibilities of manipulating these 'miracles' as well as the visual and and acoustic recordings which are used to prove the existance of these events.

The Internet-Service is available through the World Wide Web. We report from our active information pool, about the above mentioned area. Additional information will be reported by us upon request and can be ordered by e-mail.

We are already in contact with various scientific institutions, numerous amateur researchers and with other artists working in this area.

»talk with tomorrow'94« was presented first to the public on July 16th 1994 in the context of the exhibition »Private Mix« in the gallery Eigen+Art (17.7. - 20.8.94). Several artists were asked to present seven elements out of their private collection or archive. We showed our appeal for users (Poster) and six selected successful investigations.

III. Warning

Experimental transcontact, like many other PSI-experiments, is not without its dangers. The same goes for experimentation with self-made electronic apparatus. That is why you, dear reader, must assume personal responsibility in trying these experiments. If you are in any way unsure you are advised to seek expert advice. Because transcontact can also lead to psychological pressure of a type that not everyone can bear, emotionally unstable people are normally advised not to take part. It is practically impossible to be certain of the identity of the transcontact partner from The Other Side and it is also worth being aware of the fact that messages from the Hereafter are not necessarily more truthful than earthly ones. To prevent the development of dependence on beings from The Other Side, the experimentator needs to muster up all the strength of his/her cognitive powers. The responsibility that everybody has for their own life and that of others should not be taken lightly.

Zugang über URL:
http://www.is.in-berlin.de/
g-Art/TwT/g-TWT_hall.html
Kontakt: phantom @ is.in-berlin.de

Gebhard Sengmüller [Wien/A]

TV Poetry [1994]

Maschinengesteuerte
Textgenese als
autonomes System,
Versuchsanordnung
2/94

Machine-controlled
text genesis as an
autonomous system
Experimental confi-
guration 2/94

The faster the machines - the better the poetry

»TV Poetry« zeigt eine Versuchsanordnung, die, an einem beliebigen Ort aufgebaut und mit exakt justierten Empfangsanlagen, in einem ständig fortschreitenden Prozess und in Echtzeit aus den zahlreich eintreffenden, rasch wechselnden Fernsehprogrammen jeder Art (TV Commercial, News, Quiz, Show ...) im Bild vorhandene Textpassagen erkennt, ausfiltert, behandelt und, in einer Phrasierung, die sich aus TV-Programm und CPU-Programmierung bildet, als endlose Textfolge ausgibt. Durch im System auftretende Unwägbarkeiten, Ungenauigkeiten, Bildrauschen, Fehlinterpretationen, werden die Quelltexte einschneidend verändert, neue Sinnzusammenhänge ergeben sich. Sehr kräftige Inhalte (Headlines, Slogans ...) bleiben eher erhalten oder »scheinen durch«.

Die Signalverarbeitung erfolgt in parallelen Prozessen, die gleichzeitig auf getrennten Maschinen ablaufen und erst in der Endstufe zusammengeführt werden. Die Qualität der Ergebnisse im Bezug auf Dichte, Kontinuität, wiedererkennbare Inhalte, steht in direkt proportionalem Zusammenhang zur verfügbaren Maschinenleistung (Anzahl der TV-Programme, Anzahl und Taktfrequenz der CPUs, Busbreite der Übertragungswege).

»TV Poetry 2/94« funktioniert vollkommen dezentral. Drei Aussenstellen, die sich an jedem Ort, der über einen Telekabelanschluss oder eine TV-Satellitenempfangsanlage verfügt, (konkret: Wohnungen und Arbeitsstätten von Künstlern in Lüneburg, Rotterdam und Wien) befinden können, führen unabhängig voneinander ihre automatisierten Arbeitsabläufe durch und kommunizieren regelmässig mit der Zentrale in Leipzig, um fertige Texte weiterzugeben.

Durch die Externalisierung und Komprimierung des Ablaufs auf Stützpunkte mit jeweils nur einer CPU und der Verwendung von bestehender elektronischer/massenmedialer Infrastruktur wird es möglich, ohne grossen Aufwand beliebig weit verstreute geographische Punkte zum newsgathering zu verwenden. Das führt zu einer, im

Vergleich zur zentralen Lösung, breiteren Auswahl an Empfangskanälen bei gleichzeitig drastisch verringertem technischen Aufwand. Es werden keine teuren, ständigen Onlineverbindungen benötigt, da die Stützpunktrechner nur zu definierten Zeitpunkten und kürzestmöglich mit dem Zentralrechner in Verbindung treten.

Die Aussenstellen, die für den Besucher nicht als physisch wahrnehmbare Realität existieren, werden durch jeweils ein Dokumentationsfoto im zentralen Ausstellungsort Leipzig repräsentiert, wo auch ein Monitor die entstandenen Texte in ununterbrochener Reihenfolge anzeigt. Eine neue Ebene entsteht durch die Einspeisung der Texte in den »UnitN-room« des MediaMoo im M.I.T. Dort haben die Besucher, die sich auf der virtuellen Ebene des Internet befinden, die Möglichkeit, in einem Raum, der sich durch Texte / Beschreibungen repräsentiert, zu navigieren und unter anderem auf »TV Poetry« zuzugreifen. Realen Besuchern in Leipzig bietet ein eigenes Terminal mit Internet-Anschluss die Möglichkeit, diese Welt zu erforschen.

»TV Poetry« shows an experimental configuration. When set-up at a random location and combined with precisely tuned receiving equipment, it scans the incoming stream of fast-changing TV broadcasts (commercials, news broadcasts, quiz shows, light entertainment) for images containing text passages, which it filters, processes and reads back out in an ongoing, real-time process as an endless text string. The phrasing is determined solely by the TV schedule and CPU programming. The source texts are altered significantly by the system-inherent imponderables, inaccuracies, noise, and misinterpretations. New contexts emerge. Strong contents (headlines, slogans) remain unchanged or »shine« through. The signals are processed in parallel processes running simultaneously on separate machines and combined only in the final stage. The quality of the results in terms of density, continuity, recognizable contents, increases proportionally according to the available machine performance (number of TV stations, number and clock frequency of CPUs, bus width of transmission routes).

»TV poetry 2/94« is fully decentralized in function. An arbitrary number of bases/field posts (in this case three), which can be located at any site equipped with a telecable port or satellite TV receiver (more precisely:

apartments and workplaces of artists in Rotterdam, Lüneburg and Vienna) perform their automated sequences separately, communicating only with the Leipzig headquarters in order to pass on completed texts at regular intervals.

The externalized, compressed sequence at bases equipped with only one CPU each and the usage of existing electronic/mass-media infrastructure allows inexpensive news gathering at any number of remote geographical locations. In comparison to centralized implementations the choice of receiving channels is wider, while the technical outlay is drastically reduced. No expensive dedicated on-line connections are required, as the base computers establish contact with the central computer only at defined points in time and for the briefest duration possible.

The field posts, which do not exist as physically perceptible reality for the visitor, are represented by one documentary photo each in the central Leipzig exhibition site, where a monitor also displays the produced texts continuously.

A new level is added by the feed-in of texts in the »UnitN-room« of the MediaMoo in the M.I.T. There, visitors on the virtual Internet level have the possibility of navigating their way through a space represented by texts/descriptions and have access to »TV poetry«, among other options. Real visitors in Leipzig have the opportunity of investigating this world thanks to a separate terminal with Internet connection.

Ein Projekt
von Gebhard Sengmüller/Pyramedia Wien
Systemdesign von Günter Erhart & Clemens Zauner
Produziert von Hilus und Literatur + Medien
für MediaMoo / M.I.T. und Minima Media
Mit freundlicher Unterstützung von:
V2_Organisation - Alex Adriaansens, Rotterdam
Rechenzentrum der Universität Lüneburg -
Dr. Martin Warnke, Lüneburg
Christine Meierhofer, Herwig Turk - HILUS, Wien
Christine Böhler - Literatur + Medien, Wien

zu erreichen über telnet:
telnet purple-crayon.media.mit.edu8888
> connect guest
> out
> unitn
zum Verlassen: > @quit

Muntadas [New York/USA]

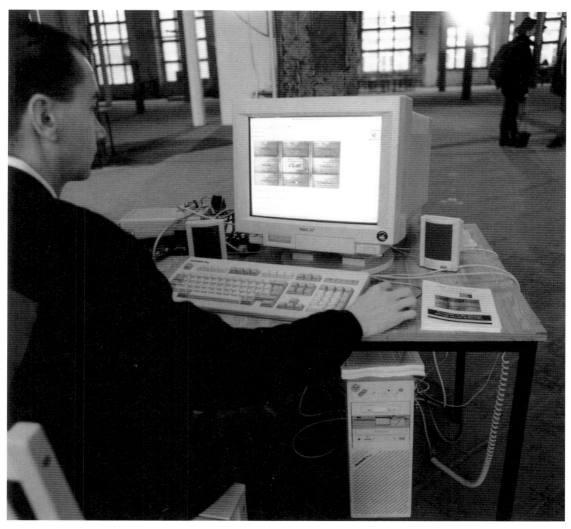

The File Room (1994)
Paul Brenner,
TFR Project Director
Elisabeth Subrin,
TFR Research
Coordinator

»The File Room« ist ein illustriertes Computerarchiv, in dem Berichte über Vorfälle kultureller Zensur (weltweit und zeitlich unbegrenzt) gesammelt werden. Initiiert wurde das Projekt von dem Künstler Muntadas. Die Randolph Street Gallery (Chicago, Illinois / USA) realisierte das Projekt mit Unterstützung der School of Art and Design und des Electronic Visualization Laboratory der University of Chicago, des Chicago Department of Cultural Affairs und einer Reihe anderer Organisationen und Personen, die ausführlich zu nennen hier nicht möglich ist.

»The File Room« wurde von Künstlern und Kuratoren produziert und übernimmt nicht die Aufgabe einer herkömmlichen Bibliothek oder einer Enzyklopädie. Vielmehr bietet das Projekt alternative Methoden zur Sammlung, Verarbeitung und Verbreitung von Information und will die öffentliche Diskussion von Themen wie Zensur und Archivierung vorantreiben. Links (Verbindungen) zu anderen elektronischen Archiven und Datenbanken weltweit sowie verschiedene Quellen und Berichte zu dem gleichen »Fall« mit einer Vielzahl von Beiträgen lassen den Besucher des »File Rooms« selbst entscheiden, durch welche Elemente sich ein »echter« Fall von Zensur - einer Arbeit oder einer historischen Begebenheit - auszeichnet.

Das Projekt wurde im Sommer 1994 als öffentliche Installation im Chicago Cultural Center aufgebaut. Gleichzeitig wurde das Archiv am 20.5.94 im Internet zugänglich gemacht. »The File Room« befindet sich im World Wide Web des Internet, einem schnell wachsenden Netzwerk von Datenbanken, das den Zugriff auf Texte, Bilder, Sound und Videosequenzen ermöglicht.

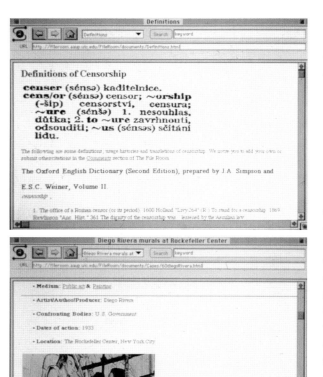

»The File Room« is an illustrated, computer-based archive of incidents of cultural censorship around the world and throughout history. The project was initiated by the artist Muntadas and produced by Randolph Street Gallery (Chicago, IL) with the support of the School of Art and Design and Electronic Visualization Laboratory of the University of Illinois at Chicago, the Chicago Department of Cultural Affairs, and a large network of other organizations and individuals too numerous to mention here.

»The File Room« was produced by artists and curators and as such does not presume the role of a library, or an encyclopedia, in the traditional sense. Instead, the project proposes alternative methods for information collection, processing and distribution, to stimulate dialogue and debate around issues of censorship and archiving. Links to other electronic archives and databases internationally, as well as multiple accounts of the same »incident« and a wide range of contributors, challenge »The File Room« visitor to make her or his own decisions about what constitutes an »accurate« account of a censored work of art or historical incident.

The project was mounted as a public installation at the Chicago Cultural Center in summer 1994. At the time of the opening of this installation on May 20, 1994, the archive also became accessible via the Internet, where it remains active on the World Wide Web, a large and quickly growing network of databases providing integrated text, image, sound and video capabilities.

»The File Room« database was developed in Mosaic, a new hypertext-based software program which allows easy point-and-click access to the vast resources on the Internet. In addition to one-way information access, a »File Room« »visitor« can add cases to the archive through the on-line submission form, as well as comment on the content of the archive. In this way, the archive is not a static entity, governed and defined by its creators, rather »The File Room« invites the interpretation and participation of its global audience.

Die Datenbank des »File Room« wurde in Mosaic, einer neuen Hypertext-basierten Software entwickelt, die einen erleichterten Zugang zu den immensen Resourcen des Internets bietet. Zusätzlich zur »Ein-Weg-Kommunikation« kann ein Besucher des File Rooms sowohl über ein »on-line« Formular Fälle hinzufügen als auch den Inhalt des Archivs kommentieren. In diesem Sinne ist »The File Room« kein statisches Archiv, das von seinen Schöpfern kontrolliert und definiert wird, sondern regt die aktive Teilnahme des globalen Publikums an.

Zugang zu The File Room über URL:
http://fileroom.aaup.uic.edu/FILEROOM.html
Kontakt: randolph@merle.acns.nwu.edu

Museum für Zukunft [Berlin/D]

Das Museum für Zukunft wurde im Juni 1993 im Umfeld von Botschaft e.V. gegründet. An dem Projekt arbeiten derzeit Natascha Sadr Haghighian, Stefan Heidenreich, Christoph Keller, Ines Schaber und Pit Schultz.

Die Vorgehensweise des Museums für Zukunft ist entscheidend geprägt durch eine sowohl zeitliche als auch inhaltliche Unabgeschlossenheit. Die Gruppenarbeit kann am besten als Prozess beschrieben werden, der sich nur schwer Leitbegriffen und einzelnen Disziplinen unterordnen lässt.

Eine Ausgangsdifferenz stellt das paradoxe Verhältnis zwischen Zukunft und Museum dar, insofern Kommendes durch seine Aufzeichnung als Kommendes gelöscht wird. Damit ist offensichtlich, dass für ein Museum für Zukunft nicht eine endgültige Form gefunden werden kann. Das MfZ tritt daher nur zeitweilig an bestimmten öffentlich zugänglichen Orten in jeweils veränderter Form in Erscheinung.

Formal begreifen wir unsere Arbeit als eine nicht genau zu spezifizierende Dienstleistung, die in einer ständigen Erprobungsphase auf Anregungen und Erfahrungen reagiert.

Stadium I:
Berlin, Künstlerhaus Bethanien
16. 12. 93 - 2. 1. 94

Erprobungsphase des MfZ. Wir suchten nach Kanälen, in denen sich das Netz des MfZ selbstlaufend vergrösserte. Anstelle einer Einladung wurden Formblätter mit der Aufforderung, Zukunftskonzepte einzureichen zum Teil gezielt an bestimmte Personen, zum Anderen über einen allgemeinen Verteiler geschickt. Fachleute aus den unterschiedlichsten Bereichen wurden ins Künstlerhaus Bethanien zu Gesprächen über die Zukunft eingeladen. Während der Ausstellungszeit wurden Fax- und Telephoninterviews geführt. Die Gespräche wurden aufgezeichnet, transkribiert und mit zusätzlichen Materialien in das Archiv eingegeben.

Die Besucher konnten sich anhand von aushängenden Abstracts und mit einem an die Wand projizierten Stichwortindex im Archiv zurechtfinden, Zukunftskonzepte eingeben, oder sich

auch direkt an der Arbeit des MfZ und an Spekulationen über die Zukunft des Museum für Zukunft beteiligen.

Stadium II:
Köln, Friesenwall 116 (Schipper/Krome),
5. 4. 94 - 17. 4. 94

Zu Beginn der Präsentation im Friesenwall war die materielle Datenbank bereits bedrohlich auf über 70 Ordner angewachsen, die unterschiedlichsten Medien waren darin enthalten. Hauptaufgabe der MfZ-Mitarbeiter in Köln war es, die Navigierbarkeit der wachsenden Datenmenge zu untersuchen und dem Nutzer sowohl einen direkten Zugang zu bestimmten Ordnern als auch ein assoziatives Vorwärtstasten zu ermöglichen.

Für Köln entwickelten wir ein Hypertext-Indexprogramm, das Zugriffe über Stichworte, Namen und einen Zitatenkatalog erlaubt. Wir untersuchten die materielle Qualität der Ordnerinhalte im Vergleich zu ihrer Information. Das Format der Dokumente wurde erstmals auf 21 x 30 x 3 cm pro Ordner beschränkt. In Köln kommunizierte das MfZ bereits auch auf E-Mail.

Diese Massnahmen wurden auch im Hinblick auf ein späteres digitales MfZ ergriffen. Wir sondierten, welche qualitativen Veränderungen der Wechsel des Mediums mit sich bringen würde und welche Erwartungen wir an ein digitales Archiv knüpfen.

Der Friesenwall 116 bot - als ehemaliger Laden-
raum im Kölner Kneipenviertel - die Möglichkeit,
viele zufällige Passanten zu erreichen. Die
Öffnungszeit reichte bis spät in die Nacht.

Stadium III:
Leipzig, Medienbiennale,
22. 10. 94 - 1. 11. 94

Das MfZ übertrug sein materielles Archiv von
derzeit über 150 Ordnern während der Medienbiennale in das Internet-Datenformat World-
Wide-Web (WWW). Der Übergang auf das digitale Netzwerk war Thema der Präsentation mit
dem Titel »Wir stellen um auf EDV«.
Das MfZ richtete in den Buntgarnwerken sein
Büro ein und vollzog den Medienwechsel als
öffentliche Handlung. Alle bisherigen Teilnehmer

des MfZ und die Besucher waren in die Diskussion über diesen Schritt, seine Auswirkungen
und über zukünftige Strategien im Netzwerk mit
einbezogen.
Die Datenbank wurde Ordner für Ordner in das
WWW transkribiert und eingelesen und spaltete
sich so in zwei parallele Archive auf, ein materielles und ein digitales. Das MfZ machte den
Vorgang der Übertragung und die neue Struktur
des Archives im WWW in seiner Präsentation in
Leipzig transparent.
Besucher vor Ort und aus dem Netz konnten
Kommentare und Vorschläge für eine zukünftige Erweiterung der Programmstruktur einbrin-
gen. Als produktiv erwies sich in Leipzig die
Auseinandersetzung mit spezifischen lokalen
Zukunftsperspektiven.

Status Quo:
Weitere Entwicklung
Januar 1995

In der Diskussion der Präsentation in Leipzig stellten sich Probleme heraus, die den Umgang mit Information, die Benutzeroberfläche und das Medium des Gesprächs betreffen.

Es wird künftig ein elektronisches Archiv geben, das in Anlehnung an Foucault strikt an einzelnen Aussagen, nicht an Autoren orientiert ist. Die Textoberfläche am Computer wird dem Nutzer durch den Joystick anstelle einer Tastatur eine verhältnismässig unmittelbare und simple Navigation in Inhalten und Daten erlauben.

Die Ordnung im Archiv wird einesteils an Begriffen und Wiederholungen, andererseits am Weg der Benutzer durch die Information festgemacht. Ein Lesealgorithmus wird Aussagen verwalten und Bewegungen erfassen, um an der Veränderung eingehender und gelesener Information Zukünfte festzustellen. Datenquellen sind das alte Archiv des MfZ, Internet-Text und Interviews.

Das Medium Gespräch in seiner Präsenz und Unmittelbarkeit rückt stärker in den Vordergrund. Als Aktivität in einem sozialen Netz ergänzt und bereichert es das Agieren im digitalen Netz. Gespräche werden aus dem Aussagenarchiv angeregt und wieder rückgekoppelt.

The MfZ, Museum für Zukunft (Future Museum), was founded in June 1993 as a by-product of artists' cooperative Botschaft e.V. The project team is currently made up by Natascha Sadr Haghighian, Stefan Heidenreich, Christoph Keller, Ines Schaber and Pit Schultz.

The museum concept is open-ended in terms both of duration and content, and this freedom from restrictions is reflected in the manner of proceeding. The group work can best be described as a continuous process that defies categorization according to leitmotifs and disciplines.

A starting disparity is the paradoxical relationship between the notions of ›future‹ and ›museum‹, since something that is recorded no longer represents the future. This paradox makes it clear that no final form can be found for a museum dealing with the future. The appearances of the MfZ at specific public places are only sporadic and temporary, therefore, and the form varies each time.

In formal terms we see our work as a service without closer specification, performed in a permanent trial phase and reacting to stimulus and experience.

Stage I:

Berlin, Künstlerhaus Bethanien

16 March 1993 - 02 January 1994

Trial phase for the MfZ. We were looking for channels through which the MfZ network would expand autonomously. Instead of sending out invitations, we distributed forms requesting the submission of future concepts to selected addresses and also via a general mailing list. Experts from different fields were invited to the Künstlerhaus Bethanien to hold talks about the future. Fax and telephone interviews were conducted during the exhibition period. The talks were recorded, transcribed and archived along with supplementary material.

Thanks to abstracts that were posted on the walls and a projected catchword index, visitors could find their way round the archive, enter concepts of the future, or participate directly in the work of the MfZ by contributing their ideas of the future of the museum.

Stage II:

Cologne, Galerie Schipper & Krome,

Friesenwall 116

05 - 17 April 1994

By the beginning of the Friesenwall presentation the material database had grown to an ominous size of 70 binders housing a diverse range of media. The main task of the MfZ staff in Cologne was to investigate the navigatability of the growing data quantity and provide users with direct access to specific binders as well as with associative forward browsing facilities.

For Cologne we designed a hypertext index program allowing access by catchwords, names and a quotes catalogue. The material quality of the binder contents was examined in relation to their information value, and decided to limit the document format to 21x30x3 cm per binder. The MfZ was already using E-mail for communication.

These measures were also taken with a view to digitization of the MfZ at a later date. We were interested in probing the qualitative changes a change of medium would involve, and what we would expect a digital archive to deliver.

The guest appearance of the MfZ at Friesenwall 116 - a disused shop in the pub area of Cologne - was ideal for contact with passers-by. The museum stayed open late into the night.

Stage III:

Leipzig, Medienbiennale

22 October - 02 November, 1994

During the Medienbiennale, the MfZ transferred its current material archive of 150 binders to the Internet data format of the World Wide Web (WWW). The transition to the digital network was the theme of our presentation entitled »Wir stellen um auf EDV«.

After opening an office in the textile factory, the MfZ made a public event out of its media switchover. All previous contributors to the MfZ and the festival-goers were invited to join the discussion about this step, its consequences and future network strategies. Transcribed and read-into the WWW binder-by-binder, the database split up into two parallel material and digital archives. The Leipzig presentation made the transfer procedure and the new WWW structure of the archive transparent. Local and on-line visitors had the oppor-

tunity to add comments and proposals for a future extension of the program structure. A productive aspect proved to be the confrontation with specific local future perspectives in Leipzig.

Status Quo:

Further developments

January 1995

Discussions during the Leipzig presentation crystallized problems regarding the handling of information, the user interface and the medium of discourse.

In future the electronic archive will be one which, following Foucault, is oriented strictly towards individual statements rather than authors. With a joystick instead of a keyboard, the text surface on the computer will allow users a relatively direct and simple navigation through contents and data.

The order of the archive will be defined by concepts and repetitions, on the one hand, and by the user's path through the information on the other hand. A reading algorithm will administer statements and record movements, in order to be able to discern future-related aspects according to the fluctuation in incoming and accessed information. Data sources are the old MfZ archive, Internet text and interviews.

As a medium, discussion is moving into the foreground thanks to its presence and directness. This activity in the social network complements and enriches the action in the digital network. Discussions stimulated by the statement archive produce feedback for the archive.

Zugang zum Museum für Zukunft über URL:

http://www.is.in-berlin.de/cgi-bin/MfZ-bin/Welcome

Kontakt: mfz@is.in-berlin.de

Handshake [Berlin/D]

Internetprojekt
1993-94

Barbara Aselmeier,
Joachim Blank,
Armin Haase,
Karl Heinz Jeron

Def. Handshake: »... a connection-oriented protocol, exchanges control information with the remote system to verify that it is ready to receive data before sending it. When the handshaking is successful, the systems are said to have established a connection.«

»Handshake« ist ein Kommunikationsprojekt unter Einbeziehung des elektronischen Netzwerks Internet, dessen Ausläufer sich zu bestimmten Anlässen wie Festivals, Ausstellungen oder Symposien als Rauminstallation materialisieren. Als interaktive Installation realisiert, bildet es eine Kommunikationsschnittstelle zwischen elektronischem Netz und Lebenswelt. Interessierte Besucher, Künstler, Medientheoretiker und -praktiker wurden eingeladen, den entstehenden Kommunikationsraum zu erweitern.

Vorbereitete Kommunikations- und Wahrnehmungsexperimente auf textueller, visueller und auditiver Basis sollen dabei auf kulturelle Eigenheiten und Gemeinsamkeiten der Partizipierenden verweisen.

»Handshake« versteht sich nicht als abgeschlossenes Kunstprojekt - es ist vielmehr ein fortlaufender Prozess mit der Absicht, Verhaltensweisen von Menschen und Automaten in elektronischen Netzwerken zu beobachten. Wir bedienen uns dabei teilweise wissenschaftlicher Methoden z.B. aus dem sozialpsychologischen oder kommunikationswissenschaftlichen Bereich. Jedoch steht nicht die empirische Auswertung, sondern die Neugier an Interaktion(sversuchen) mit anderen Datenreisenden im Vordergrund. Dies führt nicht nur zu Entwicklungen von Software, sondern auch zu der Frage, was sich nach einer oberflächlichen Kontaktaufnahme noch ereignen kann und somit zur künstlerischen Erforschung von Kommunikationsprozessen in elektronischen Netzwerken.

Wir bewegen uns im Raum des Internet und sind gleichzeitig an der Erforschung, Gestaltung und Erweiterung dieses exponentiell anwachsenden Massenmediums interessiert.

Die Ergebnisse der verschiedenen »Handshake«-Aktionen sind über Internet jederzeit und global einsehbar. Dabei nutzt »Handshake« alle im Internet verfügbaren Dienste wie E-mail, Newsgroups, FTP, Gopher, World Wide Web und schreibt als Hypermediaarchiv eine Spur in die Matrix Netzwelt. Darin befinden sich Dokumente der Interaktion von »Handshake« mit den Kollaborateuren.

Def. Handshake: »... a connection-oriented protocol, exchanges control information with the remote system to verify that it is ready to receive data before sending it. When the handshaking is successful, the systems are said to have established a connection.«

„Handshake": a communications project incorporating the electronic network Internet. For specific occasions such as festivals, exhibitions or symposia, the offshoots of „Handshake" can be implemented in material form as interactive spatial installations functioning as communications interface between the electronic network and the living world. Interested visitors, artists, media theorists and practicians are invited to contribute to the developing communication space.

The emerging information pool is retrievable globally via the network and locally at the installation site. It includes textual, visual and auditive communication and perceptual experiments that have been prepared with the aim of showing the cultural differences/mutual ground of the participants. „Handshake" sees itself less as a self-contained art project than a continuous process aimed at observing the behaviour of humans and machines in electronic networks. Although our enquiries are partially science-based and apply methods from relevant areas such as social psychology or communication science, empirical analysis is secondary to the desire to find out more about (attempted) interaction with other network beings. This curiosity leads not only to software innovations but also raises the question of what potential for major happenings remains after the „Hello World", involving a search for ways of artistically investigating communication processes in electronic networks. While moving in the Internet realm, we are interested in researching, shaping and extending this exponentially expanding mass medium.

The Internet allows permanent global access to the results of the different „Handshake" actions. By using all the services provided by the Internet such as E-mail, newsgroups, FTP, IRC, World Wide Web, „Handshake" leaves a trail in the world network matrix: the trail of a hypermedia archive storing documents of interaction between „Handshake" and its collaborators.

Zugang über URL: http://www.is.in-berlin.de/
g-Art/LuxLogis/luxlogis_hall.html
Kontakt: luxlogis@is.in-berlin.de

Institut Egon March

Gordon Monahan

Christine Hill

Sabine Prietzel +

Peter Schüler

Performances

Institut Egon March [Ljubljana/SLO]

Cukrarna

Mateja Bučar [Tanz],
Marko Košnik Virant
[Konzept],
Špela Košnik Virant
[Koordination],
Borut Savski [Ton]

Video-Tanz-
Performance zur
Eröffnung
am 22. 10. 94 sowie
am 23.10.94
jeweils 20 Uhr
ca. 45 Minuten

Die Performance »Cukrarna« ist eine Untersuchung der Ästhetik von telematischen und physischen Körpern.

Durch die Projektion einer im voraus aufgezeichneten Video-Choreografie entsteht eine Situation, in der die Tänzerin live mit ihrem aufgezeichneten Videobild tanzt und interagiert. Die Richtlinien, nach denen sich der Körper bewegt, sind hier nicht mehr durch die italienische Bühne bestimmt, sondern durch die Logik des projizierten zweidimensionalen Videobildes. Die Grösse der ›virtuellen‹ Tänzerin korrespondiert im Augenblick der Projektion mit der Grösse der Tänzerin auf der Bühne.

Nicht nur der Körper der Tänzerin zerfällt in sich selber und sein Abbild, sondern auch die Vorstellung des Zuschauers, nach der er glaubt, dass das Videobild Ähnlichkeiten mit den vorgeführten Räumen und Körpern besitzt.

Trotz komplexer Problematik ist die Performance das Ergebnis einer Arbeit mit minimalen technologischen Mitteln (Video Projektor, MIDI Synthesiser, Computergrafik) und untersucht zentrale Probleme der Medien. Das Elementare, das durch die Anwendung von neuen Technologien für ästhetische Ziele entdeckt werden kann, ist die Feststellung, dass die Grenzen der verschiedenen Medien, einzeln oder in Kombinationen, vollkommen getrennt und anders geartet sind als die ästhetischen Grenzen, zu denen unterschiedliche Arbeitsprozesse mit diesen Mitteln führen. Insofern man technologische Möglichkeiten nicht automatisch glorifiziert, sondern die Grundmerkmale der Medien untersucht, stösst man bald auf ein Paradoxon: Es geht nicht darum, im Virtuellen das Reale hervorzubringen, sondern sich im Realen von den virtuellen Vorstellungen zu befreien. Die Performance soll uns von der einen auf die andere Seite geleiten - die Seiten sucht sich natürlich der Zuschauer selber aus. Dem Künstler aber bleibt nichts anderes, als die Medien zu pervertieren - so weit weg von ihrer selbstverständlichen Zweckdienlichkeit wie nur möglich.

»Cukrarna« ist der Name einer Mitte des 19. Jahrhunderts erbauten Zuckerfabrik in Ljubljana. Das heute völlig verfallene Gebäude wurde durch ein riesiges Feuer zerstört, in dem Tonnen von Zucker mehrere Tage und Nächte brannten. Seit seiner Zerstörung dient(e) das Gebäude als Zufluchtsstätte und Herberge.

Die Performance »Cukrarna« ist dem slowenischen Dichter Srečko Kosovel gewidmet. Er wurde vor 90 Jahren geboren und verbrachte vor seinem frühen Tod (1926) mehrere Jahre in »Cukrarna«.

Institut Egon March

The performance »Cukrarna« analyses the aesthetic quality of telematic and physical bodies.

Through the projection of a pre-recorded video choreography a situation is developed in which the dancer dances and interacts with her recorded video image. The guiding rules directing the dancer's movements are no longer governed by the Italian stage, but by the projected video image's two-dimensional »perspective«. The size of the recorded dancer corresponds at the moment of projection, with the size of the living dancer positioned on the axis of perspective, where the viewer can perceive her. Not only does the dancer disintegrate into herself and her video image, but also the viewer´s illusion fades that there are similarities between the video image and the presentation rooms and bodies.

Despite the complex nature of the theme, the performance uses a minimum of technical devices (video, projector, MIDI synthesiser and computer graphics) and analyses the main problems of the media. When using new systems of technology to reach aesthetic goals, it must be remembered that the limitations of the various media systems, on their own or combined, are separate and of a completely different nature than the aesthetic limitations to which they lead. If we analyse the main features of the media, rather than automatically glorify the possibilities of technology, we encounter a paradox: the problem is not how to conjure up the real in the virtual world, but how to free ourselves from the virtual in the real world. The task of the performance is to guide the spectator from one side to the other - the viewer chooses the side he wants to be on. The artist however, has no other choice but to pervert and lure the media as far away as possible from their initial functionality.

»Cukrarna« is the name of a sugar factory built in Ljubljana in the 19th century. The now derelict building was destroyed by a tremendous fire in which tons of sugar were burning for serveral days and nights. Ever since it has served as some kind of hostel or shelter. The performance »Cukrarna« is dedicated to the Slovenian poet Srečko Kosovel, who was born 90 years ago and spent some years in »Cukrarna« before he died in 1926.

Institut Egon March

Gordon Monahan (D/USA)

Speaker Swinging

Audioperformance
am 30. Oktober 1994

Performer:
Andreas Grahl
Rudolf Israel
Laura Kikauka
Ronald Matthiä
Conny Renz

»Speaker Swinging« ist ein Experiment für drei oder mehr schwingende Lautsprecher und neun Audiooszillatoren in einem geschlossenen Raum. Die aufeinanderfolgenden akustischen Vorgänge von Phasenverschiebung, Vibrato und Tremolo sind fundamental für die Arbeit, ebenso wie die Elemente des Schweisses, des Ringens, der Angst und der Verlockung.

»Speaker Swinging« entstand aus dem Wunsch, das typische elektronische Musikkonzert zu beleben und den Lautsprecher selbst als ein eigenständiges elektronisches Musikinstrument zu verwenden.

Ursprünglich inspirierte das Geräusch vorbeifahrender Autos in einer heissen Sommernacht, aus deren Fenstern Heavy Metal Musik dröhnte, zu »Speaker Swinging«. Während die Autos vorbeifuhren, gab es diesen flüchtigen Augenblick verfliessender Musik, dieser Augenblick, wenn sich eine Tonalität mit einer anderen vermischt.

Gordon Monahan

»Speaker Swinging« is an experiment for three or more swinging loudspeakers and nine audio oscillators in an enclosed space. The subsequent acoustical processes of phasing, vibrato and tremolo are fundamental to the work, as are the elements of sweat, struggle, fear and seduction.

»Speaker Swinging« grew out of a desire to animate the typical electronic music concert and in effekt, to realise the loudspeaker as a valid electronic music instrument in itself.

»Speaker Swinging« was first inspired by hearing automobiles cruising on a hot summer night with Heavy Metal blaring out of the windows. As the cars cruised by, there was that fleeting moment of wet, fluid music, when one tonality melts into another.

Gordon Monahan

Christine Hill [D/USA]

ARTSLUT:
WORK IN PROGRESS
[SOAPBOX LECTURE]

ganztägige
Performance
30.Oktober 1994

Arbeitsraum: Minima Media

Von diesem alten,verlassenen Arbeitsraum hat man einen wunderschönen Ausblick auf den Fluss und die Bäume. Der ist viel interessanter als alles, was hier passiert.

Von 12 - 18 Uhr (Lauf der Performance) habe ich Zeitungen zerschnitten und die Teile zu meiner »eigenen« bruchstückhaften subjektiven Information zusammengefügt. Es macht nicht viel her, aber es war ein langer und langweiliger Prozess. Ich habe währenddessen aus dem Fenster geschaut.

Es war kalt. Meine Finger wollten sich nicht bewegen. Ich hielt mich zu lang mit dem Lesen der Informationen in der Zeitung auf und vergass fast, was ich eigentlich vorhatte.

Leute schauten herein und gingen weg. Einige kamen herein und tranken Tee mit mir. Fast jeder, der mit mir sprach, endete mit: »Und viel Spass noch«.

Was Sie sehen, ist eine vierseitige, handgeschnittene, rein subjektive Präsentation von Information, die aus »offi/zielleren« Informationsmedien zusammengestellt wurde.

Das ist eigentlich alles.

Geniessen Sie die Aussicht.

Christine Hill

Workroom: Minima Media

There is a beautiful view of the river and trees from this old, abandoned workspace.

It is much more interesting than anything going on here.

From 12 - 18 (lauf der performance) I cut up newspaper & pasted it to make my »own« scattered subjective information.

It doesn't look like much, but it was a long, boring process.

I also kept looking out the window.

It was cold. My fingers wouldn't move. I kept spending too long reading the information in the newspaper and forgetting the job at hand.

People kept looking in, and walking away.

A few came in and had tea with me.

Almost everyone who spoke to me ended with:

»Und viel Spass noch«.

What you see is a four page, hand-cut, purely subjective presentation of information, collected from more »official« information.

And that's about it.

Enjoy the view.

Christine Hill

Akzeptieren - glauben - wollen - danken

Videoaktion am 29. Oktober 1994 in der Kantine des Siemenswerks Leipzig

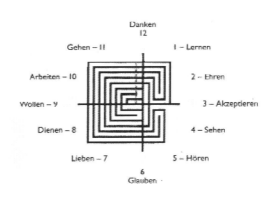

In dem verdunkelten, würfelförmigen Speisesaal der Kantine bilden vier grosse Videoprojektionen einen Raum, auf dessen Boden das Muster eines Sieben-Pfade-Labyrinths den Betrachter zum Betreten auffordert. Die Bilder der vier Videos zeigen vier thematische Sequenzen, die in den Produktionsanlagen der Siemens AG gedreht wurden. Durch die Gegenüberstellung der Produktionsprozesse des technischen Arbeitsablaufs mit dem seit 15.000 v. Chr. bekannten Labyrinth-Muster soll ein Nachdenken über die Ganzheit des Menschen im Prozess der Arbeitsteilung ermöglicht werden. (DD)

In the darkened, cube-shaped dining-hall of the canteen four large video projections build an enclosed space. The pattern on its floor depicts a seven-path labyrinth which the viewer is invited to enter. Each of the four video images shows a different production sequence in the Siemens plant. The technical manufacturing processes are contrasted with the labyrinth pattern dating back to 15,000 B.C., encouraging reflection about the wholeness of the human being in the process of division of labour. (DD)

Jörg Herold

Maix Mayer

Olaf Nicolai

Tilo Schulz

Paul Sermon

Fred Fröhlich

+ Tjark Ihmels

+ Paul Sermon

+ Andrea Zapp

Öffentlicher Raum

Jörg Herold (Rothspalk/D)

**Selbstbelichtende
Einheit (1994)**

Grünfläche
zwischen
Thomaskirche und
Markt

Green area between
Thomas church and
market place

Auf einer der letzten Grünflächen im Zentrum Leipzigs, direkt zwischen der Thomaskirche und dem Marktplatz, wurde für 10 Tage ein Bauzaun aufgestellt, den nachts eine schäbige Lampe beleuchtete. Der gemietete Zaun wurde ohne irgendeine Reaktion seitens der Bevölkerung aufgestellt und abgebaut. Offenbar werden in Leipzig Baustellen kaum noch wahrgenommen. (DD)

A builders' fence appeared on one of the last green spaces in central Leipzig, directly between the Thomaskirche and the market square, and stayed there for 10 days. A dilapidated lamp lit up the site at night. Locals showed no reaction to the installation or dismantling of the rented fence. Apparently, building sites are such a common sight in present-day Leipzig that they hardly get noticed any more. (DD)

Sich selbst belichtende Einheit

Mitten im Zentrum von Leipzig befindet sich eine kleine quadratische Rasenfläche umgeben von sorgsam verschnittenen Bäumen und Buschwerk. Niedrige Kugelleuchten und überdimensionale Vasen, als plastischer Schmuck, ragen aus gepflegten Rabatten heraus. Um das Quadrat herum und an den Rabatten vorbei führt ein Plattenweg. Und auf diesem Weg stehen Bänke und neben den Bänken Abfallbehälter. Umrahmt wird das ganze Ensemble von einer Kirche, der Thomaskirche, zwei Plattenbauten aus den 60er Jahren und einem Bürgerhaus aus dem 19. Jahrhundert. Die Aussenmauern dieses Hauses grenzen direkt an den Park und waren ursprünglich Trennwände zum nächsten Haus. Dieses Haus jedoch brannte bei der Bombardierung Leipzigs, Ende des zweiten Weltkrieges aus und wurde abgerissen. So entstand eine offene Sichtachse zwischen der Kirche und dem ca. 200 Meter entfernten Rathaus. Diese Öffnung liess, im übertragenen Sinne, Luft in das über die Jahrhunderte dichtgewachsene Zentrum.

Licht und Luft, Bauen ohne Ornamentik, nur dem Zweck entsprechend, war die oberste Baudoktrin der frühen 60er Jahre. Eine falsch verstandene Schlichtheit bestimmte fortan den Charakter der Gebäude und die Planung öffentlicher Plätze. Besonders die stark zerstörten Zentren grosser deutscher Städte, so auch Leipzigs, fielen dieser Kurzsichtigkeit zum Opfer. Die durch Bombardierung entstandenen Lücken zwischen den Häusern wurden nicht gefüllt, sondern vergrössert und entgegen dem ursprünglichen Gefüge verbaut. Achsen wurden grossräumig geöffnet, Gassen verschlossen, historisch Wertvolles in massloser Arroganz beseitigt und mit durchschnittlichem Einerlei überpflastert.

An freigewordenen Stellen, die nicht sofort wieder bebaut werden konnten und für den Moment auch keine Priorität besassen, legte man provisorisch Grünflächen an. Über die Zeit hinweg entwickelten diese sich zu kleinen Biosphären mit regenerativen Kreisläufen und übernahmen so wichtige Aufgaben im urbanen Gefüge.

Ab den 90ern setzte, bedingt durch die politische Wende, vor allem im Osten Deutschlands das Bauen im Zentrum wieder ein. Brachflächen werden neu verteilt, Baulücken beginnen sich zu schliessen. Immer mehr lichte Stellen von provisorischem Grün verschwinden. So stellt sich auch für das eingangs beschriebene Stück Grün im Zentrum Leipzigs die Frage des Überlebens. Aus überlieferten Stadtansichten wird ersichtlich, dass dieser Fleck dicht bebaut und bis direkt zum Marktplatz hin besiedelt war. So würde, falls man dem ursprünglichen Verlauf der Strassen folgt, sich der Marktplatz wieder schliessen und zu einem kompakten Gefüge zusammenwachsen. Ein sicher logischer und akzeptabler Schluss, wenn da nicht das Stückchen Grün in seiner biologischen Präsenz herangewachsen wäre. Stellen wir die Frage nach der künftigen Nutzung konkret. Wie würde der Einzelne entscheiden, abwägend zwischen Bebauung oder Begrünung?

Anlässlich der Medienbiennale 1994 in Leipzig setzte ich um das Grün einen Mietbauzaun, deutliches Zeichen einer beginnenden Bautätigkeit, um Reaktionen zu provozieren. Bei einer späteren Umfrage durch einen Journalisten des MDR gaben Passanten jedoch klar fomuliertes Wissen über die künftige Nutzung des Geländes an. Vom Denkmal für die friedliche Revolution, deren Beginn ja bekanntlich in Leipzig war, über ein Kaufhaus, bis hin zu einem beleuchteten Baum im Zentrum der Rasenfläche, wurden mehrere Angebote des Wissens gemacht. Auf die Frage, ob denn nicht das bisherige Grün für sie wichtiger als jede folgende Bebauung wäre, antwortete der überwiegende Teil mit Achselzucken oder »wir werden ja soundso nicht gefragt«.

Jörg Herold

Self-exposing unit

In the middle of Leipzig city centre lies a small square of lawn surrounded by meticulously pruned trees and shrubs. Ornaments in the form of low-hanging ball lamps and oversize vases protrude from the well-tended flower beds. A paved footpath borders the square and leads past flower beds. The path is lined with benches, and next to each bench is a garbage bin. The ensemble is framed by a church (the Thomaskirche), by two pre-fabricated buildings dating from the 1960s and by a 19th-century town house. The outer walls of the house border directly on the park and used to be the party walls with an adjacent building. But the neighbouring house went up in flames during the bombardment of Leipzig at the end of World War II. It was later demolished, and so an axis of free vision arose between the church and the city hall some 200 metres away. This opening allowed fresh air - figuratively speaking - to flow into the densely built-up city centre that had developed over the centuries.

Light and air, non-decorative building, functionalism - these were the primary building doctrines of the early 60s. From that time on, a misconceived simplicity determined the character of buildings and the planning of public spaces. In particular, the devastated centres of large German cities suffered from this short-sighted policy. Leipzig was no exception. No attempt was made to fill in the bomb gaps between the buildings. Instead, gap sites were enlarged and redeveloped in contradiction of the original urban fabric. Thoroughfares were widened, alleys closed up. Buildings of historical value, demolished in a spirit of measureless arrogance, were replaced by edifices of mediocre uniformity. If there were no immediate plans for sites that became vacant through demolition, temporary green spaces were created until a more useful function was found. In the course of time these areas developed into miniature biospheres with regenerative circuits and slowly took on important functions in the urban fabric.

After the political upheavals in 1989, construction activity was resumed in east German city centres in particular. New wastelands replaced the old ones, gap sites began to close. More and more of the provisional parks began to disappear. In view of the building boom, a question mark hovers over the future of the square of grass in the middle of Leipzig. Historical views of the town show that this zone was densely built-up to the edge of the market square. If one were to follow the original ground plan, the market square would be closed-in once more and integrated in a compact fabric. Certainly, this conclusion would be logical and acceptable if it were not for the patch of green with its immediate biological presence. Putting the question about the future usage in concrete terms: how would the individual decide if given the choice of building or green space?

On the occasion of the Medienbiennale 1994 in Leipzig, I surrounded the green space with a builders' fence, that unmistakable sign of impending construction work, in the hope of provoking some reactions. A survey carried out later by a MDR TV journalist showed that passers-by had no clearly formulated knowledge of the plans for the site. Suggestions ranged from a monument to the »peaceful revolution« (which began, as we know, in Leipzig) to a department store and an illuminated tree in the centre of the lawn. Asked whether the existing green space was not more important to them than any future building, most people answered with a shrug of the shoulders or said: »They won't ask us what we think anyway«.

Jörg Herold

Maix Mayer [Leipzig/D]

These [1994]

Projekt im
Naturkundemuseum
Leipzig
Project in the
Museum of Natural
History

Präparat in weiss
gestrichener Virtine
Zeichungen und
Texttafeln:
Tasmanischer
Beutelaffenmensch
Australopithecine
marsupalia leich-
hardtus.
Videodokumentation
der Expedition
»missing link«
nach Tasmanien
im Jahre 1992/93
unter Leitung
des Dipl.-Biologen
St. Mayer.

Die Australopithecine gelten als unmittelbare Vorfahren der Menschen bzw. werden auch als »Urmenschen« bezeichnet. Sie haben im Verhältnis zum Gesichtsschädel relativ kleine Hirnschädel und können bei 50 kg Körpergewicht eine Körperhöhe bis 165 cm erreichen.

Die Gruppe der Beutler stellt einen stammesgeschichtlich älteren Zweig der Evolution dar und und konnte sich vor allem auf dem isolierten Kontinent Australien polymorph entfalten. Dieses Präparat (ein circa 7 Monate altes Mädchen) gilt neben dem Video, den Fotografien und den Zeichnungen als einziger Beleg für den Tasmanischen Beutelaffenmenschen.

Aus dem Fund ergeben sich eine Reihe von Fragen. Ist er das »missing link« zwischen Affe und Mensch, oder gab es einen Beutelmenschen, worauf einige Höhlenzeichnungen hinweisen? Sind die im Jahre 1871 ausgerotteten Tasmanier mit diesem »missing link« verwandt? Haben die Tasmanier diese Beutler domestiziert, wie eine schriftliche Quelle des 18. Jahrhunderts berichtet? Wie komplex sind (waren) die Sprache und das Denken entwickelt? Macht die moderne Genforschung eine genaue Bestimmung der Genfrequenz möglich? Sind die Tasmanier als Rasse zu betrachten? Gelingt eine Rückzüchtung zum Affen (oder Menschen)? Sollte der Biologe als Ingenieur tätig werden?

Maix Mayer

The Austropithecinae are considered to be the direct forerunners of the human being and are sometimes even described as »original man«. Possessing a relatively small cranium in comparison to the skull, they could grow to 1.65 m in height at 50 kg body weight. The marsupial group represents an older branch of the evolution of tribes and enjoyed a polymorphic dissemination primarily on the isolated Australian continent. Alongside the video, the photographs and the drawings, the preserved specimen shown (a c. 7-month old girl) is considered to be the only evidence that the Tasmanian marsupial apeman existed.

The find gives rise to a number of questions. Is it the missing link between ape and man, or did - as a number of cave drawings indicate - a marsupial human exist? Were the Tasmanians, who were exterminated in 1871, related to this missing link? Did the Tasmanians domesticate these marsupials, something that is reported in a written 18th-century source? How advanced was their linguistic and intellectual development? Will modern genetic research allow the gene frequency to be determined exactly? Should the Tasmanians be seen as a race? What are the chances of controlled regression to the ape (or human)? Should the biologist work as an engineer?

Maix Mayer

Olaf Nicolai [Leipzig/D]

Bei der Arbeit handelt es sich um die Installation von Textfahnen (Flaggen) in einem öffentlichen Raum. Dabei ist an einen repräsentativen Platz, bzw. an ein Gebäude gedacht. Durch diese Installation soll der Raum, der ja selbst einen bestimmten Text für den Benutzer, Passanten, vorstellt, mit dem installierten Text zusammenspielen und eine andere Lesart einführen. Der Ort der Installation wird so zu ihrem Bestandteil. Konkret ist bei diesem Vorschlag an den Augustusplatz gedacht.

Es werden 4 Wortreihen (Tableaus) als Motive für je zwei Flaggen verwendet. Die für die Installation vorgesehenen Worte rufen Stationen einer Bewegung auf, die von Erniedrigung, Sorge, Angst, über Vision, Verheissung hin auf Läuterung, Lösung führt. Eine Bewegung also, die sich zugleich auf die Funktionen ästhetischer Produktion bezieht, aber auch Momente des politischen Diskurses markieren.

In diesem Sinne ist die Konstellation Augustusplatz als Installationsort und die Wahl der Präsentation (Flagge) zu sehen.

The project foresees the installation of text banners (flags) in a public space such as an imposing square or prestigious building. The installation is intended to create an interplay between a space already possessing a specific text for the user (or passer-by) and the installed text, and by doing so alter the textual reading. In this way the location becomes an integral component of the installation.

The Augustusplatz in Leipzig is the planned site.

4 rows of words (tableaux) will be used as motifs, each one for two flags.

The words envisaged for the installation evoke stations in a transition leading from humiliation, worry, fear to purification, solution via vision and promise. A transition, therefore, that relates to the functions of aesthetic production but at the same time flags elements of political discourse.

The constellation of the Augustusplatz (a prominent rallying point during the East German democratic movement in 1989) as installation site and the presentation means (flag) should be seen in this context.

Vier Wort-Tableaus
Die acht Flaggen werden für einen bestimmten Zeitraum am Augustusplatz gehisst.

DIENST · LUST · WUNSCH · PEIN · HOFFNUNG

GABE · EMPFANG · MASS · REGEL · ZUCHT

SORGE · FURCHT · HEIL · VISION · LICHT

LEID · DEMUT · KRAFT · GEBOT · VERHEISSUNG

In den Wort-Tableaus werden Stationen von Abläufen, Prozessen benannt, so dass Muster deutlich werden. Muster, die diese Abläufe prägen, leiten, ihnen Ordnung geben.

Das verwendete Wortmaterial entstammt sowohl dem religiösen, als auch dem politischen und alltäglichen Vokabular. Die Konstellationen sind nicht als Kommentare, These oder Analyse zu lesen. Vielmehr vernetzen sie die Kontexte, so dass Felder gebildet werden, in denen sich das Reale und seine Ideologisierungen bewegen (das Reale sogar als mit dem Ideologischen identisch erscheint).

Diese Muster finden sich in der »Summa« des Thomas von Aquin, den »Exerzitien« des Ignatius von Loyola ebenso wie in den politischen Appellen der Gegenwart und den Diskussionen um den Radikalismus. Vor allem aus diesen Texten stammen die ausgewählten Worte.

Immer wieder geht es um das Thema, welches Loyola einmal so beschrieb: »Wünsche in die rechte Ordnung bringen«. Oder: Wie kann man diese »rechte« Ordnung zum Wunsch werden lassen.

Welcher Ordnung folgt jedoch der Wunsch?

Olaf Nicolai 1993

Four Word Tableaux
The eight flags will be hoisted at the at the Augustusplatz for a defined period of time.

SERVICE · LUST · WISH · ANGUISH · HOPE

GIFT · RECEPTION · MEASURE · RULE · DISCIPLINE

WORRY · FEAR · SALVATION · VISION · LIGHT

SUFFERING · HUMILITY · STRENGTH · COMMAND · PROMISE

The word tableaux name procedural and processual stations, meaning the patterns that shape the procedures, give them an order, emerge clearly.

The related words are derived from religious, political and everyday vocabulary. It would be mistaken to interpret their constellations as comments, theses or analyses. The placement functions to intermesh the contexts and form fields in which the real moves together with the ideologizations of the real (and the real even appears to be identical with the ideological).

These patterns are found in the »Summa« by Thomas von Aquin, the »Exerzitien« by Ignatius von Loyola as well as in the political appeals of the present-day and the discussions about radicalism. The selected words come particularly from these texts.

The theme described in the following quote by Loyola is addressed repeatedly:

»to bring wishes into the correct order«. Or: how can one make this »correct« order become a wish.

But whatever order follows the wish?

Olaf Nicolai 1993

Tilo Schulz [Leipzig/D]

**Formenmalerei
[1994]**

Kreidezeichnungen
auf den Grünflächen
der Strasse
des 18. Oktober

Chalk Drawings
on the green areas
on the Strasse
des 18.Oktober

Der Begriff der Formenmalerei ist entstanden aus zwei Arbeitsrichtungen, nämlich der Beschäftigung mit der Form und der Ausweitung des Malereibegriffs. Die beiden Dinge sind die Grundmotivationen meiner gesamten Arbeit. Dies gilt nun aber nicht nur für die Arbeit am Bild, sondern ebenfalls für Projekte im öffentlichen Raum und somit auch für den Beitrag zur Medienbiennale. Die Projekte sind Versuche, die Erkenntnisse aus der Bildermalerei in freie Lebensräume zu übertragen. Sie sind in diesem Sinne natürlich sehr stark an die eigentlichen Tafelbilder gebunden und ohne diese nicht denkbar.

Das Projekt zur Medienbiennale bezieht sich direkt auf die Schultafelarbeiten. Diese Formtafeln bestehen aus industriell gefertigten, grünen Schultafeln, auf denen mit Kreide Formen aufgetragen und dann mit braunem Schultafellack ausgemalt werden. Bei der jetzigen Arbeit werden diese Formen mit einem Kreideroller, wie er in Sportstadien gebraucht wird, auf die Wiesen in der Strasse des 18. Oktober aufgebracht. Ausgewählt habe ich diese Wiesen aufgrund ihrer Lage. Sie sind in einer Reihe nebeneinander angelegt und begünstigen somit den für die Formenmalerei sehr wichtigen Aspekt der seriellen Arbeitsweise. Unter dieser seriellen Arbeitsweise ist zu verstehen, dass sich die Formenanordnungen auf den Formtafeln (hier Wiesen) innerhalb einer Serie von Tafel zu Tafel nur gering verändern. Die Veränderung wird für den Betrachter nachvollziehbar und rückt die Form als solche in den Mittelpunkt der Wahrnehmung.

Die Reihung der Wiesen ist jedoch der einzige Grund dafür, dass die Arbeiten an diesem Ort zu sehen sind. An sich ist die Formenmalerei vollkommen selbständig. Sie bezieht sich weder auf den Ort, an dem sie gezeigt wird, noch auf irgendwelche anderen äusseren Gegebenheiten. Hinter der Formenmalerei stehen auch keine Philosophie oder scheinheilige Individualität. Sie ist selbständig und definiert sich nur durch Malerei und Formen.

Tilo Schulz

The concept of form painting arose from two directions of working, namely from the preoccupation with form and from the expanded concept of painting. Both directions are the basic motivation for all my work. This applies in equal measure both to my public-space projects and my painting work, however, and therefore to my contribution to the Medienbiennale. The projects are attempts to transfer to open spaces the knowledge gained in picture painting. As the word transfer implies, this knowledge is closely linked to the actual panel paintings and would be inconceivable without these models.

The Medienbiennale project relates directly to the blackboard works. These shaped panels consist of industrially produced green school blackboards, on which shapes are sketched with chalk and then filled in with brown blackboard varnish. In the current project, these shapes are applied to the lawns in the Strasse des 18. Oktober with a chalk roller of the type used in sports grounds. I chose these lawns because of their location. Set out next to each other in a row, they are very suitable for the serial methods so important to form painting. By serial methods I mean there is only a very slight variance in the arrangements of

shapes on the blackboards (lawns in this case) within a series of panels. The viewer detects the changes, and the form per se is the focus of perception.

The row formation of the meadows is indeed the only reason that the works are shown here. Form painting is in itself purely independent, relating neither to the place it is shown nor to any other external conditions. Similarly, no philosophy or insincere individuality lies behind the shaped panels. The genre is autonomous and defines itself by painting and forms alone.

Tilo Schulz

Paul Sermon (Leipzig/D-GB)

Leipzig or Bust
(1994)

Videokunst im Pay
TV Kanal des
Hotel Deutschland

Video art in the
Hotel's pay TV
system

Der Titel »Leipzig or Bust« ist eine satirische Analogie zwischen der Besiedlung der Westküste der Vereinigten Staaten von Amerika und dem Wiederaufbau in der ehemaligen DDR. Vor mehr als 150 Jahren zogen die ersten Planwagen durch Amerika. Die ersten Siedler schrieben ihre Überzeugung, den Westen zu erreichen, in weisser Farbe auf ihre Kutschen. Die Aufschriften informierten über das Ziel der Siedler in unmissverständlicher Weise: »Oregon or Bust« und »California or Bust« (übersetzt etwa: »Oregon sehen oder sterben« und »California sehen oder sterben«). Die Landeroberer von damals, auch unter dem Namen »Teppichtaschen« bekannt (ihre Taschen waren aus Teppichen gemacht), kamen mit Taschen voller Geld in den Westen. Sie kauften das Land, um es bei der nächsten Gelegenheit an die nachfolgenden Siedler gewinnbringend zu verkaufen. Die Analogie zwischen den damaligen »Teppichtaschen«, dem »Oregon sehen oder sterben« und der heutigen Situation in den neuen Bundesländern ist frappierend - besonders, wenn man sich die Entwicklung der »Boomtown« Leipzig anguckt.

Das Projekt »Leipzig or Bust« beauftragte eine Gruppe von Leipziger Videokünstlern und -künstlerinnen mit der Zusammenstellung von eigenen Arbeiten, die eine persönliche Antwort auf die sich ständig verändernde Umgebung darstellen. Dieses Video lief 24 Stunden am Tag auf einem der Pay-TV Kanäle des Hotels Deutschland und war somit für die Hotelgäste neben anderen Kanälen (wie ARD, MTV und RTL) verfügbar. Das Programm lief während der gesamten Dauer der Medienbiennale Leipzig.

»Leipzig or Bust« wurde konzipiert
von Paul Sermon & Verena Tintelnot.

Im Programm waren die Arbeiten
der folgenden Künstler vertreten:
Frank Berendt .... »US«
Sabine Prietzel ... »In my time of dying«
Peter Schüler ..... »Black flag poem« & »bran«
Kathrin Senf .... »Leipzig Juni 93« &
                     »von Wegen und Meeren«

The title »Leipzig or Bust« draws a satirical analogy between the settlement of the west coast of the United States of America and the redevelopment of former East Germany. It was just over 150 years ago when the first horse drawn wagons made their way across the United States. The early settlers' determination to reach the west was often daubed in paint on the side of their wagons, proclaiming their situation and destination as »Oregon or Bust« and »California or Bust«. The land proclaimers of the time, often referred to as the »Carpet Baggers« (named after a popular style of bag made from carpet) arrived in the west with bags full of cash, ready to buy up land and sell it to the next arrival for a higher price. The analogy between the »Carpet Baggers«, »Oregon or Bust« and the new Germany is quite blatant when you take a closer look at the redevelopment of »boom town« Leipzig.

»Leipzig or Bust« was a project that commissioned a group of Leipzig based Video Artists to produce a compilation videotape of work that presented their individual response to the constantly changing environment they are surrounded by. The videotape was played, 24 hours a day, on the Hotel Deutschland's PayTV video network, available to all the Hotel guests in their rooms as a choice of programme alongside the usual ARD, MTV and RTL. The programme ran for the duration of the Medienbiennale Festival.

»Leipzig or Bust« was a project conception
by Paul Sermon & Verena Tintelnot

The Artists and titles of the works included
in the programme were:
Frank Berendt .... »US«
Sabine Prietzel ... »In my time of dying«
Peter Schüler ...... »Black flag poem« & »bran«
Kathrin Senf .... »Leipzig Juni 93« &
                     »von Wegen und Meeren«

F. Fröhlich, T. Ihmels, P. Sermon, A. Zapp [Leipzig/D]

Medienstadt Leipzig – Leipzig Kommt – Aufschwung Ost – im Zuge der Umstrukturierung ist eine Stadt wie Leipzig nicht nur von markigen Worten geprägt, sondern ebenso von visuellen Blickfängen. Dazu lässt sich auch die zentral auf einem Hochhaus in der City Leipzigs angebrachte LED-Informationstafel zählen, in knalligen Farben präsentieren sich dort Tag und Nacht neue Firmen, Produkte und Informationen zum städtischen Alltag. Aus dieser demonstrativ wirkenden Signalwirkung heraus entstand die Idee, die Anzeigentafel alternativ für die Dauer der Medienbiennale durch eine künstlerische Nutzung in einen neuen Bezug zu setzen. Die Projektgruppe formiert sich bewusst aus Medienkünstlern und -wissenschaftlern, die in Leipzig leben und arbeiten (Fred Fröhlich, Tjark Ihmels, Paul Sermon und Andrea Zapp), so dass die einzelnen digitalen Ausarbeitungen auch von individueller Wahrnehmung und Assoziation zu laufenden Veränderungen in der Stadt geprägt sind. Zusammenfassend lassen sich folgende Motivationen, Symbole und Analogien ausmachen:

Der Projekttitel »Himmel über Leipzig« legt die Betrachtung einer sich wandelnden Stadt von oben nahe; die Vogelperspektive wird aufgegriffen in der Positionierung der Anzeigentafel, die auf einem Hochhaus an einer stark befahrenen Kreuzung des Innenstadtrings über allem Geschehen thront. Die Werbetrailer Leipziger Unternehmen und Institutionen über den Autoschlangen symbolisieren nicht nur typische Kennzeichen dessen, was auf den ersten Blick unter Aufschwung zu verstehen ist: nämlich geschickte Werbung, Kaufkraft und vor allem viele bunte Lichter; sie werden in ihrer räumlichen Abgehobenheit gleichzeitig zum Ausdruck der Veränderung als einem Mythos, als Konfrontation. Die künstlerischen Projekte versuchen dazu eine Querverbindung aufzubauen, indem sie sich als Werbespots verkleiden, die im Dickicht des sich immer wiederholenden Anzeigenblocks zunächst nur schwer zu entdecken sind, mit den minimal-ästhetischen und -sprachlichen Elementen des gängigen Designs der Werbung auf der Tafel spielen und diese ironi-

sieren. Sie sind genauso flüchtig und vergänglich wie das, was auf den Markt geworfen wird, angepriesen, um dann in Kürze wieder zu verschwinden.

Das Aufblinken, Verschwinden und Wiederkommen der Arbeiten und ihre Plazierung in einem öffentlichen, alltäglichen und inhaltlich zunächst fachfremden Darstellungsraum symbolisiert neue Formen der Präsentation und Wahrnehmung. Es verändert den bisherigen auratischen und insulären Charakter künstlerischen Ausdrucks.

Herkömmliche Gestaltungs- und Darbietungsformen und damit einhergehende kultursoziologische Hintergründe sind angesichts der vermehrten Einbeziehung neuer Medien neu zu definieren. »Himmel über Leipzig« knüpft also eine Verbindung im Aufgreifen von sowohl lokalpolitischen und gesellschaftlichen als auch kreativen Veränderungsprozessen zu den Leitlinien der diesjährigen Medienbiennale '94.

Andrea Zapp

Himmel über Leipzig
[1994]

Kunstprogramme auf der LED Anzeigentafel am Leipziger Hauptbahnhof, Tröndlingring, Ecke Gerberstr.

Artist s programs on the LED Billboard in the city center, near the railway station

Fred Fröhlich:

$$W = \frac{(bw1+bw2+\dots)}{ß \cdot s} + 1$$

W: Wortwert

bw: Buchstabenwert

ß: Wertstabilisator

s: Anzahl der Summanden

The Sky over Leipzig

Media City Leipzig - Leipzig Kommt - Upturn East: slogans shape the image of a city like Leipzig during the process of restructure – and visual landmarks. One example is the LED information board mounted on a tower block in downtown Leipzig, a 24-hour presentation forum for information about new firms and products and communal events. The lighthouse-like prominence of the billboard led to the idea of transferring its signals to a different, artistic context for the duration of the Medienbiennale. The project group is intentionally made up of media artists and scientists who live and work in Leipzig (Fred Fröhlich, Tjark Ihmels, Paul Sermon and Andrea Zapp), meaning the digital designs reflect individual perceptions of changes in the city and what they associate with it. The following motivations, symbols and analogies are broadly discernible:

As the project name »The Sky over Leipzig« implies, a changing city is being viewed from above; the bird's-eye perspective is reflected in the positioning of the billboard that thrones over the events from a multistorey building at a busy crossroad. The promotional trailers of Leipzig-based firms and institutions high above the traffic are not just symbols of the superficial meaning of economic »upturn«, namely clever advertising, purchasing power and, especially, bright lights. In their spatial elevation, they simultaneously become an expression of change as a myth, as a confrontation. The artistic projects attempt to establish a cross-reference to this aspect by disguising themselves as ad spots that are initially difficult to separate in the stream of recurring hype, by playing with the aesthetic and linguistic minimalism of the current promotional designs on the billboard and querying these ironically. The art spots are no less volatile and transient than the marketed products that are hyped then fade into oblivion.

Andrea Zapp

The flashing, disappearance and return of the works and their placement in an everyday public forum whose content appears to have nothing to do with art symbolizes new forms of presentation and perception. It changes the formerly aural and insular character of artistic expression.

Conventional design and representation forms and the associated socio-cultural settings must be redefined in view of the increased deployment of new media. »Himmel über Leipzig« therefore forges a link with the key themes of this year's Medienbiennale '94 by taking up both communal and social processes of change as well as new creative impulses and advances.

Andrea Zapp

Tjark Ihmels:
»spot an: weltweit -
ewigkeit«

Paul Sermon:
»come on up -
join the party -
if you can«

Frank Berendt

Wastijn + Deschuymer

Jürgen Hille

Arne Reinhardt +

Jörg Klaus

Die Veteranen

Video- und

Filmprogramme

Frank Berendt [Leipzig/D]

Videoinstallation
in mehreren Räumen
der Galerie

Dogenhaus Galerie

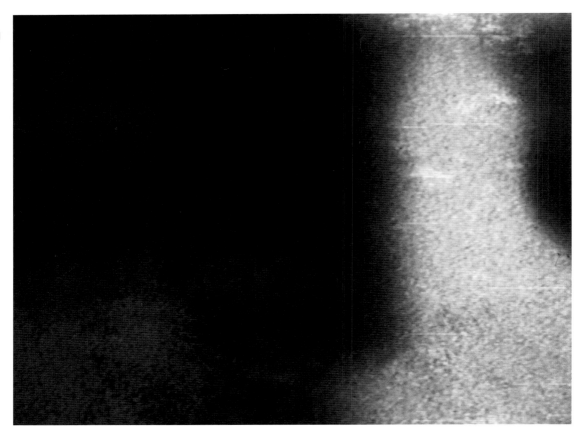

Tapes der Installation (1993 / 1994):
»Bleib« (U-matic color 6 min.)
»Horizon« (U-matic color 8 min.)
»Fenster« (U-matic color 8 min.)
»Uns« (U-matic color 8 min.) (Abb./ill.)
»Real« (U-matic color 6 min.)
»Steinwurf I - III« (U-matic color 11 min.)

Zeiträume schaffen, konträr und doch nicht konträr zu meiner gelebten Zeit.
Eine Inszenierung.
So komme ich auf ein »Dahinter«.
Dieses ist vielleicht banaler als ich dachte, eingeordnet in den geschaffenen kontemplativen Raum einer expansiven Introversion.

Frank Berendt

Creating time periods - contrary, and at the same time not contrary, to the time I have lived.
An enactment.
In this way I arrive at what lies behind.
Ordered in the created contemplative space of an expansive introversion, the »behind« is perhaps more banal than I anticipated.

Frank Berendt

Wastijn & Deschuymer [Brüssel/B]

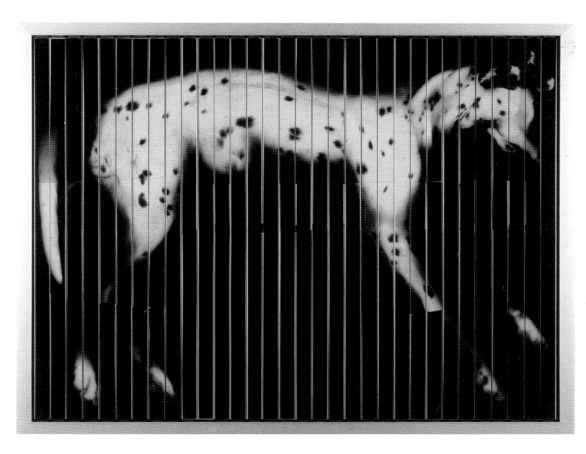

»Target« (1992)
Laserkopie eines toten Hundes
84 x 111,5 x 7 cm (Abb.)

**Auf einer Autobahn in der Nähe von Gent fanden
wir einen toten Dalmatiner, der von einem Auto
überfahren worden war. Wir nahmen das tote
Tier mit nach Brüssel und riefen einige Copy-
Shops an, da wir das Tier auf einem Bubble-Jet
Kopierer (Grösse A1 60 x 84 cm) kopieren wollten.**

**Alle lehnten ab. Daher mussten wir den Hund auf
einem normalen Laserkopiergerät in der Grösse
A3 (29 x 42 cm) kopieren. Deswegen sieht das
Bild wie eine Collage aus.**

**Target ist eine Serie von Arbeiten, die auf dem
Recycling toter Tiere basiert. Wir geben ihnen
die Möglichkeit, in einer anderen Dimension zu
existieren - solange die Maschine läuft.**

Wastijn & Deschuymer

»Target« (1992)
Lasercopy of a dead dog
84 x 111,5 x 7 cm (ill.)

On a highway near Gent, we found a dead dalmatian
dog, hit by a car. we took the body to Brussels and
phoned to several copy-shops to scan the animal on
a bubble jet copy (size A1 60 x 84 cm) means one
huge single image at the time.

They all refused. Instead we had to copy the dog on a
normal laser copier A3 size (29 x 42 cm). That's why
the image looks like a collage.

Target is a series of works based on recycling dead
animals. We give them the opportunity to run in
another dimension as long as the electricity feeds the
machine.

Wastijn & Deschuymer

Jürgen Hille [Düsseldorf/D]

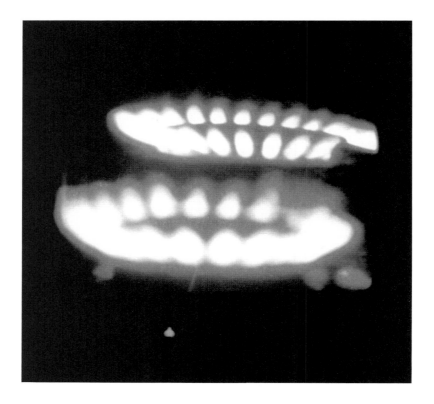

Im Rahmen der Medienbiennale Leipzig wurde im Forum Fregestrasse über Monitor ein 6-teiliges Videotape (Video 8 auf VHS) [Dach, Sonne, Herd, Flur, Strasse, Mond] gezeigt. Im einem zweiten Raum wurde der 2. Teil [Sonne] über Beamer projiziert.

During the Medienbiennale Leipzig a six-part video tape (Video 8 on VHS) (Dach, Sonne, Herd, Flur, Strasse, Mond) was shown on a monitor in the Forum Fregestrafle. The 2nd part (Sonne) was shown via a beamer in a second room.

»Dach« (1994), 5,06 min.
»Sonne« (1993), 6,47 min.
»Herd« (1993), 3,05 min. (Abb./ill.)
»Flur« (1993), 2,11 min.
»Strasse« (1994), 2,19 min.
»Mond« (1994), 4,27 min.

Gesamtdauer / overall length:
23,47 min

(Präsentation realisiert mit Projektkosten-zuschuss der Kulturstiftung NRW)

Arne Reinhardt [Leipzig/D] & Jörg Klaus [Berlin/D]

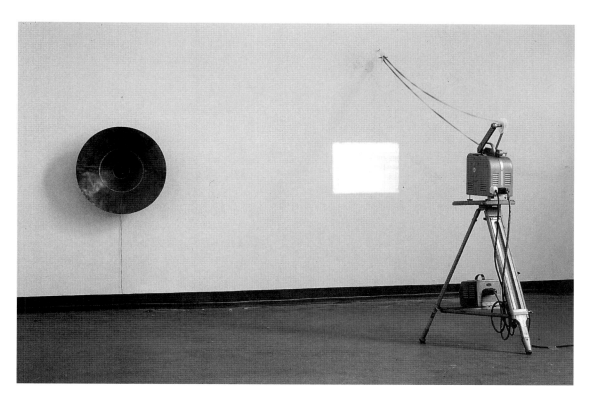

Flucht nach vorn
[1994]

Film-Ton-
Installation,
16 mm Projektor,
Lautsprecher

Galerie Kaufhaus
Goldfish

Ein Bewegungsmelder signalisiert dem Projektor mein Eintreten in den Raum. Endlostonband und Endlosfilm setzen sich lautstark in Bewegung. Auf der projizierten Fläche läuft mir jemand entgegen. Er kommt von links oben in das blaue Bild, wird grösser, rennt, springt ausgelassen mit wedelnden Armen.

»Denn ein Leben lang stets ohne Sorgen sein ...« tönt es aus dem Lautsprecher. Immer kleiner wird der Läufer im Projektorbild an der Wand. »... das ist unsres Herzens Freud«, singt der Chor der »Sängerrunde«.

Kleiner und kleiner wird der Läufer, erreicht mich nicht, verliert sich im blauen Bild. Für den Läufer Applaus aus dem Lautsprecher. Vor der Kamera rasen Strukturen - nicht lange: wieder erscheint er; sein Blick zu mir gerichtet, mein Blick auf ihn gerichtet. Rennt auf mich zu, geradedrauflos, kommt, geht, verliert sich, wiederholt dieses Spiel ...

Arne Reinhardt

A motion detector signals to the projector that I am entering the room. Endless tape and endless film noisily start to move. On the projected surface somebody is walking towards me. Coming from the top left into the blue picture, he grows in size, runs, skips exuberantly and waves his arms.

»Oh to be carefree a lifetime long ...« the loudspeaker blares. And the runner projected on the wall gets smaller and smaller. »... that is the joy of our hearts,« the men's choir continues to sing. Smaller and smaller, the runner, cannot reach me, drowns in the blue image. The loudspeaker bursts into a round of applause for the runner.

Structures suddenly whirl about in front of the camera, but not for long; he re-appears, his eyes trained on me, my eyes trained on him. He runs straight towards me, comes, goes, is submerged, then starts playing the game anew.

Arne Reinhardt

Die Veteranen [Leipzig/D]

Künstler CD-Rom
Stephan Eichhorn,
Tjark Ihmels,
KP Ludwig John,
Micha Touma
(1994)

Museum der
Bildenden Künste

Die CD-ROM »Die Veteranen« ist kein Katalog einzelner Arbeiten! Verknüpfung, Speicher, interaktive Wahrnehmung sind Anlass die CD-ROM als eigenständiges künstlerisches Medium zu erobern.

Die drei Künstler Ihmels, John, Touma und der Kreativ-Produzent Eichhorn haben über ein Jahr gemeinsam den digitalen Speicher als Kunstobjekt bearbeitet. Die unterschiedlichen künstlerischen Ansatzpunkte sind dabei nicht verwischt, sondern miteinander vernetzt als ein Ganzes gewachsen.

»Die Veteranen« tritt über den Bildschirm mit dem Betrachter in Kommunikation.
Künstlerische Aktion und Interaktion sind dabei die Ausgangspunkte.
Die CD-ROM »Die Veteranen« zeigt darüber hinaus Möglichkeiten der Vernetzung mit anderen elektronischen Medien. Das Angebot an den Betrachter: während seiner interaktiven Beschäftigung mit den Produzenten oder anderen Konsumenten Kontakt über E-Mail aufzunehmen, geht weit über die herkömmliche Nutzung der CD-ROM hinaus.

»Die Veteranen« sind so nutzlos wie eine Fuge von Johann Sebastian Bach. Die CD-ROM »Die Veteranen« ist ein aussergewöhnliches Spiel, ein Spiel der Formen, der Farben, der Töne, der Assoziationen. Es ist ein Spiel ohne Regeln, das Spiel der Phantasie, das sich selbst seine Regeln neu erfindet. Das Startbild eröffnet ein elektronisches Bilderbuch der unendlichen Möglichkeiten. Ein Kinobesuch mit eigenem Programm, der vollständige Katalog aller Worte dieser Welt (die sich mit vier Buchstaben bilden lassen), assozia-

tive Interviews mit Vertretern aller Kontinente könnten z.B. der Einstieg in eine Entdeckungsreise der ganz besonderer ART sein.

Der Betrachter entscheidet selbst, greift aktiv ein und baut sich so seine eigenen Geschichten. »Die Veteranen« sind Spieler mit Geschichten, die sich beim Umblättern verändern und die beim Rückwärtsblättern nicht unbedingt an ihren Anfang zurückkehren.

Das freie Spiel zwischen Computer und Betrachter mittels seiner eigenen Stimme, ein Einkaufsbummel mit Romy Schneider, die Befreiung der drei kleinen Schnecken oder das Warten auf die Dunkelheit sind einige mögliche Stationen einer Reise durch elektronische Tagträumereien, die eine ganze Welt bedeuten können. Virtuell ist diese Welt zweifelos, aber voller Poesie und Leben.

Drei Künstler und ein Produzent dirigieren liebevoll die Attitüden des Zufalls. Überall lauern Überraschungen und Querverbindungen, immer neue Möglichkeiten eröffnen sich. Einzelnen kann der Betrachter spielerisch nachgehen, er selbst hat immer die Entscheidung.

Im Spiel »Die Veteranen« gibt es kein Ziel und keine festgelegte Handlung. Im Mittelpunkt steht der Betrachter. Seine Entdeckerfreude treibt ihn voran, dient ihm zur Entspannung. Er darf sicher sein, auch beim nächsten Besuch Neues zu entdecken, schon Gesehenes anderes zu erleben.

»The Veterans« is not a CD-ROM catalogue of individual works! Integration, memory, interactive perception are reasons to conquer CD-ROM as an independent artistic medium.

For over a year, the artists Ihmels, John and Touma worked together with creative producer Eichhorn to process the digital storage medium as an art object. The differences between the individual artistic approaches did not blur during this project but networked to form an entity (»The Veterans«).

»The Veterans« communicates with the viewer by the monitor screen. Starting points are artistic action and interaction. The »The Veterans« CD-ROM also illustrates options for networking with other electronic media. The chance the viewer has to establish contact with the producers or other consumers while interacting exceeds by far the conventional range of CD-ROM usage.

»The Veterans« are as useless as a fuge by Johann Sebastian Bach. The CD-ROM »The Veterans« is an unusual game, a game of shapes, colours, sounds, associations. A game whose only rules are the ones set by the imagination.

The start image opens up an electronic picture book of infinite possibilities. The very special journey might start with a visit to a cinema showing films of the user's choice, for example, or with a full list of all the (four-letter) words in the world, or associative interviews with representatives of every continent.

Viewers decide for themselves, create their own stories by active intervention.»The Veterans« are players with histories that change with every turn of the page and who don't necessarily return to the same origin by turning the pages back.

Some possible stations in a journey through electronic daydreams that may signify a whole world include the free, voice-controlled interplay between computer and viewers, a shopping trip with Romy Schneider, the liberation of the three little snails or waiting for dark to fall. It is, without doubt, a virtual world, but one full of poetry and life.

Three artists and a producer lovingly direct the attitudes of coincidence. Surprises and cross-references lurk everywhere, opening up new possibilities that the viewer can choose to follow or not.

As a game, »The Veterans« has no target or defined plot. The focus is on the viewers, their pleasure in exploration is the driving force that simultaneously relaxes. And the next visit assures new discoveries, different experiences of things that happened already.

Kontakt: URL:http://www.uni-leipzig.de/veteranen/

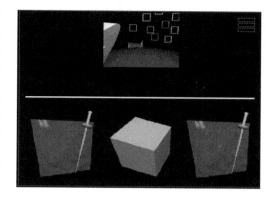

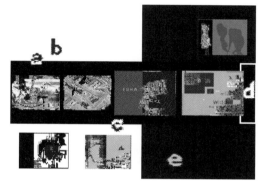

Dienstag
25.10.94/22.30

Fern von Vietnam

Ho Chi Minh/Rostock/Buntgarnwerke

BüroBert kommentiert einen Film von
Godard, Guernera, Ivens, Klein,
Lelouch, Marker, Rey und Varda

Donnerstag
27.10.94/22.30

Repro

Biotekkno/Siemens/Weibel

BüroBert kommentiert Filme von Martha
Rosler, Natascha Sadr Haghighian und
Barbie Liberation Organisation (BLO)

Eine Veranstaltung von BüroBert in der

naTo

Karl-Liebknecht-Str.46
Leipzig
Tel 0341.328206/311284
aus Anlaß der MedienbiennaleLeipzig94
mit Unterstützung der Friedrich-Ebert-Stiftung

Video- und Filmprogramme der Medienbiennale
Video and film screenings at the Medienbiennale

Mo 24. Oktober 1994, naTo

Wild Things from the UK

Videos aus Grossbritannien

vorgestellt von Eddie Berg (GB)

Di. 25. Oktober 1994, Institut Français, Leipzig

Jean-François Guiton

Video Werkschau

- »Holzstücke«, 1982, 6 min
- »Fussnote« 1985, 5 min
- »La tache« 1985/86, 7 min
- »Une question de souffle« 1987, 16.30 min
- »La longue marche« 1987, 9 min
- »Coup de vent« 1990, 9 min
- »Das schwarze Loch« 1991, 9.50 min
- »Voyages (Reisen)« 1994, 13 min

Mi 26. Oktober 1994, naTo

Marina Grzinic und Aina Smid (SLO)

- »Bilokacija« (Bilocation) (1990), 12:06 min
- »Tri Sestre« (Three Sisters) (1992), 28:00 min
- »Zenska, ki nenehno govori«
  (The Woman who constantly talks)
  (1993), 14:46 min
- »Labirint« (Labyrinth) (1993), 11:44 min
- »Transcentrala / NSK State in Time«
  (1993), 20:05 min
- »Rdeci ceveljcki« (Red shoes) (1994), 8:00 min
- »Luna 10« (1994), 10:35 min

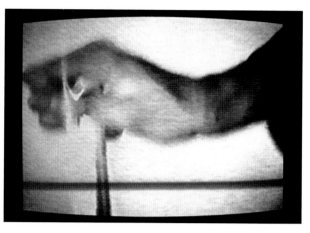

Jean-François
Guiton
»La tache«

Pipilotti Rist:
»I'm Not The Girl
Who Misses
Much«

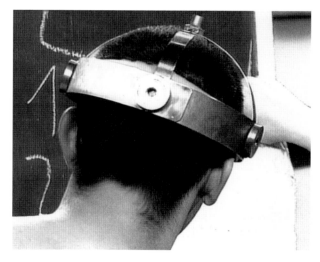

Marina Grzinic
und Aina Smid:
»Luna 10«

Do 27. Oktober 1994, Polnisches Institut

Zeitgenössische Videokunst in Polen präsentiert von Ryszard W. Kluszczynski

Programm:

- Yach-Film, »Ptaki« (Birds), 1989, 4 min.
- Jan Brzuszek, »Blue-Up«, 1990, 10 min.
- Zygmunt Rytka, »Obiekt nietrwaly« (Impermanent Object), 1990, 9 min.
- Miroslaw E. Koch, »Ignis«, 1991, 12 min.
- Maciej Walczak, »Inside...Fire«, 1991, 15 min.
- Leszek Niedochodowicz, »Kropla« (Drop), 1991, 4 min.
- Jacek Felcyn, Marek Wasilewski, »Rezonans« (Resonance), 1991, 11,5 min.
- Barbara Konopka, »Kaprysy i wariacje na tematy wlasne. Opus 13« (Caprices and Varations on One's Own Subject. Opus 13), 1994, 20 min.
- Jozef Robakowski, Vital-Video:
  »1,2,3,4«, 1992, 2 min.
  »Video-piesni« (Video-songs), 1993, 3,5 min.
  »Video-caluski« (Video-kisses), 1993, 1,5 min.
  »Video-wiatr« (Video-wind), 1993, 2 min.
  »Jadziu! Odbierz telefon«
  (Yaga! Take a call), 1993, 4,5 min.
  »Obrazki masochistyczne III«
  (Masochistic little pictures), 1993, 5 min.

Fr. 28. Oktober 1994, Werk II, Leipzig

Frank Eckart
»Zwischen Stummfilm und Schwarz/Weiss»
Über den Super8 Film in der DDR der achtziger Jahre
Vortrag mit Filmbeispielen,
(siehe auch den Textbeitrag von Frank Eckart)

Fr 28. Oktober 1994, naTo

Kevin McCoy (USA)
Ausgewählte Videotapes (1992 - 1994):
Selected Videotapes (1992 - 1994):

- »Berlin: Capital of the DDR« (1993), 6:45 min
- »Zero In« (1994), 6:50 min
- »The Reconnaissance Zone« (1994), 6:50 min
- »The Transfigured Eye« (1994), 6:24 min
- »Equivalence« (1994), 12:30 min
- »Ascension« (1994), 12:00 min
  mit A. Deutsch
- »For the Vanguard« (1994), 2:37 min

Sa 29. Oktober 1994, naTo

Pipilotti Rist (CH) - Videos

- »I'm Not The Girl Who Misses Much« (1986), 5 min.
- »Sexy Sad I« (1987), 7 min.
- »Japsen« (1988), mit Muda Mathis, 12 min.
- »(Entlastungen) Pipilottis Fehler« (1988), 12 min.
- »Die Tempodrosslerin saust« (1989), mit Muda Mathis, 14 min.
- »You Called Me Jacky« (1990), 4 min.
- »Pickelporno« (1992), 13 min.
- »Blutclip« (1993), 3 min.

Frank Eckart

KP Ludwig John

Helmut Mark

Handshake

Dieter Daniels +

Volker Grassmuck

Marius Babias

Jürgen Meier

Gabriele Church

Keiko Sei

Jeffrey Shaw

Astrid Sommer

Julie Heintz

Holger Vollbrecht:
»Der fremde
Freund«,
Berlin 1987

Über den Super-8-Film in der DDR
der achtziger Jahre

Frank Eckart

Ich bin bei meinen Forschungen[1] zu der jungen Kunst in der DDR auf ein interessantes Phänomen gestossen. Bildende Künstler und Schriftsteller, zwischen 1955-65 geboren, waren auch häufig Filmer und verkörperten in Personalunion die verschiedenen Medien zwischen Malerei, Aktion und Film. In diesem Vortrag konzentriere ich mich auf diese bildenden Künstler, die sich mit dem Medium Film beschäftigten. Dazu gehören unter anderem Jana Milev, Ramona Köppel, die Auto-Perforations-Artisten und Jörg Herold. Heute möchte ich über Super-8-Filme in der DDR im letzten Jahrzehnt ihres Bestehens sprechen und warnen. Ich zeige Filme in einem ihnen fremden oder verfremdenden Medium: Video. Die Filme wurden auf eine Leinwand projiziert und mit Hilfe einer Videokamera abgefilmt. Damit bestanden Möglichkeiten, die im Super-8-Film meist nicht gegeben waren. Die Filme besassen in ihrer Mehrzahl keine Tonspur - es waren Stummfilme. Der Filmemacher Thomas Werner beschreibt die technischen Bedingungen, wie folgt: »Die Filme laufen stumm, einzig der Kraft ihrer Bilder vertrauend. Wird Musik (meist Cassetten) verwendet, gestaltet die mangelnde Synchronität [zwischen Bild und Ton, F.E.] jede Vorführung zu einer Premiere. Die jeweilige Einmaligkeit der Aufführung, die sich durch die unterschiedlichen Geschwindigkeiten der Projektoren (Einstellungen die ich nicht mag, fallen stets einer höheren Geschwindigkeit zum Opfer) u[nd] die nie funktionierenden Versuche der Synchronität von Bild und Ton deuten in die Richtung von Theater u[nd] Performance.«[2] Nah lag da auch der Gedanke, die Filme zu Live-Musik von Rockgruppen oder zu Performances von Künstlern zu zeigen.

Mit der Videokopie konnte man den Ton präziser zu den Bildern zuordnen. Der Film wurde nachsynchronisiert, erhielt ein ansprechendes Titelbild. Man konnte aber auch Szenen, die im Original unbefriedigend ausfielen, noch einmal bearbeiten und montieren.[3] Die grosse Stärke des Super-8-Filmes, im Vergleich mit der VHS-Video-Technik, liegt in der höheren Auflösung, wodurch feinere Graduierungen von Weiss über

Grau zum Schwarz möglich sind. »[K]ein Video-System erreicht je die [Qualität] des Filmbildes, jede Überspielung bringt Einbussen.«[4] Die Kopie der Filme wirkt deshalb: milchig, diffuser und flach.

Natürlich stellt sich die Frage, warum ich heute Abend trotz des Qualitätsverlustes über diese Filme sprechen möchte. Ich würde die Frage mit den Stichworten Einmaligkeit und »Unikat-Syndrom«[5] beantworten. Das liegt in der Natur des Mediums. Das Filmmaterial wurde in Kassetten geliefert (Länge zwischen 3-6 Minuten), die man dann in dem einzigen Kopierwerk der DDR, in Johannisthal, entwickelte. Die Monopolstellung des Volkseigenen Betriebes erbrachte Zensurmöglichkeiten. Filme verschwanden spurlos, ein Filmer wurde wegen allzu freizügiger Darstellungen vom Kopierwerk verwarnt! Die Entwicklung im Werk ergab aus dem Umkehrfilm eine Bilderfolge, die man sofort in den Projektor einlegen und zeigen konnte. Damit begann der Verschleiss des einzigen Filmes, gleichgültig, was man damit tat. Beim Schnitt oder der Montage arbeitete man am einzig verfügbaren Original. Wurden Bilder zerkratzt, beschädigt, waren sie unwiederbringlich verloren – der Film veränderte sich im Gebrauch. Die Filmemacher waren darauf bedacht, das einmalige Material zu sichern und zu schonen, deshalb verblieb der Film bei dem Produzenten. Die Filme konnten nicht zirkulieren, die Arbeiten blieben in der DDR und im Ausland weitgehend unbekannt ...

In der Bundesrepublik Deutschland fand die massenhafte Einführung der Videotechnik erst Mitte der achtziger Jahre statt. Anfang der achtziger Jahre gab es in Westberlin eine ausgesprochene Super-8-Szene, die sich bewusst für das Medium Schmalfilm entschied. Viele Künstler (ebenfalls die Generation der zwischen 1955-65 Geborenen) versuchten gegen riesige Produktionsapparate, gegen die etablierten Filmproduktionen und -märkte im wahrsten Sinne des Wortes »handgemachte Filme« von Filmemachern zu setzen. U.V.A. (»Alle Macht dem Super-8!«), Cafe M, Kino Eiszeit sind Stichworte für die Westberliner Schmalfilmszene.[7] Der Idealismus scheiterte Mitte der achtziger Jahre an der Nichtakzeptanz des Medienmarktes

gegenüber Super-8 und der notwendigen Etablierung der Beteiligten nach Ausbildung und Studium. Die Nichtakzeptanz des Mediums Super-8 in der Bundesrepublik Deutschland wirkte auch auf die Akzeptanz der DDR - Filmszene zurück.

Bei den Filmbeispielen möchte ich mich zunächst auf Episodenfilme konzentrieren. Die Arbeit von Jörg Herold »Baader in Leipzig« entstand dabei in Zusammenarbeit mit dem viel zu früh gestorbenen Schriftsteller, Musiker, Aktionskünstler Matthias »Baader«-Holst. »Baader«-Holst - Literat, Musiker, Performer vertrat eine künstlerische Haltung, die auf Improvisation und Sprachspielen beruhte. Er reagierte situativ auf bestimmte Räume, Stimmungen und Klänge, die authentische Aktivität erschien ihm wichtiger als das Resultat. Wenige Veröffentlichungen sind von ihm nach seinem Tod 1990 geblieben. Jörg Herold bestätigte, dass »Baader«-Holst bei diesem Film zu den laufenden Szenen die Sprachbeiträge unmittelbar einsprach. Schaut man sich diesen Film heute – 6 Jahre später an, fällt auf, dass der Humor sehr angestrengt wirkt.

Das von »Baader« eingenommene Pathos parodiert die Leere der Propagandaformeln der DDR. Der Film orientiert sich in der Gestaltung an den in der DDR häufig verwendeten Lehrfilmen unter dem Thema »Stadtrundfahrt«. Man sieht zunächst den Leipziger Hauptbahnhof, den Karl-Marx-Platz, die Kuppel des Dimitroffmuseums, doch die Reise von Reiseleiter Baader endet in einer ramponierten Bedürfnisanstalt, im Untergrund als dem Ungesehenem, vom öffentlichen (zumindest zeitweise) Abgeschlossenen oder Verschwiegenen. Sind die ersten Bilder relativ statisch, zeigen den Darsteller sitzend, stehend vor Gebäuden und Menschengruppen, verfolgt die Kamera am Ende den Darsteller auf den Weg in die Bedürfnisanstalt. Dazu kommentiert »Baader«: »Offene Fenster werden den Blick einer beschädigten Anstalt nicht mehr entwerten« und schliesst die Tür. Das Fenster bleibt geöffnet, der Film ist zu Ende, wie das Reden mit dem Kurzfilm verebbt. Die Dramaturgie des Filmes lebt von der Spontanität des Kommentars. Die Folge der einzelnen Szenen ist nicht zwingend. Erst die Stimme von »Baader«-Holst

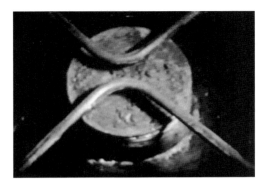

haucht den einzelnen Orten und Gegenständen »ironisch« Leben ein. In der Eingangsszene ist die sogenannte Westhalle des Hauptbahnhofes in Leipzig zu sehen. Ihr gegenüber liegt die Osthalle. West und Ost, Konflikte der Militärblöcke und Systemauseinandersetzung schwingen als Assoziation mit, wenn »Baader« als »Oberleutnant« sich mit einem donnernden »Guten Abend« in den Film einführt und das Kommando zur »Eroberung der Westhalle« verkündet. Man könnte bei »Baader«-Holst von einer Dissonanz zwischen Gedanke und Tat, zwischen Ankündigung und Handlung sprechen. Von einem solchen Moment speist sich im wesentlichen die Ironie eines traurigen Clowns. Kurze Hosen, abgetragener Anzug, unzeitgemässe Sonnenbrille, »A.-R.-Penck-Schuhe« und Mappe (die Kamera schwenkt die Insignien Baaders zwischen Nah und Halbnah ab) stehen in Kontrast zu den Ankündigungen von Sturm, Kollektiven und dramatischen Beobachtungen.

Nun möchte ich den Film »Unsere schöne Heimat« zeigen, bei dem der Filmemacher Thomas Werner einen umgekehrten Weg im Vergleich zu den Sprachimprovisationen Baaders einschlägt. Er verwendet Teile aus Propagandafilmen und kommentiert sie ironisch. Sie hören ein Kinderlied »Unsere Heimat, das sind nicht nur die Städte und Dörfer« – das in der DDR jedes Kind kannte. Damit wird auch die Schlusssequenz einer Pioniergruppe, vielleicht in den sechziger Jahren aufgenommen, einsichtig.

Werner konfrontiert den Kommentar des Propagandafilmes mit den »handgemachten« Bildern eines Bahnüberganges in einer trivialen Landschaft aus Feldweg, Waldrand, Bahnstrecke. Im

Zeitraffer sind die Züge, der Wechsel vom Tag zur Dunkelheit zu sehen. Man gewinnt bei aller Beschleunigung der dargestellten Vorgänge ein Gefühl der ewigen Wiederkehr des Gleichen, was auch die Klaviermusik unterstreicht. Kurz bricht eine Sequenz, einem Blitz gleich, in diese bewegte Starre ein und erzeugt den höchsten Grad der Aufmerksamkeit: ein religiöses Kitschbild ist zu sehen und dazu die Schrift: »Das Mädchen ist nicht tot, es schläft.« Man mag an die Wunder und das Heil nicht so recht glauben.

Ich möchte auf zwei Momente in Werners Arbeit hinweisen: Da wäre zunächst die Arbeit mit vorgefundenen Dokumentar- und Lehrmaterialien, die gemäss eigener Vorstellungen in die Filme montiert werden. Man könnte an dieser Stelle von einer Art ästhetischem Recycling sprechen, um mit den Mitteln der Ironie sich von der Wucht der in diesen Materialien transportierten Inhalte und Stereotypen zu distanzieren. Zum zweiten werden diese Zitate mit der unmittelbaren Lebenswelt konfrontiert. Die Schmalfilmkamera bewegt sich in Räumen, die dem propagandistischen Blick entzogen sind. Die Filmbilder konfrontieren das Ideologische mit den Einblicken in den Alltag. Wie diese von dem geprägt sind, von dem sie sich distanzieren wollen, ist eine Facette, die man auch in der jungen Literatur, der bildenden Kunst und Fotografie jener Jahre finden kann. Der Künstler Jörg Herold macht am Beispiel seines eigenen Filmes »Bei Werk« (1985) auf die Problematik der Episodenfilme aufmerksam. Er schrieb 1990: »Zwar kam es zu einer Erosion des geschlossenen Raumes, sie stand aber immer unter dem Faszinosum der [G]eschlossenheit. Die ironischen Figuren sind gebunden an die Macht des Ironisierten. Diese Gebundenheit ist eine Beschränkung, die als Dummheit bezeichnet werden kann insofern, als sie die Engst[i]rnigkeit des Gegenüber lebt. Es galt, sich nicht allein gegen das Verbot zu empören, sondern es zu hintergehen und letztlich sich selbst zu überlassen.«[8] Herold benennt ein Problem, ich würde es nicht unbedingt mit dem Wort »Dummheit« kennzeichnen, auf das die Versuche stossen mussten, sich ein Bild in den Räumen der DDR zu machen. Es gab Gesetze, die jede Aufnahme im öffentlichen Raum unter Zensur stellen konnten. Doch ich

Michael Brinntrup:
»Stummfilm«
Westberlin

meine nicht einmal diese Dimension, sondern einfach die Aussage von Bildern: Marschkolonne zum ersten Mai, ökologische Verfallslandschaften und verfallene Altbaugebiete als bestimmende Lebenserfahrung. Konnte man mit solchen Sujets wirklich der Dummheit, wie sie Jörg Herold anspricht, entgehen? Ich zeige als nächstes Beispiel einen Film von Jörg Herold »Sportfest 69«, der das oben angesprochene ästhetische Recycling bis zur äussersten Grenze treibt und einen Weg aufzeigt, das Gegenüber zu verlassen.

Der Film besteht aus zwei Teilen. Zuerst sind einzelne Massenübungen beim traditionellen Sportfest im Leipziger Zentralstadion zu sehen. Die Kamera erfasst die Totale des Platzes, auf dem der Einzelne nur ein Element einer Masse darstellt. Daran schliesst sich nahtlos die Szene einer Familienfeier an: gedeckter Tisch, lachende Menschen in einem Garten. Diese Kassette entdeckte Jörg Herold Jahre später und hielt die Aufnahme eines Fremden für so aussagekräftig, dass er diese kurzerhand zu einem eigenen Film erklärte. Der Riss zwischen öffentlichem Aufmarsch und Privatheit, beides gefilmt aus der (wahrscheinlich) gleichen Hand, besser kann die oben angesprochene geteilte Existenz in der DDR nicht dargestellt werden.

Der Spiel- und Episodenfilm unterlag nicht nur der inhaltlichen Grenze (die Didaktik des Alltages, der öffentliche Blick, der sich beständig in die Aussagen der Filme einmischte): Spielfilme verlangen Perfektion und Spezialistentum, beginnend von dem Drehbuchschreiber über Regisseur und ein in Teamwork (Schauspiel, Maske, Licht, Kamera, Ton) erarbeitetes Produkt, an das grosse Projektions- und

Vertriebsapparate gebunden sind. Das widersprach der Haltung der Filmemacher (auch in der DDR) sich dem offiziellen Blick zu entziehen, eine Perspektive der Nähe und der Vertrautheit zu erreichen. Die Versuche, zu dokumentarischen oder erspielten Szenen zu gelangen, waren diesem tiefen Paradox ausgesetzt. Ich denke, der Schriftsteller Johannes Jansen hat in seinen Betrachtungen über die Möglichkeiten des Mediums Super-8 recht, wenn er anmerkt, dass dessen Chance nicht in der Nachahmung von Video- und Filmproduktionen zu finden sei, sondern »die technische Unmöglichkeit selbst als Möglichkeit zu verstehen.«[9]

Damit ergab sich die Frage, ob man die technischen Mängel des Materials, der Wiedergabetechnik und der Kamera nicht in der Weise thematisieren sollte, dass sich das Interesse von dem Erzählkino hin zu dem Film als Material selbst verschob. Zwei Wege wurden dabei beschritten: Das Filmmaterial behandelte man mit chemischen Substanzen, zerkratzte es und gewann in dieser Weise Bilder als Strukturen eines Vorgangs der Bearbeitung, nicht der Abbildung von Vorgegebenem. Einzelne avantgardistische Gesten zerstörten das Filmmaterial im Vorspiel über Projektor. Man inszenierte das Medium, das eigentlich auf unendliche Wiedergabe zielt, zu einem einmaligen Ereignis. Die Projektion von Filmen war nicht mehr das Ereignis, bei dem der Zuschauer den flackernden Filmbildern auf der Leinwand folgt. Die Projektion wurde Gestaltungsmittel oder Bestandteil von Rockkonzert, Performance oder künstlerischer Installation. Der Film wirkt in einem grösseren Kontext.

Im zweiten Teil des Vortrages wird diesen Möglichkeiten der Filmgestaltung im Bereich von Installation und Experimentalfilm an Hand der Arbeiten von Jana Milev, Jörg Herold und Ramona Köppel gefolgt. Die Strukturen der Filmbilder von Jana Milev und Via Lewandowsky entstanden in einem aufwendigen Prozess der Be- und Verarbeitung von Materialien. Jana Milev schnitt Streifen aus Plastik, die dann mit verschiedenen Materialien: Haaren, Stoffen, Sand, Holz beklebt wurden. Das Gerät transportierte die präparierten Streifen durch das Licht

Jörg Herold:
»Baader in Leipzig«
Leipzig 1989

der Projektorlampe. Die »Material«-Bilder wurden durch das Abspielgerät auf die Fläche projiziert. Eine Kamera filmte die in dieser Weise gewonnenen Bilder ab. In weiteren Schritten projizierte die Künstlerin mit verschiedenen Abspielgeräten die präparierten Bilder erneut auf die Leinwand. Eine andere Arbeit von Jana Milev trägt den Titel »raster + psyche«. Der Filmtitel ist programmatisch zu verstehen: Raster steht für Ordnung, Norm und Rhythmik, während Psyche eher auf das Unbewusste, das Amorphe, Zerfliessende verweist. Jana Milev konzentriert sich bei der Gestaltung des Filmes auf ein fast mathematisch kalkuliertes Programm der Bildgestaltung. Man sieht am Anfang des Filmes in längeren Sequenzen Marschierende, Anzeigetafel, Flugzeug, Geflügelverarbeitungsmaschinen, Druckpressen, Wasser, Verkehr. Die Bilder stellen mechanische Bewegungen dar, die einer künstlichen und kalkulierten Welt entsprechen. Der Mensch verschwindet im Marschblock, im Verkehr und einer Maschinenwelt, ist eingepasst und von ihr bestimmt. Alle Sequenzen werden zunächst in gleicher Länge vorgestellt und danach in immer kürzeren Schnitten verarbeitet. Am Ende beträgt die Schnittlänge nur noch drei Bilder. Die Künstlerin musste bei der Vorführung des Filmes, die Gefahr von Filmrissen wuchs enorm mit der Häufung der Schnitte, mit der Hand das Zelluloid in den Projektor führen. Die Beschleunigung der Bilder setzt in gewisser Weise die erzählerischen Momente (und die Erzählung bildet Wirklichkeit ab) ausser Kraft und dafür wird der Zeitbegriff, hier die blosse Beschleunigung, zu dem Moment der Filmgestaltung. Die Bilder erscheinen als Material eines ihnen vorausgesetzten Programms.

Man konnte auf Schnitte verzichten, wenn man Übergänge von einer Szene zur anderen mit den Mitteln des Auf- und Abblendens gestaltete. Ein gleichmässiges Verdunkeln der Bilder am Ende einer Szene erhöht die Aufmerksamkeit beim Betrachter. Damit wird etwas für die Dramaturgie des Filmes sehr wichtiges eingeführt: der Zeitbegriff – ein Vorher und Nachher der Vorgänge im Film. Bei genauster Vorplanung der einzelnen Szenen konnte man den Film schon bei seiner Entstehung gliedern. Die folgende Arbeit von Jörg Herold »Körper im Körper«, setzt das erzählerische Moment durch extreme Zeitlupe, trotz Auf- und Abblendung ausser Kraft.

Die extreme Zeitlupe in diesem Film erzeugt einen wunderbaren Nebeneffekt: die Bilder erhalten eine schwer zu beschreibende Substanz und Materialität. Die eingespielte Sprache, die aus Einzelworten - Haus, Frau, Kopf und Atem - besteht, unterstützt das Gefühl von Dauer, Schwere und Substanz. Die entfesselte Kamera erscheint als Körper, der sich durch die Umwelt tastet und sich auf wenige Dinge, Vorgänge, Perspektiven konzentriert. Die Stimme wäre von diesem »seelischen Standpunkt« aus eine Art innere Zwiesprache, ein Körper im Körper. Im Gestus ist dieser Film mit einer Arbeit des Filmemachers Claus Löser unter dem Titel »Terzett« verwandt. Er schrieb: »[Dieser Film, F.E.] stellt nicht mehr und nicht weniger dar als den Versuch, drei Minuten lang auf Schnitte zu verzichten, nicht aber auf Narration. [...] Aus dem Bewusstsein, dass jede Einstellung mit testamentarischen Gewissen anzugehen ist. Durch die Selbstbeschränkung ergab sich der Zwang, sämtliche Überlegungen auf die Drehphase zu beschränken; Korrektur am Schneidetisch wurde verunmöglicht. Eine Studie zur Selbstdisziplinierung. Und von der Eisensteinschen Bilderflut eines [Propagandafilmes wie, F.E.] »Oktober« bis zum »McDonald«-Werbespot ist es gar nicht so weit. Das Auge ist müde. Ist abgenutzt. Lasst ihm Zeit.«[10]

(Vortrag mit Filmbeispielen am 28.10.94 im Werk II Leipzig)

Anmerkungen:

1 Vgl. Eckart, Frank: Nie überwundener Mangel an Farben... Über ein Kapitel der Kulturentwicklung in der DDR der achtziger Jahre, in: Forschungsstelle Osteuropa (Hg.): Eigenart und Eigensinn, Alternative Kulturszenen in der DDR 1980-1990, Bremen 1993 Eckart, Frank: Zwischen Etablierung und Verweigerung. Eigenständige Räume und Produktionen der bildenden Kunst in der DDR der achtziger Jahre, Dissertation, Bremen 1995

2 Klauss, Cornelia: Der Stand der Dinge und wie ich Schmalfilm lieben lernte, in: Werner, Thomas (Hg.): Koma-Kino, Arbeitsheft 1, Berlin 1987, Eigenverlag, o.S.

3 Zum Beispiel liegen zwei Versionen der Dokumentation »Görss. Midgard« von Jörg Herold vor. Mag Version 1 ein Schmalfilm ohne Tonspur gewesen sein, ist bei der Version 2 durch das Überspielen des Films auf das Medium Video die technische Möglichkeit einer Nach-Synchronisation genutzt worden. Dabei sind Geräusche und Sprache von einem Film Herolds unter dem Titel »Körper im Körper« übernommen worden. Auch bei Jörg Herolds »Wurstfilm« existieren zwei Fassungen, die auf eine Weiterbearbeitung (etwa Montage eines zweiten Teiles) schliessen lassen. Die zweite Fassung ist doppelt so lang wie die Version 1 des Filmes.

4 VIDEOT-Filmstudios: Der heimliche Sieger - Das gute alte Silberhalogenid, in: Werner, Thomas (Hg.): Koma-Kino, Arbeitsheft [2], ...a.a.O., o.S.

5 Das Wort verwendet der Literaturwissenschaftler für die Produktionen der Eigenverlage in der DDR der achtziger Jahre. Der Begriff ist m.E. für die Super-8 - Filme noch folgerichtiger anzuwenden. Vgl. Thulin, Michael: Das Unikat-Syndrom. Vortrag zur Zersammlung II im Literarischem Kolloquium Berlin im Juni 1990, in: Michael, Klaus (Hg.): Vogel oder Käfig sein. Kunst und Literatur unabhängiger Zeitschriften in der DDR. 1979-1989, Berlin 1992

6 Bei Hausdurchsuchungen beschlagnahmte Filme (etwa von Claus Löser oder dem 1988 verstorbenen Literaten flanzendörfer) blieben auch nach 1989, trotz intensiver Nachforschungen verschollen.

7 Kardish, Laurence: Berlin und der Film, in: McShine, Kynaston (Hg.): 1961. Berlinart, 1987, München 1987, 102ff.

8 Herold, Jörg; Schilling, Torsten: Spurentraum, 1972-1990, Arbeitsheft zur Installation »Eine Geschichte über Produktion der Miss-Geburt oder vom Traum, Zeichen und Spuren zu hinterlassen«, Venedig 1990, o.S.

9 Zitiert nach: Festival des Super-8 - Filmes, Diskussion, [Dresden 1989], Video8

10 Löser, Claus: »Terzett«; in: Werner, Thomas (Hg.): Koma-Kino, Arbeitsheft 1, a.a.O., o.S.

Thomas Werner: »Unsere schöne Heimat«

Zum Vortrag gezeigte Filme:

1 Vollbrecht, Holger: »Der fremde Freund«, Berlin 1987, VHS [Ausschnitt]

2 Vollbrecht, Holger: »Es geht voran«, o.O. o.J, VHS

3 Brinntrup, Michael: »Stummfilm«. Ein Lehr- und Übungsfilm für Blinde, Westberlin o.J, VHS (Michael Brinntrup gehörte neben anderen jungen Filmemachern zu der Super-8 - Filmszene in Westberlin.)

4 Herold, Jörg: »Baader in Leipzig«, Leipzig 1989, VHS

5 [Werner, Thomas]: »Unsere schöne Heimat«, o.O. o.J., VHS [Ausschnitt]

6 Herold, Jörg: »Sportfest 69«, Leipzig 1988, VHS

7 Milev, Jana, Lewandowsky, Volker Via: »Doublage Fantastique«, Dresden 1988, VHS, [Ausschnitt]

8 Milev, Jana: »raster und psyche«, Dresden 1988, VHS, [Ausschnitt Teil I: »vom kopf«]

9 Herold, Jörg: »Körper im Körper«, Leipzig 1989, VHS, [Ausschnitt]

Frank Eckart

Super-8 film in the GDR in the 1980s

In the course of my research[1] into new art in the GDR I encountered an interesting phenomenon. Many artists and writers born between 1955 and 1965 worked with film also, and embodied the links between the painting, performance and film media. In this lecture I propose to concentrate on those artists who occupied themselves with the film medium. They include Jana Milev, Ramona Köppel, the Auto-Perforations-Artisten and Jörg Herold. Today I will talk about Super-8 films in the last decade of the GDR, and must begin with a warning: the films will be shown in a medium which has an alienating effect: video. The films were projected onto a screen and filmed with a video camera. Copying opened up possibilities seldom available to Super-8 filmmakers. The majority of films had no sound track; they were silent. Filmmaker Thomas Werner describes the technical conditions as follows: »The films run silently, trusting only the power of their images. If music is used (mainly cassettes), the lacking synchronism [between image and sound, F.E.] makes every showing a premiere. (...) Varying projector speeds mean each showing of a film is unique (takes I don't like simply get played faster) and the failed attempts at synchronizing visuals and sound point towards theatre and performance.«[2] Appropriately, the idea of having the films accompanied by live rock music or artistic performances was never far away.

Copying to video allowed a more precise alignment of sound and image. The film was postdubbed, given an appropriate title frame. Video also made it possible to re-edit scenes that were unsatisfactory in the original version.[3] The major strength of Super-8 film over VHS video is its greater definition permitting finer gradations from white to black via grey. »No VIDEO system ever attains the quality of the film image, something is lost with every copy.«[4] The video copy looks milky, flat, more diffuse.

Jörg Herold:
»Sportfest 69«,
Leipzig 1988

Why do I want to speak about these films this evening despite the inferior quality of the copies? My answer can be summed up by the words uniqueness and »Unikat-Syndrom«.[5] These attributes lie in the nature of the medium. The film stock was delivered in cartridges (between 3-6 minutes in length) that had to be submitted for development to the GDR's only film laboratory in Johannisthal. The lab was state-owned, and the monopoly it held meant censorship was always possible. Films were known to vanish without trace, the lab even admonished one filmmaker about the candid nature of his pictures. The laboratory developed from the reversal film a sequence of pictures that could be fed to a projector and shown immediately. And that was the beginning of the wear process for the only positive, no matter how carefully it was handled. The original reversal positive was used for editing and montage. Scratched or damaged images were lost irretrievably - the film altered in use. Filmmakers were at pains to protect the unique material, the film remained in the hands of the producer.[6] Such films had no chance of circulation, they remained largely unknown in the GDR and abroad.

In West Germany video equipment first began to be used on a mass scale in the mid-1980s. At the beginning of the same decade a Super-8 movement consciously committed to the narrow-gauge film medium had developed in West Berlin. Many artists (including the generation born between 1955 and 1965) tried to pitch films that were »handmade« - in the truest sense of the word - against the huge production machinery of the established film production studios and markets. At the forefront of West Berlin's narrow-gauge movement were key names like U.V.A. (motto: »all power to Super-8!«), Cafe M, the Eiszeit cinema.[7] In the mid-80s, the idealistic group abandoned their activities in view of the media market's refusal to accept Super-8 and the participants' need to establish some financial basis following the completion of their academic and vocational training. This rejection of Super-8 in West Germany had some effect in the GDR film world too.

With the films shown, I want to concentrate on episode films first. »Baader in Leipzig« by Jörg Herold was produced in collaboration with the late writer, musician and performance artist Matthias »Baader«-Holst. »Baader«-Holst stood for an artistic stance based on improvisation and the play with language. He was someone who reacted situatively to specific

rooms, atmospheres and sounds; authentic activity was seemingly more important to him than results. Little of his published work is available after his premature death in 1990. Jörg Herold confirmed that »Baader«-Holst spoke his commentary to the scenes in the film directly. Watching the film some 6 years later, one cannot fail to notice the forced nature of the humour.

The pathos assumed by »Baader« is a parody of the empty GDR propaganda formulas that by 1989 had lost much of their impact. The structure of the film is similar to the educational »city guide« films often used in the GDR. First we see the Leipzig railway station, followed by the Karl-Marx-Platz, the dome of the Dimitroffmuseum. But tour guide Baader's itinerary leads to a public toilet looking rather the worse for wear. A location which is invisible in the underground, cut off (most of the time, at least) from public view, a place nobody talks about. While the relatively static opening shots in the film show the actor seated or standing in front of buildings and groups of people, movement sets in when the camera follows his path to the public convenience. Commenting that »open windows will not further degrade the sight of a vandalized toilet«, »Baader« closes the door. The window stays open, the short film ends as the voice fades out. The spontaneity of the commentary gives the film its dramatic structure. The sequence of individual scenes is not mandatory, the locations and objects take on their »ironic« life thanks to »Baader«-Holst's voice. The starting scene shows the western hall of the main railway station in Leipzig. The eastern hall lies opposite. »Chief Lieutenant Baader« opens the film with a resounding »Guten Abend«, barks out the command to take the »Westhalle« by force; the associations that spring to mind are ones of West and East, conflict between the military blocs and confrontation with the system. »Baader«-Holst's work might be said to

embody the dissonance between thought and deed, between promised action and reality. And this discord is the essential ingredient for the irony of a sad clown. Short trousers, shabby suit, old-fashioned sunglasses, »A.-R. Penck shoes« and briefcase (the camera scans »Baader«'s initials in something between close-up and semi-close-up) contrast sharply with the announcements of storming, of collectives and dramatic observations.

Now I want to show the film »Unsere schöne Heimat« in which Thomas Werner strikes a path diametrically opposed to »Baader«'s linguistic improvisation. He adds his own ironic comments to commentaries from propaganda films. We hear a children's song known by every child in the GDR: »Unsere Heimat, das sind nicht nur die Städte und Dörfer« (Our homeland is more than the towns and villages). The closing sequence with a group of »Young Pioneers«, possibly recorded in the 60s, visualizes the function of the song.

Werner confronts the commentary of the propaganda film with the handmade pictures of a level crossing between railtrack and road in an unremarkable landscape consisting of country road, edge of a wood, railway line. The trains and the transition from daylight to dark are seen in accelerated motion. Despite the fast pace of events, the viewer gains some sense of the eternal recurrence of identical events, the piano music underlining the cyclic nature of what we see . Like a flash of lightning, one sequence interrupts this moving absence of change and rivets the viewer: a kitschy religious picture is shown with the message: »The girl is not dead, but sleeping«. But one finds it hard to believe in miracles and salvation.

I want to point to two elements in Werner's work. First, we have the use of borrowed documentary and educational footage mounted to suit his own conceptions. This might be called a type of aesthetical recycling serving to ironically distance the images from the weighty substance and stereotypes they convey. Second, the images are juxtaposed with the real world. The narrow-film camera moves in spaces that are safe from the propagandist's inquiring gaze. The film pictures confront the ideological with insights into everyday life. The way in which these insights- even in the most everyday context - are shaped by the matter from which distance is aspired is a facet found in the

Jana Milev & Volker
Via Lewandowsky:
»Doublage
Fantastique«,
Dresden 1988

Jana Milev:
»Raster und
Psyche«,
Dresden 1988

literature, fine art and photography of the period. The artist Jörg Herold uses his own film »Bei Werk« (1985) to illustrate and draw attention to the problems of the episode film. In 1990 he wrote: »Although some erosion of the enclosed space was achieved, this erosion was always related to the fascination of being closed-in. The ironical figures are tethered to the power of the subject being treated ironically. This bond is a restriction that can be described as stupidity in as far as it is influenced by the narrow-mindedness of the opponent. It was a question not just of showing indignation about the forbidden, but of circumventing prohibitions and ultimately leaving them to their own devices.«[8] Herold states a problem - I personally wouldn't call it »stupidity« - inevitably run into by attempts to make a picture in the confined spaces of the GDR. There were laws which allowed the censorship of every picture taken in a public place. But I refer less to this aspect than simply the message conveyed by pictures: marching workers on May 1st, devastated landscapes and decaying residential districts as the determining experience of life. With subject matter of this kind, was it really possible to evade the »stupidity« alluded to by Jörg Herold? As next example I will show Jörg Herold's own film »Sportfest 69« which points to a path that makes it possible to detach oneself from the opposite side.

Herold's film is made up of two parts. The first shows individual mass drills at the traditional sports festival in the central stadium in Leipzig. In a long shot the camera surveys the arena in which the individual is merely another element in the masses. The festival scene is immediately followed by a family party: a laden table, laughing people in a garden. Jörg Herold found this cassette years after the recording was made. He was sufficiently impressed by the strength of this alien message to declare the film as one of his own making. Nothing could be more representative of

the divided existence in the GDR than this abrupt shift from public demonstration to private life, recorded by a camera held by (probably) one and the same hand.

Narrative and episode films were subject not only to restraints of content (the didactics of everyday life, the public view that constantly intruded on the messages conveyed by the film): fiction films demand perfection and specialized skills; from script writer to director, a team (actors, make-up, lighting, camera, sound) has to create a product that can be backed by large-scale screening and distributing facilities. These necessities contradicted the desire of filmmakers to withdraw (even in the GDR) from the official view, to build up a perspective of intimacy and familiarity. The attempts to make documentary or enacted scenes were exposed to this paradox. I agree with writer Johannes Jansen's comment that the possibilities of the Super-8 medium lay not in the imitation of video and film productions but in »comprehending the technical impossibility as an opportunity in itself«.[9] The question raised by Jansen was: why not use the technical inadequacies of the film stock, reproduction technology and camera in such a way that interest shifts from narrative cinema to the film as a material in itself. This idea was pursued in two different ways: The raw stock was treated with chemical substances and scratched; in this way, images were won whose structure reflected the processing of film as opposed to the reproduction of given occurrences. Some experimentalists destroyed the film in the projector that was there to run it. Thus, the medium of infinite reproduction took the stage as a unique happening.

Film projection was no longer an isolated event in which the viewer followed moving pictures flickering on a screen. Projection became a design tool or integral component in rock concerts, performances or art installations. The action radius of film widened.

This expansion of context takes me to the 2nd part of my lecture, in which I examine the creative usage of film stock in performance, installation and experimental film on the basis of work by Jana Milev, Jörg Herold and Ramona Köppel. Jana Milev and Volker Via Lewandowsky produced the structures of their film images by subjecting the printed material to a complex processing and reworking. Jana Milev cut plastic into strips onto which she glued different materials such as hair, textiles, sand, wood. The machine transported the strips through the beam of the projec-

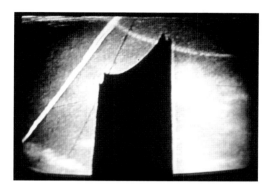

tor lamp. The »solid« pictures were cast onto the screen by the projector and filmed by a camera. In further steps, the artist re-projected the filmed images onto the screen using different playback equipment. Another work by Jana Milev bears the title »raster + psyche«. The title must be understood as a statement: raster (grid) stands for order, standardization and rhythm, while psyche points to the subconscious, the amorphous, the flowing. Jana Milev's film is arranged with a calculated program of visual design that is virtually mathematical. The film begins with long sequences of people marching, billboard, airplane, poultry processing machines, compression presses, water, traffic. The images represent mechanical movements matching an artificial and calculated world. The human individual disappears in a body of marchers, a mass of traffic and a mechanical world, conforms to this environment and is shaped by it. The sequences shown at first are equal in length, but then cut progressively until each sequence amounts to three shots. Because of the risk of tearing due to the frequent cuts, the artist had to feed the celluloid to the projector manually when showing her film. The accelerated images stifle the narrative elements (and the narrative reproduces reality) and the concept of time - here pure acceleration - becomes the designing element. The images appear to be the material conveying an agenda that justifies their existence.

Cuts would be superfluous if transitions from one scene to the next were made with fades. A uniform darkening of the image at the end of a scene makes the viewer more attentive. This adds something very important to the dramatic structure: the concept of time - a before and after of the events in the film. If the single scenes were planned more precisely in advance, the film could be arranged and ordered during shooting. Jörg Herold's film »Körper im Körper« uses extreme slow-motion to disable the narrative

impetus although fade-ins and fade-outs exist between the scenes.

The slow-motion employed in the film produces a wonderful secondary effect: it imbues the images with a substance and materiality that is difficult to define. The voice over consisting of the words house, woman, head, and breath supports the sense of duration, weight and substance. The unchained camera appears as a body probing the world about us and concentrating on a small number of things, occurrences, perspectives. Heard from this »viewpoint of the soul«, the voice would be a kind of inner communion, a body within the body. In gesture this film is related to a work by filmmaker Claus Löser entitled Terzett. Löser wrote: »... (this film, F.E.(is no more and no less than the attempt to do without cuts, but not narration, for a period of three minutes. Made in the consciousness that each shot must be approached with testamentary conscientiousness. Self-constraint produced the compulsion to limit all considerations to the shooting phase: No editing table corrections were allowed. A study in self-discipline. And the distance from the Eisensteinesque flood of images in a (propaganda film like, F.E.) »October« to the Mc Donalds ad clip is not so very great. The eye is tired. Worn-out. Give it time.«[10]

(lecture with films, oct. 28,1994, Werk II Leipzig)

Jörg Herold: »Körper im Körper«, Leipzig 1989

Footnotes:

1 Cf. Eckart, Frank: Nie überwundener Mangel an Farben ... Über ein Kapitel der Kulturentwicklung in der DDR der achtziger Jahre, in: Forschungsstelle Osteuropa (editor): Eigenart und Eigensinn, Alternative Kulturszenen in der DDR 1980-1990, Bremen 1993

  Eckart, Frank: Zwischen Etablierung und Verweigerung. Eigenständige Räume und Produktionen der bildenden Kunst in der DDR der achtziger Jahre, dissertation, Bremen 1995

2 Klauss, Cornelia. Der Stand der Dinge und wie ich Schmalfilm lieben lernte, in: Werner, Thomas (editor): Koma-Kino, Arbeitsheft 1, Berlin 1987, self-published, no page nos.

3 For example two versions exist of the documentation Görss Midgard by Jörg Herold. While version 1 was a narrow-gauge film with no sound track, the opportunity to dub was taken when the film was copied to video. The sound track includes noise and dialogue from a Herold film entitled Körper im Körper. Similarly, the existence of two version of Herold's Wurstfilm suggests that further revision took place. The second version is twice as long as the first.

4 VIDEOT filmstudios: Der heimliche Sieger - Das gute alte Silberhalogenid, in: Werner, Thomas (editor): Koma-Kino, Arbeitsheft (2), ... see above, no page nos.

5 This term (English: »unicum syndrome«) is applied by literature researchers to self-published books in the GDR in the 1980s. In my opinion, it is even more appropriate for Super-8 films. Cf. Thulin, Michael: Das Unikat-Syndrom. Lecture for meeting II in Literarisches Kolloquium Berlin in June 1990, in: Michael, Klaus (editor): Vogel oder Käfig sein. Kunst und Literatur unabhängiger Zeitschriften in der DDR. 1979 - 1989, Berlin 1992

6 Despite intensive research after 1989, films confiscated during house searches (such as works by Claus Löser or writer Flanzendörfer, who died in 1988) remain missing.

7 Kardish, Laurence: Berlin und der Film, in: McShine, Kynaston (Hg.): 1961. Berlinart, 1987, München 1987, 102ff.

8 Herold, Jörg: Schilling, Torsten: Spurentraum, 1972-1990, work sheet on the installation »Eine Geschichte über Produktion der Miss-Geburt oder vom Traum, Zeichen und Spuren zu hinterlassen«, Venice 1990, no page nos.

9 Quotation from: Festival des Super-8 - Filme, Diskussion, (Dresden 1989), Video84

10 Löser, Claus: »Terzett«, in: Werner, Thomas (editor): Koma-Kino, Arbeitsheft 1, details above, no page nos.

List of films shown:

1 Holger Vollbrecht: »Der fremde Freund«, Berlin 1987 (excerpt)

2 Holger Vollbrecht: »Es geht voran«

3 Michael Brinntrup: »Stummfilm Ein Lehr- und Übungsfilm für Blinde« (Michael Brinntrup was one of several young filmmakers active in the West Berlin Super-8 scene).

4 Herold, Jörg: »Baader in Leipzig«, Leipzig 1989

5 (Werner, Thomas): »Unsere schöne Heimat« (excerpt)

6 Jörg Herold: »Sportfest 69«, Leipzig 1988

7 Jana Milev & Volker Via Lewandowsky: »Doublage Fantastique«, Dresden 1988 (excerpt)

8 Jana Milev: »raster und psyche«, Dresden 1988 (excerpt from Part 1: from »the head«)

9 Jörg Herold: »Körper im Körper«, Leipzig 1989 (Excerpt)

Netzwerkprojekte -
Fortsetzung der Kunst mit anderen Mitteln

Fernweh, Entdeckerdrang, moderne Technik: Den jungen Abenteurern des ausgehenden 20. Jahrhunderts begegnen wir in den unüberschaubaren Weiten der Computernetzwerke. Die Suche nach dem Unbekannten, Neuen fernab der eigenen Realität erfolgt heute vom eigenen Schreibtisch aus, transponiert in die virtuelle Dimension.

Ein mystischer Hauch lag einst über dem Ganzen. Nicht jedem sind die verworrenen Pfade im Dschungel des Internet sofort geläufig. Doch die elitäre Gemeinschaft der Eingeweihten wächst mit atemberaubendem Tempo. Vom Militär begonnen, von Wissenschaftlern übernommen, von Freaks unterwandert , dominiert mittlerweile das Interesse einer kommerziellen Verwertung der gewachsenen Netzstrukturen .

Über 20 Millionen geschätzte Nutzer bereits heute sind eine ernstzunehmende Grösse.

Die Freiheit der Netze, jenseits physikalischer Zeit-Raum-Restriktionen, unabhängig von Ländergrenzen und politischen Einflusssphären, die Vorstellung von uneingeschränkter Demokratie, der Glaube an eine Oase der Phantasie in einer verschworenen Gemeinschaft Gleichgesinnter wird okupiert vom Streben nach Ordnung durch Ökonomie. Das wild gewachsene Geflecht soll organisiert werden. Noch ist nicht recht klar auf welchem Wege. Es fehlen allgemein anerkannte Standards. Rechtliche Fragen sind weitgehend ungeklärt. Industrielle Projekte werden geschmiedet, Feldversuche initiiert. Digitales Geld ist in Arbeit. Die Einstiegsinvestitionen zur Schaffung der notwendigen Infrastruktur sind gewaltig, die Aussicht auf schnelle Amortisation eher ungewiss.

Die derzeit ablaufende digitale Revolution und die umfassende Verbreitung ihrer Ergebnisse in allen Bereichen des menschlichen Lebens verursachen eine Umstrukturierung des gesamten sozialen Gefüges von bisher nicht gekannter Dimension, weltweit und durch alle Schichten der Gesellschaft hindurch. Künstler wollen in diesem dynamischen und spannungsvollen Umfeld aufkeimende Entwicklungen mitprägen. Sie versuchen, sich die neu verfügbaren Techniken nutzbar zu machen und mit eigenen Inhalten zu besetzen. Viele bewegen sich im Grenzbereich des derzeit technisch Machbaren. Neue Arbeitsweisen entstehen. Komplexe technische Fragen sind zu lösen. Überschneidungen mit Interessen der Industrie, ja Kooperationen sind unausweichlich. Die Unabhängigkeit des Künstlers und seine Kompromissbereitschaft werden permanent auf die Probe gestellt.

Kommunikation ist eine wesentliche Thematik. Man sucht nach Verständigung und Austausch. Spezielle News-Groups und Online Chat waren bereits sehr früh populär. Kulturen stossen aufeinander. Ihre Diversität diskutiert man fast ausschliesslich in englisch.

Inzwischen dient das Web auch als multimediale Werkstatt für weltweit zugängliche kollaborative Kunstprojekte. Resultate werden folgerichtig wiederum im Netz präsentiert. Ihre immaterielle und obendrein identisch kopierbare Konstitution macht sie unbrauchbar für den derzeitigen Kunstmarkt. Ihre ortsunabhängige Verfügbarkeit bedarf andererseits auch keiner physisch lokalisierten Galerie. Ein tradierter Mechanismus, der als wesentliche Arbeits- und Lebensgrundlage des Künstlerberufes fungiert, entfällt damit.

Auch der Rezipient wird ungreifbarer, der Ort des Kunsterlebnisses vollkommen dezentralisiert, am ehesten vorstellbar als private oder berufliche Umgebung, dessen primäre Bestimmung im Allgemeinen nicht der Kunstrezeption gewidmet ist. Wie kann Kunst unter solchen Bedingungen wahrgenommen werden? Wie muss sie beschaffen sein, wie kann sie verwertet werden ?

Die genannten Faktoren werden nicht folgenlos bleiben für den Charakter der zu erwartenden künstlerischen Arbeiten. Neue Kunstformen entstehen und versuchen sich zu etablieren.

Die Evolution des Kunstbegriffes geht online.

April 1995

HP Ludwig John

Network Projects –
a Continuation of Art with Different Means

HP Ludwig John

Yearning for faraway places, the urge to explore, modern technology: the young adventurers of the late 20th century can be found in the boundless expanses of the computer networks. Today, the search for the unknown and new beyond one's own reality begins at the desk, from where the seeker is transported to the virtual dimension.

Once, the whole business was shrouded in a mystical fog. The intricate paths through the Internet jungle are not instantly accessible to all. But the elite group of the initiated is growing at breathtaking pace. And meanwhile the interest in commercially utilizing the expanded structures of the network initiated by the military, adopted by scientists, infiltrated by freaks, is dominant.

The estimated figure of over 20 million current users is already a factor to be taken seriously.

The striving for an economy-based order is invading the freedom of the networks which are unfettered by restrictions of physical time and space, independent of borders and political spheres of influence, based on the idea of unlimited democracy and the belief in an oasis of the imagination shared by a sworn community of kindred spirits. The aim is clear: to organize the spontaneously evolved structure; only the method remains vague. Universal standards are lacking, legal questions are largely unsettled. Industry is devising projects, initiating field trials. Digital cash is in preparation. Compared to the vast initial investment sums required to create the necessary infrastructure, the outlook for rapid payback is rather uncertain.

The current digital revolution and the associated effects in all areas of life is bringing about a restructure of the entire fabric of society, worldwide, through all social classes and with no historic parallel. Eager to contribute to developments in this dynamic and exciting age, artists are attempting to use the new technologies for their own purposes and fill them with artistic content. Many artists are working close to the border of the technically feasible, developing new ways of working, addressing the complex technical issues that must be solved. Collisions with the interests of commerce and industry are as inevitable as cooperation with commercial providers. Artistic independence and willingness to compromise are being permanently tested.

Communication is an important theme. People are looking for ways of being understood and exchanging views. The rise to popularity of special news groups and on-line chat was fast. Cultures collide; their diverseness is discussed almost always in English.

Meanwhile the Web also serves a multimedia workshop for collaborative art projects accessible worldwide. Appropriately, the results are presented in the Net. These products - immaterial and identically reproducible to boot - are uninteresting for the contemporary art market. On the one hand, their location-independent availability needs no physical gallery, thus rendering superfluous the mechanism that traditionally functioned as an integral component of the artist's work and existence.

At the same time, the recipient is becoming intangible, art is being experienced in decentralized locations. In locations that may loosely be termed private or professional environments in general not devoted to the reception of art. How can art be perceived under such conditions? What must be its constituents, its uses?

All these factors are bound to affect the character of future artworks. New forms of art are evolving and seeking to establish themselves.

The evolution of the art concept is going on-line.

April 1995

Kunst und Macht

Helmut Mark

Ein Blick auf die gegenwärtige Kunstproduktion macht deutlich, dass sich immer mehr Künstler der sogenannten neuen elektronischen Medien bedienen; unabhängig davon, ob es sich nun um die Verwendung elektronischer Technologien bei der Herstellung von Produkten, die Auseinandersetzung mit damit zusammenhängenden Prozessen und Bedingungen, oder die Kombination beider Strategien handelt.

Relevante Kunstproduktion orientiert sich verstärkt an gesellschaftlichen und technologischen Bedingungen und kann kaum mehr losgelöst von diesen Mechanismen ausgeübt werden. Der eine oder andere Kunsthistoriker könnte nun an dieser Stelle einwenden, dass es ähnliche Fragestellungen in der Geschichte bereits gegeben hat. Doch die gegenwärtige Entwicklung im Bereich der elektronischen Technologien versetzt uns, meiner Ansicht nach, an den Beginn einer völlig veränderten und nicht mit früheren Bedingungen vergleichbaren Situation.

Denn die Weichenstellungen die zur Zeit von den verschiedensten Allianzen für die wachsende Informationsgesellschaft getroffen werden, haben in der Folge Einfluss auf alle Lebensbereiche der Zivilisation. Als Künstler können wir darauf reagieren, indem wir Vorschläge entwickeln und präsentieren, die versuchen, diese Entwicklungen zu analysieren, um den damit verbundenen negativen Konsequenzen entgegenzuwirken. Eine Verweigerungsstrategie halte ich grundsätzlich für bedenklich und wirkungslos.

Bereits jetzt ist eine Entwicklung deutlich auszumachen, die eine Trennung schafft zwischen Personen, die Zugang zu elektronischer Information haben und jenen, die keinen haben (oder ihn sich in Zukunft nicht mehr leisten können). Diesen Zugang verstärkt zu fordern ist für uns alle ein Gebot der Stunde.

Ausserdem muss verhindert werden, dass die bereits vorhandene, zum Teil monopolartige Macht multi-nationaler Konzerne, der politischen Elite und anderer Medienunternehmen noch weiter ausgebaut wird. Denn die Aufteilung in Territorien, also der Versuch, die Welt mit flächendeckenden expansionsorientierten Strukturen zu überziehen, die sich vorwiegend an der Erwirtschaftung von mehr Profit orientieren, hat bereits begonnen.

Wenn wir die Geschichte des Internet betrachten, die erste Entwicklungsphase als militärisches Netz blende ich aus, so waren die ursprünglichen Anliegen, wie der Austausch von Information und die Kommunikation im akademischen Bereich, jene Kriterien, die das Internet zu dem gemacht haben, was es heute ist: die teilweise Umsetzung der Vision eines globalen Dorfes. Daran haben auch Künstler einen gewissen Anteil.

Die Etablierung des Protokollstandards World Wide Web, der sich durch seine Benutzerfreundlichkeit auszeichnet, hat nun auch das Interesse kommerzieller Anbieter geweckt. Dies birgt die Gefahr, dass durch den verstärkten Einfluss kommerzieller Interessen auch ein wachsendes konsumorientiertes Benutzerverhalten, zu Lasten der interaktiven Möglichkeiten, gefördert wird.

Diese in vielen Bereichen der Telekommunikation sich abzeichnende Tendenz lässt in der Regel gerade soviel Interaktivität zu, wie notwendig ist, um in Katalogen zu blättern und die darin angebotenen Produkte zu bestellen. Die laufenden und geplanten Feldversuche in diesem Bereich, ob Video on Demand, Teleshopping etc., ob in Orlando oder Stuttgart weisen alle in diese Richtung. Kultur, sozialpolitische Gesichtspunkte, oder schlichte Kommunikationsbedürfnisse der Menschen werden in diesen Versuchen meist als Feigenblatt verwendet, um an die mit Milliarden gefüllten Fördertöpfe der EU, oder der staatlichen Einrichtungen zu kommen. Bezeichnend, dass die Gremien der National Host Initiativen, deren Aufgabe es ist, staatliche Stellen zu beraten, vorwiegend mit Vertretern der Telekommunikations-Konzerne besetzt sind.

Für das Internet bedeutet das, dass eine Kommunikationsstruktur, die sich ursprünglich über wissenschaftliche, kulturelle und soziale

Inhalte definiert hat, durch kommerzielle Unternehmungen rücksichtslos instrumentalisiert und in eine Richtung gedrängt wird, welche die ursprünglichen Inhalte und Intentionen verdrängt. Deshalb halte ich es für besonders wichtig, dass neben dieser unaufhaltsamen marktwirtschaftlichen Orientierung auch kulturell-, sozial-und kommunikationsorientierte Benutzer-Strukturen, die sich neben dem Internet in zahlreichen assoziierten lokalen Bulletin Board Systems' finden, erhalten bleiben.

Der Output der Medienkünstler darf sich nicht nur auf die Produktion von kunstkontext-bezogenen »Medienwerken« beschränken, sie haben auch eine soziale Verantwortung wahrzunehmen. Sie zählen mit zu einer Elite von Fachkundigen, die sich in kritischer Weise mit den elektronischen Medien auseinandersetzen sollten.

Helmut Mark

A glance at contemporary art production makes it clear that increasing numbers of artists are using the »new electronic media«, be this by deploying electronic technologies to create products, by considering the processes and conditions such a deployment involves, or by combining both strategies.

Relevant art production is geared increasingly towards social and technological conditions, and can scarcely be practised in isolation from these mechanisms. Some art historians might object at this point that similar issues were raised in the past. In my opinion, however, emerging developments in the field of electronic technologies confront us with a wholly changed situation that cannot be compared with earlier conditions.

The course being set for the expanding information society by very different alliances will affect all areas of civilized life. One reaction by artists to this course could be to draw up and present proposals attempting to analyze these developments and so counteract the associated negative consequences. I consider a strategy of refusal to be fundamentally questionable and futile.

The development of a divide between people who have access to electronic information and those who do not (or in the future will no longer be able to afford it) is discernible already. This age dictates that we demand widened access.

Another prime necessity is to prevent the expansion of the existing powers, in some cases approaching the monopolistic, held by multinational concerns, the political elites and other media operations. The division into territories is already underway, that is to say attempts are being made to establish worldwide, expansion-oriented structures aimed primarily at boosting profits.

If we consider the history of the Internet - ignoring the first development phase as a military network - the Internet became what it is today thanks to the original concerns such as information exchange and communication in the academic sector. The pursuit of these aims brought about a partial realization of the vision of a global village, and artists played some part in this.

The establishment of the user-friendly World Wide Web as a protocol standard has roused the interest of commercial providers. And this interest harbours the risk that the influence of commercial interests will promote an increasingly consumer-oriented user behaviour at the expense of the interactive potential.

This tendency is emerging in many telecommunications sectors and generally allows the minimum level of interactivity required to browse through catalogues and order the listed products. The on-going and planned field trials - Video on Demand, Teleshopping etc. - all point in this direction. In these trials, whether conducted in Orlando or in Stuttgart, aspects such as culture, socio-political viewpoints or plain communication needs have an alibi function aimed at opening the bulging subsidy funds of the EU or national institutions. It is telling that the bodies of the national host initiatives, whose task is to advise state departments, are staffed mainly with representatives of the telecommunications concerns.

For the Internet this means that a communications structure originally defined by academic, cultural and social contents is being instrumentalized ruthlessly by commercial operators, and forced to take a direction that will edge out the original contents and aims. For this reason I think it is particularly important that the cultural, social and communication oriented user structures located in numerous associated local Bulletin Board systems parallel to the Internet are preserved during this unstoppable process of market-orientation.

Media artists must not allow their output to be limited to the production of »media works« relating to a pure art context. Artists have a social responsibility. They belong to a elite group of specialists who can and should take critical issue with electronic media.

Rhizom

Das Wort »handshake« ist doppeldeutig: Technisch ist es die Bezeichnung für ein Protokoll, durch das vernetzte Computer über den Austausch von Daten kommunizieren. Auf die menschliche Kommunikation übertragen, versinnbildlicht es ein Ritual der körperlichen Kontaktaufnahme.

Ziel des »Handshake«-Projekts (1993-1994) war es, »ästhetische Kommunikationsforschung« im und mit dem Internet zu betreiben. Netzspezifische Defizite einerseits, sich daraus ergebende Diskursformen andererseits, führten im Kontext von »Handshake« zu unterschiedlichen Kommunikationsexperimenten.

Die Idee, den Prozess der Kommunikation mit anderen Datenreisenden als Kunst zu begreifen, materialisierte sich als Installation auf Ausstellungen und Festivals. Die realen und virtuellen Besucher erhielten durch die Installation mit einer permanenten Präsenz im Internet die Möglichkeit, sich an den von »Handshake« initiierten Kommunikationsexperimenten zu beteiligen: Die Genialität eines einzelnen Autors und die Materialisierung seines Werks wurden durch einen, über ein Jahr andauernden, dynamischen Kommunikationsprozess vieler Beteiligter ersetzt.

Ein Hypermediaarchiv in einem linearen Text zu dokumentieren ist nahezu unmöglich. Daher im folgenden nur einige Ausschnitte aus dem »Handshake«-Archiv:

Medienkunst oder elektronisch unterstützte Kunst?
Elektronische Kunst »boomte« in den letzten Jahren nicht zuletzt durch den Fall der Kosten von elektronischen Produktionsmitteln. Medienkunst, elektronische Kunst und Computerkunst sind blumige Begriffe für etwas, bei dem man nicht weiss, was sich eigentlich dahinter verbirgt. Es stellt sich die Frage, ob elektronische Kunst mehr anzubieten hat, als preiswerte Innovationsarbeit für zukünftige Produkte der Unterhaltungsindustrie zu liefern.
Ist der Vorwurf - häufig von bildenden Künstlern geäussert - berechtigt, dass Medienkünstler der Technikfaszination unterliegen und nur aus diesem Grund Technologie in ihre Arbeit miteinbeziehen? Warum bezeichnet sich jemand als Medienkünstler? Benennt er nur sein Werkzeug?

»Handshake« is a word with two meanings. As a technical term it describes the protocol used by networked computers to communicate by data interchange, and in terms of human communication it symbolizes the ritual used to establish physical contact.

The objective of Handshake (1993 - 1994) was to conduct »aesthetic communications research« inside and in conjunction with the Internet. The project led to a number of communications experiments aimed on the one hand at overcoming network-specific deficiencies, and inspired on the other hand by the forms of discussion these shortcomings produced.
The idea of comprehending as an art form the process of communication with other data surfers was implemented in the material form of an installation at exhibitions and festivals. Via the installation and permanent Internet presence, real and virtual visitors had the opportunity of participating in the communications experiments initiated by »Handshake«. The capacity of a single author and his/her material output were replaced by a dynamic communications process involving a large number of contributors and lasting over a year.
It is practically impossible to document a hypermedia archive in linear form, and so below we present merely some fragments from the »Handshake« memory.

Media art or electronically-aided art?
The sinking price of electronic production equipment was a major factor in the electronic art »boom« of recent years. Nobody is completely sure what lies beneath the flowery names media art, electronic art and computer art. The question is whether electronic art can deliver more than inexpensive pioneering work for future entertainment industry products.
How justified is the reproach - often heard from visual artists - that media artists are mesmerized by technology and include it in their work for this reason only?
Why do people describe themselves as media artists? Are they simply naming their tools? If so, why?
Does electronic art actually open up insights into new areas insufficiently accessed by conventional tools?
Can the form known as electronic art achieve social relevance by dealing self-critically with the medium or does it encourage »escapism« from social realities?
What are the links between electronically-aided art and the conceptual art of the 1970s?

von »Handshake«
(Barbara Aselmeier,
Joachim Blank, Armin
Haase, Karl Heinz
Jeron)

Wenn ja, warum? Eröffnet elektronische Kunst tatsächlich Einblicke in neue Bereiche, in denen der Einsatz herkömmlicher Werkzeuge nicht genügt?

Kann das, was man elektronische Kunst nennt, durch einen selbstkritischen Umgang mit dem Medium gesellschaftliche Relevanz erlangen oder wird die »Fluchtmentalität« abseits der gesellschaftlichen Realitäten forciert ?

Wo liegen die Verbindungen zwischen elektronisch unterstützter Kunst und Konzeptkunst der 70er Jahre ?

Date: Mon, 25 Oct 1993 23:18:51 -0700
From: M Lyall <m_l@halcyon.com>
To: luxlogis@contrib.de
Subject: Handshake Projekt

Your project interests me, mainly because of the questions you raise about electronic art. I am involved programming interactive screen-based work. I teach art at a community college outside of Seattle Washington, in the US. I went to school at the School of the Art Institute of Chicago. I have always done artwork that involves technology. After school, I had no resources, and no space, so I stopped working in video. I did not like editing with the clock ticking away dollars. It had a bad effect on my work. I found I could get a computer pretty easily. So I did, and so I started programming, and creating work, using many resources that I pulled down off the net.

Below is something I wrote regarding this type of work. I look forward to hearing more. Thanks.

Conceptual art seems to be the only art worth doing. All else is governed by the advertising industry, which has caused the death of freedom. Representational and symbolic work of any subject, either comes from or is adopted by the advertising industry. Only conceptual art explores areas outside of advertisings domain. Conceptual art is concerned with thinking about any subject. It asks questions, any questions, however irrelevant they may seem. It is against the specialist, who builds walls and worships limits. It crosses boundaries, and so embraces freedom. Its form is only the form of thought. The conceptual artist is not required to repeat the same image over and over again. Their subject matter is not mandated by any institution; social, religious, or scientific.

The act of programming, is to build modules, (mental structures), similar to the psychological and physiological structures from which we operate. Our physiological and psychological experiences create and form internal structures, which govern our perception, and so the way we function. Each individual has a particular pattern of these internal structures, which operate as a »filter«, through which they receive all information. This »filter« is a personal motif. It _forms_ the information. It creates form. In programming, small modules are created, whose function is similar to the individual mental structures. A main program is then created which builds a meta-structure using these modules. The meta-structure presents a form. This form is also dependent on the actions of those who interact with it, and the limitations and functions of the computers physiology.

Marta Lyall, m_l@halcyon.com

Räume

Ein kontinuierlicher Bestandteil von »Handshake« ist der Aufbau eines Archivs mit Bildern von (realen) Räumen, aus denen sich Menschen in den Raum des Internets bewegen oder was sie damit assoziieren.

Im Laufe der fortschreitenden Nutzung von elektronischen Netzwerken entwickeln Datenreisende fast zwangsläufig ein Raumgefühl, um sich im Internet zu orientieren. Zur Zeit bewegen wir uns (noch) quasi-physisch - von Server zu Server - durch das Netz. Wir bewegen uns hin zu den Orten, wo wir die Information finden, die wir suchen. Die Entwicklung von intelligenten Agenten wird es uns ermöglichen, die Information zu uns kommen zu lassen. Sie werden als stellvertretende Datenreisende durch das Netz handshaken. Der Raumbegriff wird damit abstrakter, er bedarf keiner visuellen Methaphern mehr. Kommunikation bedingt Raum, denn erst der Raum ermöglicht Kommunikation. Die Lebenswelt bleibt zur Orientierung der Ausgangspunkt für jeden Menschen.

Rooms

A continuous component of HANDSHAKE is the creation of an archive with pictures of (real) rooms from which people pass into the Internet space or the things they associate with their rooms.

As data travellers increasingly use electronic networks, they almost inevitably develop a sense of space to aid their own orientation in the Internet. At present we (still) move quasi-physically from server to server through the network. We move to the locations where the information we seek can be found. The development of intelligent agents will allow us to make the information come to us. As deputy data travellers, these agents will shake hands through the network. In this way, the spatial concept will become more abstract and no longer require visual metaphors. Communication depends on space, because space is what makes communication possible. The living world remains the departure point everyone uses for orientation.

Bob Phillips
Bild per Internet

Bob Phillips
image via Internet

```
From: rawdirt@teleport.com (Bob Phillips)
Subject: Handshake from Portland Oregon USA  — my COMPOS(t) project
To: luxlogis@contrib.de
Date: Fri, 11 Feb 1994 01:59:20 -0800 (PST)


Hello, I'm Bob Phillips & I'll be sending some things your way, including
a description of a project currently underway in gopher space at
gopher.teleport.com. I'll follow immediately sending an image of my
basement system (heap???) (midden???). Hope to hear from you.


An image of me sitting in the basement. Mundane mess all around.
(Actually left over from the basement flood last month). I am using
several Amigas, a 486 PC, & MAC quadra... all hooked to a Novell Network.
I call over phone lines to a small internet service which runs on several
small sun computers.
```

Symbole

**Symbole, Zeichen, Ikonografien haben seit jeher
fundamentale Bedeutung als Mittel zur Überlie-
ferung von Botschaften. Bedeutung und Infor-
mationsgehalt sind vom kulturellen Kontext
abhängig. Gleiche Symbole haben in verschiedenen Kulturen unterschiedliche Bedeutung,
oder es handelt sich um symbolische Universa-
lien, die häufig - als kulturelle Ersatzteile - Fir-
menidentitäten repräsentieren. Innerhalb einer
Kultur prägen Symbole soziales Handeln und
Persönlichkeitsentwicklung der Individuen. Die
menschliche Erfahrungswelt besteht zum grossen Teil aus Objekten und Ereignissen, die eine
symbolische Bedeutung haben. Dies gilt nicht
nur für Zeichen, die eigens zur Übermittlung
eines Sinngehalts geschaffen werden, sondern
auch für andere von der Natur oder von Menschen hervorgebrachte Sachverhalte. Die symbolische Bedeutung der Umwelt erlernt der
Mensch im Verlauf seiner Entwicklung, wobei
die Interpretationsmuster von Mensch zu
Mensch und von Kultur zu Kultur verschieden
sind. Mit Hilfe der Symbole kann der Mensch
Verhaltensweisen und Erfahrungen von anderen
Menschen der Gegenwart und der Vergangenheit übernehmen. Er wächst über die Symbol-
welt in die kollektiven Überlieferungen der
Gesellschaft hinein. Die sozialen Regelungen,
die das Handeln des Einzelnen leiten, seien es
nun individuelle Verhaltenserwartungen oder allgemeine Normensysteme, sind symbolisch ver-
mittelt.**

Symbols

Symbols, signs, iconographics have always been
essential means of conveying messages. Their importance and information content vary according to the
cultural context. Identical symbols have different
meanings in different cultures, unless they are the
universal symbols – frequently representing corporate
identities as cultural substitutes. Within a given
culture, symbols shape the social action and personal
development of individuals. The human world of experience largely consists of objects and events that have
a symbolic meaning. This is true not only of signs that
are created specifically to convey a symbolic content,
but also of other circumstances produced by nature
or mankind. Human beings acquire knowledge of the
symbolic meaning of the environment in the course of
their development, whereby the interpretation
patterns vary from person to person and from culture
to culture. Human beings can use symbols to adopt
behaviour models and experiences from other people
in the present and past, gaining access to the collective traditions of society via the world of symbols. The
social regulations governing individual action - be
these regulations individual behavioural expectations
or general systems of standards - are imparted by
symbols.

Wie wirkt es sich nun aus, dass Menschen mit unterschiedlichem kulturellen Background daran teilhaben, mit kulturell unterschiedlich geprägten Wahrnehmungs- und Verhaltensmustern? Werden diese Unterschiede im Netz marginalisiert? Oder entsteht eine neue kollektive Matrix? Wird die in den Netzen entstehende kollektive Matrix in die Realität der verschiedenen kulturellen Gruppen zurückgeführt ?

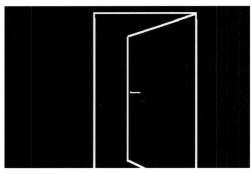

von Handshake ins Netz geschickte Symbole

symbols send in the net by Handshake

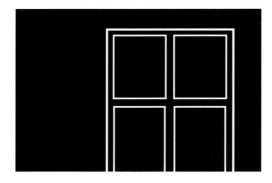

»Handshake« zeigt Ausprägungen kultureller Eigenheiten, indem es im Netz und bei Aktionen, zum Beispiel in Anlehnung an den Rorschachtest, Assoziationsexperimente durchführt.

What is the effect of participation by people from different backgrounds, with perceptual and behaviour patterns shaped by different cultures? Will the differences be marginalized in the net? Or will a new collective matrix emerge? Will the collective matrix developing in the networks be fed back to the reality of the different cultural groups?

Feedback aus dem Netz von heath@flux.demon.co.uk

feedback from the net by heath@flux.demon.co.uk

HANDSHAKE shows the variety and form of cultural peculiarities by performing association tests - based for example on the Rorschach test - in the network and during actions.

Assoziationen

Ziel des Experiments ist das Aufzeigen kultureller Unterschiede, Codes und differenzierender Ergebnisse bei der Rezeption von Bildern. Interessierte können sich durch Manipulation der Rorschachbilder beteiligen. Dabei sollen die Bilder so bearbeitet werden, dass klar wird, was mit ihnen assoziiert wurde.

Die unterschiedlichen Interaktionsoptionen innerhalb des Internet unterliegen unterschiedlichen Kommunikationsmodellen. Wird durch E-Mail noch ein »Person zu Person«-Kommunikationsverhältnis im privaten Raum ermöglicht,

Associations

The aim of the experiment is to show cultural differences, codes and different results in the reception of pictures.

Those who are interested can take part by manipulating the supplied graphics files. The pictures should be edited in a way that makes it clear what is being associated with them.

The various interaction options inside the Internet are subject to different communication models. While E-mail still allows »person to person« communication relationships in the private sphere, in the IRC (Internet Relay Chat) the boundaries between private and

Rorschachbilder
Rorschach-pictures

  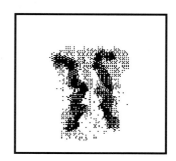

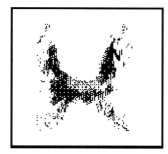 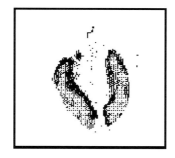 

so verschwimmen im IRC (Internet Relay Chat) die Unterschiede zwischen privat und öffentlich. Das zur Zeit beginnende Zusammenwachsen der verschiedenen Dienste unter der Oberfläche des World Wide Web integriert differierende Kommunikationsmodelle, stellt bisherige Kommunikator- und Rezipientenverhältnisse der »alten« Massenmedien in Frage und macht daher eine Erforschung der erweiterten Möglichkeiten notwendig.

Für uns stellt sich die Frage, in wieweit, trotz minimaler Kommunikationsschnittstellen, einerseits ein langfristig ausbaubarer Handlungsraum für einen kulturellen Diskurs, andererseits ein emotional-sinnlicher Kommunikationraum für den Einzelnen entstehen kann. Ästethik ist dabei nichts, was sich auf sich selbst bezieht, sondern eine Theorie unterstützende Massnahme. Als operative Strategie zur Erforschung sozialer Wirklichkeit schliesst das Projekt von den Merkmalen einer textuellen, auditiven oder visuellen Äusserung auf Merkmale eines nichtmanifesten Kontextes.

Und das ist Kunst.

public are fuzzy. The current merging of the different services under the World Wide Web platform integrates differing communication models, places in question the existing communicator and receptor conditions of the »old« mass media and so makes necessary an investigation of the expanded possibilities.

For us the question is to what extent the evolution is possible - despite minimal communication interfaces - of an action radius for cultural discourse that can be expanded in the long term on the one hand, and of an emotional-sensory communication space for the individual on the other hand. In this process, aesthetics is a measure supporting a theory and devoid of any self-reference. As an operative strategy for investigating social reality, the project draws from the attributes of a textual, auditive or visual statement conclusions about the attributes of a non-manifest context.

And that is art.

163

bearbeitet von Royal Family of
Florentin-Italy, 6.2.1994

edited by Royal Family of
Florentin-Italy, 6.2.1994

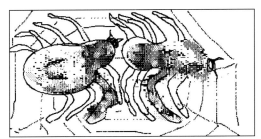

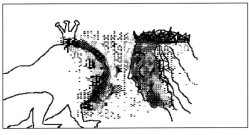

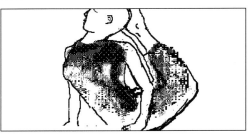

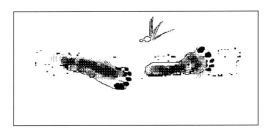

Echtzeitkommunikation

**»Handshake« ist Transparenz kommunikativer
Handlungen und Strategien, und Echtzeit-
Kommunikation ist dabei ein grundsätzliches
Aktionsfeld. Jeder Mensch ist am Prozess der
Kommunikation beteiligt, als Kommunikator,
Rezipient oder systematischer Beobachter. Das
es trotz Schwierigkeiten zu gegenseitiger
Verständigung kommen kann, ist der menschli-
chen Fähigkeit zu verdanken, das kommunika-
tive Handeln selbst zum Gegenstand der
Kommunikation zu machen.**

**Die menschliche Erfahrungswelt besteht zum
grossen Teil aus Objekten und Ereignissen die
eine symbolische Bedeutung haben. Dies gilt
nicht nur für Zeichen die eigens zur Übermittlung
eines Sinngehalts geschaffen werden, sondern
auch für andere von der Natur oder von
Menschen hervorgebrachte Sachverhalte.**

Realtime communication

HANDSHAKE is the transparency of communicative
actions and strategies, and real-time communication
is thereby a basic field of action. Everyone is involved
in the communication process; as a communicator,
recipient or systematic observer. The fact that mutual
understanding can develop despite the difficulties is
due to the human ability to make communicative
action itself the object of communication. The human
world of experience largely consists of objects and
events that have a symbolic meaning. This is true not
only of signs that are created specifically to convey a
symbolic content, but also of other circumstances
produced by nature or mankind.

Ein Experiment stiftet innerhalb der Netzwirklichkeit Verwirrung. Im Netz (Internet Relay Chat) und vor den Augen einer laufenden Kamera des Offenen Kanal Berlin (OKB) über Kommunikation metazukommunizieren, wobei zudem das gewohnte Medium auch noch »von Fremden« (uns) artfremd (ohne die sogenannte Netiquette zu beachten) genutzt wird, indem längere Zitate eingeblendet werden, überfordert auf Anhieb. Kein Platz für knuffige Knuddelecken.

An experiment wreaks havoc inside the network reality. A challenge instantly proves too much: meta-communicating about communication in the Net and in front of the rolling camera of the access TV station Offener Kanal Berlin (OKB), with the familiar medium being used »by strangers« (us) who fade in lengthy quotes and so abuse the standard practice (without regard for network etiquette).
No space for cosy corners.

```
IRC log started Thu Sep 2 11:33 1993

<atze> wir sind auf sendung....
<Lije> sagt mal was intelligentes :-)
<Eckes> ich hoere keinen Beifall *hehe*
<atze> »l'art pour technique.«
<Lije> Vorsprung durch Technik !
<atze> produktiv/unproduktiv?
<atze> einflussreich/einflusslos?
<atze> abgelenkt/konzentriert?
<atze> verstanden/unverstanden?
<atze> abhaengig/unabhaengig?
<atze> aktiv/passiv?
<VILSA> Also ich bin fuer nen Knuddelkanal !
<atze> vertraut/fremd?
<atze> offen/verschlossen?
<atze> angenommen/abgelehnt?
<atze> gelangweilt/interessiert?
<atze> erregt/ruhig?
<atze> Zu welchem Begriffspaar assoziieren sie am ehesten
<atze> den Begriff KOMMUNIKATION ?
<Eckes> atze: du nervst
<cbv> KOENNTET IHR EUCH MAL BENEHMEN ?????????????
<Mosh> atze: zusammenmuenchnerung auf englisch :)
<VILSA> cbv : Was erwartest du ?
<dwalin> cbv: schrei doch nich so ...
<Eckes> cbv: was hat du denn erwartet?
<nana> atze: ich seh nix, werde also reden muessen, es geht zu schnell,
       aber klar: zu gemein
<wolfgang> X4O56&7{.t
<wolfgang> squ#=b9IRq E];[C
<atze> »Computer mediated communications for computer mediated artists.«
<Eckes> oh mein gott, was haben denn die sprueche mit irc zu tun
justs????????
<Godot> C H A O S   Ihr schreibt schneller als ich lesen kann..
* Nicola stoesst Luzi in die Seite *huhu*
<Lije> Hier ist das Mekka fuer Chaos-Forscher
<Goofy> lije: ordnung im chaos...ich erkenne strukturen
<atze> Das ist kein Versuch einer Demokratisierung aller Medien,
```

```
<atze>    sondern ein paar Stufen weiter.«
<VILSA> Wer liest denn noch mit ?
<Wuschel> ich kriege NICHTS mehr mit
<Iris> auf diesem kanal gibts echte turbulenzen, keine anzeichen von
laminarer stroemung
* Wuschel fluechtet sich in die Arme von irgendjemandem
<Godot> hilfe ich hab schwierigjds&^$%UH@&GU    NO CARRIER
<Lije> goofy : die telefonrechnung abstrahiert das Chaos ?
> einfach partiziperen - dabei sein ist alles...
> Gemeinsames spontanes Engagement ist eine unio mystica,
> ein sozialisierter Trancezustand.«
<Jantiff> »Wirklich ist in unserer Gesellschaft nur das, was die Leute
gerne fuer wirklich halten ...« ;)
<atze> Das ist kein Spiel. Das ist kein Ernst.
```

Internet ist Wildwuchs und Wildwuchs ist unüberschaubar. Es gibt Leute, die meinen, das »wir in der Unüberschaubarkeit handlungsfähig bleiben müssen«. Wer ist WIR ? »Handshake« wird überhaupt erst durch die Unüberschaubarkeit handlungsfähig. Es ist zu befürchten, dass durch zukünftige Einebnungsversuche bestehende Freiräume zugebaut werden. Freiräume im Sinne von Kommunikations- und Handlungsräumen, die nicht primär materiellen Zwängen unterliegen. Wir begreifen das Treffen und Kontakten mit Anderen im elektronischen Raum nicht als Selbstzweck, sondern vielmehr als eine Erweiterung von vorhandenen, realitätsbildenden Strukturen.

Denn eine Netzwelt ohne Lebenswelt wäre bedeutungslos.

Internet ist Realität, nicht virtuelle Realität.

Growth in the Internet is rank, rampant and therefore incalculable. There are people who say »we must remain capable of action amidst the incalculability.« Who is WE? Incalculability is what makes Handshake capable of action. It is to be feared that future levelling attempts will block up existing free spaces. Spaces for communication and action that are not primarily subject to material compulsions. We see the meetings and contacts with others in the electronic space not as an end in itself but as an extension of existing, reality-forming structures.

The network world would be meaningless without the living world.

The Internet is reality, not virtual reality.

E-Mail: luxlogis@is.in-berlin.de
WWW: http://www.is.in-berlin.de/g-Art/LuxLogis/luxlogis_hall.html

Die Grenzen der Kunst

Dieter Daniels und
Volker Grassmuck

V. G.: **Seit 2 Jahren arbeitest Du nun nicht mehr im bisherigen Westdeutschland sondern im bisherigen Ostdeutschland. Wie Du sagst, haben die Menschen dort eine sehr unterschiedliche Haltung gegenüber den Medien. Welche Ausdrucksformen finden Deine Studenten in Leipzig bei ihrer Suche nach Identität? Wie gehen sie mit den Mitteln um, die für sie zuvor nicht erreichbar waren, wie Video und Computertechnologie?**

D. D.: Nun, ich sehe einige Strategien, die interessante Elemente einer ostdeutschen Haltung gegenüber den Medien formen. Im Kontext der westlichen Avantgarde liegt die Stärke vieler Medienarbeiten nicht so sehr in ihrem Inhalt, sondern oftmals mehr in ihrer formalen Seite, in dem Aspekt »wie funktioniert das«. Besonders interessant fand ich bei der Entwicklung in Leipzig, dass um 1991/92, direkt nachdem an der Hochschule elektronische Geräte angeschafft worden waren, einige der älteren Studenten, die schon ihr Studium in Malerei oder Fotografie beendet hatten, begannen, mit diesen neuen Medien zu arbeiten. Entgegen der westlichen, stark formalen Haltung waren sie von Anfang an sehr inhaltsorientiert - was eine gute Basis ist, aber auch dazu führen kann, dass die formalen Qualitäten der Medien vernachlässigt werden. Z.B. sind die Studenten auf der Suche nach ganz bestimmten Bildern oder haben eine ganz persönliche Botschaft. Sie denken gar nicht so sehr über den Rahmen nach, über das, was sie anschliessend mit dem Resultat machen wollen. Interessanterweise gilt das für Malerei und Fotografie ebenso wie für Medienarbeiten. Auf eine gewisse Weise ist dies noch eine »prä-McLuhan Haltung«, während im Westen »das Medium ist die Botschaft« (the medium is the message) bereits Teil unseres täglichen Lebens geworden ist. In der westlichen Kunst ist die Frage des Kontexts von zentraler Bedeutung - in Abwandlung von McLuhan könnte man sagen, »der Kontext ist der Inhalt« (the context is the content). Das hat etwas mit der allgemeinen Entwicklung der Medienkunst zu tun: Elektronische Medien verändern oder zerstören sogar kulturelle Kontexte - und Künstler wollten den begrenzten Kontext der bildenden Kunst durch diese Kraft verändern, als sie vor 30 Jahren begannen, mit Medien zu arbeiten. Nun, diese gesamte Diskussion hat seit 40 Jahren in Ostdeutschland nicht stattgefunden, denn der Kontext von Kunst war mehr oder weniger vorausbestimmt durch das, was offiziell möglich war. Nicht, dass es nichts Anderes gegeben hätte, es gab gewiss auch alternative Formen von Kunst, aber diese waren ausser Sicht, fast nicht auffindbar.

V. G.: **Diese Erfahrungen in Leipzig sind nicht nur von regionaler Bedeutung, denke ich. Siehst Du in Osteuropa alternative Wege des Gebrauchs der neuen Medien?**
Z. B. gab es letztes Jahr bei der ISEA (International Symposion on Electronic Arts, Helsinki) eine Bootsfahrt nach St.Petersburg, bei der uns dort Werke von russischen Computergrafik-Künstlern vorgestellt wurden. Die westlichen Künstler hatten bei diesen Arbeiten alle das Gefühl eines Dejavu. Die Sachen, die die Russen machen, während sie das neue Medium entdecken, sind dem ähnlich, was im Westen vor 10 Jahren gemacht wurde. Als Erklärung dazu wurde vorgebracht, dass eine bestimmte Form des Ausdrucks sozusagen in die Technologie eingebaut ist. Deine Phantasie wird davon geleitet, was für pull-down Menus eine bestimmte Software Dir liefert, und deshalb sehen die Arbeiten, die mit dieser Software gemacht wurden, alle so ähnlich aus. Auf was ich hinaus möchte, ist die Frage nach der Möglichkeit einer anderen Haltung gegenüber Medien, die nicht von der Kindheit bis zur Kunstschule geleitet ist durch eine bestimmte Art und Weise, Medien wahrzunehmen, sondern die bei dem anfängt, was Du eine »prä-McLuhan-Haltung« genannt hast.

Technologieangst und Geschichte versus Neuheit - Minima Media

D. D.: Ich versuchte dies bei der Medienbiennale in Leipzig zum Thema zu machen, indem ich das Motto »Minima Media« wählte. Beim Konzept der ersten Überblicksausstellung von Medienkunst in Ostdeutschland sah ich mich mit zwei Problemen konfrontiert: zum einen, dass bei vielen Menschen in Ostdeutschland die neuen Technologien ein sehr negatives Image haben, weil sie denken, dass diese ihnen nur die Arbeit wegnehmen und ihre existierende Kultur zerstören. Vor allem im Medienbereich haben die Westfirmen fast alles aufgekauft und es gibt keine wirkliche ostdeutsche Identität in der Presse oder im Fernsehen.

Ein weiteres Problem lag darin, dass eine Kenntnis der Entwicklung der Medienkunst hier nicht vorausgesetzt werden kann, weil es fast keine Informationen darüber gab. Letzteres versuchte ich zu lösen, indem ich historische Positionen in der Ausstellung gezeigt habe: die Besucher konnten anhand von frühen Videobändern sehen, dass es künstlerische Arbeit in diesem Bereich schon seit 1965, d. h. seit 30 Jahren, gibt. Ich denke aber auch, dass die übertriebene Betonung des Neuen ein allgemeines Problem in der Medienkunst ist. Dies wird im westlichen Kontext noch viel deutlicher. Diese Hysterie der Neuheit hängt völlig von der technologischen Entwicklung ab und zerstört die Möglichkeit einer eigenen ästhetischen Geschichte im Bereich der Medienkunst. Die meisten jungen Medienkünstler oder Studenten wissen nichts über die Pionierarbeiten. Sie fahren jedes Jahr zur Ars Electronica und sehen sich die neuesten Sachen an, aber sie wissen nicht, von welchen Vorbildern diese Dinge möglicherweise Kopien sind, denn sie kennen nicht die Originale, weil auch im Westen noch ein grosser Mangel an Quelleninformationen herrscht.

Der zweite zentrale Punkt des Konzepts von »Minima Media« war, nur Arbeiten zu zeigen, die mit einfachster Technologie auskommen, meistens auf dem Niveau von Heimelektronik. Dadurch konnte deutlich werden, dass Medienkunst nicht nur eine Frage des grossen Geldes ist. Viele Medienkunst-Ausstellungen hängen zu stark von dem high-tech-Niveau der Geräte ab. Ich denke, es ist nicht mehr nötig, die Bedeutung von Medienkunst durch die Neuheit der benutzten Geräte zu beweisen. Die Entwicklung geht so schnell, dass alles Gefahr läuft, sehr bald veraltet auszusehen. Wenn Du also etwas machen willst, das in 5 Jahren noch interessant ist, nimmst Du am besten nicht die neueste Technologie.

Ost und West auf dem Weg zueinander

D. D.: **Ein anderer Aspekt, der mir wichtig ist - und nun komme ich zurück auf das Jahr 1989 - liegt darin, dass wir in den nächsten 10 Jahren herausfinden werden, dass wir ein neues Wertungssystem für die Laufbahn von Künstlern brauchen. Die Wiedervereinigung von Ost- und Westdeutschland ist nur der Beginn des Zusammenwachsens von Ost- und Westeuropa. Selbst wenn es mehr ein Witz ist, aber frag Dich selbst: Was wäre, wenn Bruce Nauman in Timisoara (Rumänien) geboren worden wäre, wer würde ihn kennen und was würde er heute tun?**

In der »Minima Media«-Schau stammte eine der spannendsten Installationen von Alexandru Patatics aus Timisoara. Aber frag mich nicht, wie schwierig es war, für ihn ein Visum zu bekommen, damit er überhaupt an der Ausstellung teilnehmen konnte! All das müssen wir stets im Auge haben, wenn wir über die Veränderung der Kunstwelt durch die Wandlung der politischen Landschaft sprechen. In mancher Hinsicht kann die Veränderung des Bewusstseins, die 1989 begonnen hat, verglichen werden mit den gesellschaftlichen Veränderungen, die der Studentenbewegung vom Mai 1968 folgten. Beide haben etwas zu tun mit politischer Verantwortung in der Kunst und beide behandeln das Problem von Kunst als Teil des Establishments. In Ostdeutschland spürt man sofort, dass die Ereignisse von 1968 jenseits des eisernen Vorhangs nicht stattgefunden haben. Z. B. habe ich die Erfahrung gemacht, dass die Rolle eines Professors hier noch sehr anders ist, viel traditioneller verglichen mit dem Westen.

Ich denke, wir haben schon heute einen anderen Bewertungshintergrund. Es macht mehr und mehr Mühe, an der alten einäugigen, rein westlichen Blickweise festzuhalten. Vor allem in der Medienkunstszene gibt es eine grosse Offenheit für Entwicklungen aus Osteuropa, weil Medien immer vom Wechsel und von der Kommunikation leben. Vielleicht ist manchmal das Interesse sogar stärker als die Resultate, die man schliesslich findet. Deshalb sollten die ersten Schritte im Bereich Computergrafik in Russland, von denen Du erzählt hast, kein Grund dafür sein, nicht weiter nach spannenden Resultaten von russischen Medienkünstlern Ausschau zu halten. Die Entwicklung kann gar nicht so

schnell verlaufen, solange das ökonomische Problem noch im Vordergrund steht. Wie kann man als Künstler überhaupt leben, wann findet man Zeit zu arbeiten? Oftmals sind das die Probleme, die als erstes gelöst werden müssen.

Nur eine Chance - erste rumänische Videowoche in Bukarest

V.G.: **Weil ich seit mehr als 5 Jahren hier in Tokyo lebe, ist mir die Situation in Europa nicht mehr so vertraut. Ich höre immer nur, dass viele Menschen sehr an den Ereignissen in Osteuropa interessiert sind, z.B. in Ungarn oder Rumänien. Von Japan aus gesehen scheint das alles sehr weit weg zu sein. Es ist schwer, diese Anziehungskraft nachzuvollziehen, wenn sie jenseits eines etwas oberflächlichen Exotismus sein soll. Welche Richtungen der Entwicklung lassen sich erkennen? Welche Impulse kommen aus Osteuropa?**

D.D.: **Vielleicht kann ich dies am Beispiel der ersten rumänischen Videowoche darstellen, die 1993 in Bukarest stattgefunden hat und von der Soros Foundation mit Unterstützung von Geert Lovink (Schriftsteller, Vortragender, Herausgeber und Networker aus Amsterdam) und Keiko Sei (japanische Kuratorin und Organisatorin, die hauptsächlich in Prag lebt) organisiert wurde. Es war eine sehr extreme Situation, weil in Rumänien keinerlei Technologie verfügbar gewesen war. Zusammen mit der DDR war Rumänien eines der restriktivsten sozialistischen Länder. Trotzdem gab es eine stärkere Kontinuität von Ideen der Avantgarde in Rumänien im Vergleich zur DDR. Eigentlich habe ich in allen osteuropäischen Ländern ein ungebrocheneres Verhältnis von der Vorkriegsavantgarde zur heutigen Zeit gefunden als in der DDR. Z. B. gibt es in Polen Experimentalfilm von den 1960ern bis heute. Eine solche Tradition besteht in Ostdeutschland nicht. Die Kultur im östlichen Teil Deutschlands hatte zwei Schocks, erst Hitler, dann der Kommunismus. Vielleicht waren es diese zwei Schläge, die schliesslich die Wurzeln der Avantgarde aus den 20er Jahren ausgelöscht haben. Ein anderer wichtiger Grund liegt darin, dass viele oppositionelle Künstler nach Westdeutschland gegangen sind oder gehen mussten - also drei Gründe für die fast völlige Unterbrechung**

von dem, was man die Tradition der Avantgarde nennen könnte.

Aber um zurückzukommen auf Bukarest: obwohl Ceausescus Politik tiefe Spuren hinterlassen hat, wussten die Leute, wer Tristan Tzara war, und in dem Theater direkt neben dem Ausstellungsraum gab es Aufführungen von Stücken Eugene Ionescos. Es besteht eine grosse Offenheit für experimentelle Arbeiten. In dieser Situation, wo viele Ideen in der Luft liegen, aber es wenig Möglichkeiten gibt, um zu arbeiten, war die erste rumänische Videowoche ein bedeutender Schritt. Es war das erste Mal, dass elektronische Hardware aus dem Westen ins Land gebracht wurde, um Künstlern die Möglichkeit zu geben, damit zu arbeiten. Dazu kamen ein paar Gastlehrer, die eine Grundausbildung über die Möglichkeiten von Videoinstallationen vermittelten. Ich fand die acht Installationen, die schliesslich realisiert wurden, sehr überzeugend. Wie gesagt, haben wir einen der Künstler, Alexandru Patatics, zu der »Minima Media«-Ausstellung nach Leipzig eingeladen. Ich war erstaunt über die Fähigkeit dieser Leute, sofort gute Arbeiten zu schaffen, die auf jedem europäischen Festival überzeugen würden, ohne vorher irgendwelche Erfahrungen zu haben. Natürlich standen die Künstler unter grossem Druck, denn es war von Anfang an klar, dass sie nur diese eine Chance haben. Nach Ende der Ausstellung können sie nicht weiter mit den Geräten arbeiten. Natürlich war das ganze Ereignis nur möglich durch die starke Unterstützungen mit US-Dollars durch die Soros Foundation. Insofern musste fast alles aus dem Westen kommen: das Geld, die Ausrüstung, die Gastlehrer. Diese Dominanz der westlichen Ökonomie und Technologie ist so stark, dass sie auch die Ästhetik der Werke beeinflusst - aber dennoch war der Erfolg der ganzen Veranstaltung nur möglich durch die Kreativität und Offenheit der rumänischen Künstler.

Die Überwindung des westlichen Erbes - neue Medien, neue Sichtweisen?

V.G.: **Ich lese gerade allerhand über japanische Mediengeschichte; natürlich gab es in Japan eine Zeit lang eine ähnliche Dominanz des Westens. Aber manche Schriftsteller, die von russischen und amerikanischen Autoren faszi-**

niert waren, sind gegen Ende ihres Lebens zu sehr traditionellen japanischen Ausdrucksformen zurückgekehrt. Also vielleicht folgt nach einer Phase des Experimentierens ein Zurück zu den Wurzeln.

D. D.: Ja, ich habe dieses Thema gerade vor zwei Wochen mit einigen Kunstkritikern in Hongkong diskutiert. Ich war dort anlässlich einer Medienkunstausstellung, die das Goetheinstitut organisierte. Das grosse Interesse der Presseleute an diesem Thema überraschte mich. Für mich war es eigentlich nur eine Ausstellung wie viele andere. Erst nach zwei Tagen wurde mir klar, dass dies die erste Ausstellung dieser Art in Hongkong, der Weltstadt der Elektronik war. Deshalb will nun auch die grösste Zeitung von Hongkong einen zweiseitigen Artikel über Medienkunst bringen.

Ich habe mir auch das Hongkong Modern Art Museum angesehen und fand es sehr enttäuschend. Sie hatten fünf Räume: 1940er bis 1950er, 1960er, 70er, 80er und 90er, alles nur Repliken von Gemälden im westlichen Stil von Künstlern aus Hongkong und die meisten auf sehr schlechtem Qualitätsniveau. Es fing an mit Post-Impressionismus und ging dann über zu einer Art falschem Matisse oder Picasso und endete bei falsch verstandener Abstraktion. Vielleicht war die Situation in der japanischen Avantgarde westlichen Stils ähnlich in den 1950ern, 60ern, als sie nur in einer Adaption des Westens bestand. Aber schliesslich gibt es auch die japanische Gutai-Gruppe, die sich von traditionellen Medien befreit hat und in den 1950ern experimentelle Kunstformen entwickelte, ebenso radikal wie Fluxus und Happening im Westen, aber mit einer sehr stark japanischen Identität. Den Journalisten in Hongkong habe ich gesagt, dass meiner Meinung nach in der Medienkunst die Chance grösser ist, sich vom westlichen Einfluss zu befreien. Ihnen war völlig klar, dass die Kunstentwicklung so in Hongkong nicht weitergehen könne. Sie waren selbst sehr kritisch gegenüber dem, was in der Abteilung für westliche Kunst des Museums für zeitgenössische Kunst von Hongkong zu sehen ist. Auch durch den begrenzten Einblick von meinen drei Reisen nach Japan bin ich zu der Meinung gekommen, dass es für die Künstler einfacher ist, auf dem Umweg über die neuen Medien ihren eigenen ästhetischen Weg zu finden und sich von den starken Einflüssen der westlichen Kunstgeschichte zu befreien.

Sobald Du einen Pinsel mit Ölfarbe und Leinwand nimmst, hast Du es mit der ganzen Kunstgeschichte von Rembrandt bis Pollock zu tun. Aber wenn Du am Computer oder mit Video arbeitest, hast Du keine solch schwerwiegende Geschichte. Du musst nur Paik, Bill Viola und Gary Hill loswerden. Das ist schon alles. In japanischen Medienarbeiten sehe ich oft mehr authentische japanische Qualitäten als in vielen anderen Arbeiten aus dem Bereich der bildenden Kunst. Vielleicht geben diese unverbrauchteren Medien eine bessere Möglichkeit, zu sich selbst zurückzukommen und sich von dem vorherrschenden Einfluss der westlichen Avantgarde zu befreien.

Aber zunächst müssen wir natürlich klarstellen, dass das gesamte Konzept der Avantgarde westlicher Import ist. Es gab keine Idee von Avantgarde in der chinesischen oder irgendeiner anderen asiatschen Kultur, nirgendwo. Sobald wir von Avantgarde sprechen, ist es westlicher Import.

Aber wenn das Konzept der Avantgarde einmal importiert worden ist, kann es sehr eigenständige Formen annehmen. Vielleicht kann man dies mit den Veränderungen im Bereich der Technologie vergleichen: Alle wichtigen japanischen Exportartikel der Medienindustrie, wie Fotoapparate, Fernseher oder Videorekorder, wurden im Westen erfunden - aber heute scheinen sie für uns Westler typisch japanische Produkte zu sein...

V.G.: Ich verstehe, dass eine geringere Last der Kunstgeschichte zu tragen ist, wenn man beginnt, mit technischen Medien zu arbeiten. Jedoch bleibt immer noch die Vorstellung, dass bestimmte Formen des Ausdrucks in der Technologie selbst enthalten sind. Am deutlichsten wird dieses Problem vielleicht in der Computerkunst.

D.D.: Ja, in jeder Studentengruppe finde ich einige Prototypen, die immer aufs neue wiederholt werden. Nun ja, jeder beginnt beim Zeichnen mit einem Akt oder Stilleben. Wir müssen dies als natürliche Schritte sehen, die dazu dienen, ein Bewusstsein zu entwickeln, welche Möglichkeiten das Medium anbietet, und sie dann zu überwinden. Vielleicht könnte man das durch eine Art Ausbildungsplan in den Griff bekommen, um schneller hindurchzukommen. Vielleicht müssen wir auf das Bauhaus zurückgreifen. Der grösste Einfluss des Bauhauses war die Entwicklung eines Ausbildungskonzepts, wie man verschiedene Materialien entsprechend ihrer immanenten Qualität benutzt. Vielleicht könnte man das auf die Ausbildung im Feld der elektronischen Medien übertragen?

Das universelle Medium

V.G.: **Ich bin da sehr skeptisch. Denn wenn Du vorausbestimmst, was ein Medium ist, welche immanenten Regeln es enthält, und Menschen, die erstmals mit diesen Medien arbeiten, entsprechend dieser Regeln ausbildest, dann lenkst Du auch ihre Aufmerksamkeit, ihre Phantasie in der vorgeschriebenen Richtung. Speziell wenn man mit dem Computer arbeitet, welcher die immanente Qualität eines universellen Mediums hat. Das heisst, er kann alles sein, je nachdem, zu was Du ihn machst. Wenn Du also von vornherein sagst, der Computer ist da, um mit einigen bestimmten mathematischen Algorithmen grafische Strukturen zu schaffen, dann beschneidest Du zugleich die frische, naive und unstrukturierte Phantasie, die vielleicht in ganz anderer Weise genährt werden könnte, ohne schon zu definieren, was das Medium ist.**

D. D.: **Ich denke, Du hast Recht. Denn man kann nicht die Dinge, die in der realen Welt passieren, einfach auf den digitalen Bereich übertragen, denn dort gibt es keine vorstrukturierten Medienqualitäten, sondern einfach nur diese Art universeller Möglichkeit. Wenn Du es mit Papier, Metall und Holz zu tun hast, dann haben diese Materialien klar bestimmte Qualitäten, und Du solltest sie entsprechend verwenden, aber Du hast nichts Vergleichbares in der digitalen Welt, ausser bestimmten Software-Paketen, die nächstes Jahr schon aktualisiert werden und ihre Qualität mit jeder neuen Version verändern und bei denen es keinerlei ewige Gesetze mehr gibt. Diese völlig strukturlose Breite der Möglichkeiten ist sogar das am schwierigsten zu lösende**

Problem. Manche Leute sprechen von einer Art »horror vacui«. Du weisst nicht, wo Du bist - alles ist möglich, wo soll ich also anfangen? Du hast nichts, an das Du Dich halten kannst.

V. G.: **Um nun vor diesem Hintergrund auf die ostdeutschen Studenten zurückzukommen, die vom Inhalt ausgehen und dann nach einem Weg suchen, um sich auszudrücken: wäre das nicht genau die Strategie, die ein Künstler wählen sollte angesichts des universellen Mediums?**

D. D.: **Der Unterschied ist, dass diese Leute schon eine Ausdrucksform gefunden haben, bevor sie beginnen, mit den Medien zu arbeiten. Sie haben Malerei oder Fotografie studiert und versuchen nun diese Erfahrungen in das neue Medium zu übersetzen. Aber das passiert nicht nur im Osten. Medienkunst ist längst nicht mehr eine Domäne der jungen Generation. Es gibt mehr und mehr Künstler, die schon eine lange Karriere hinter sich haben und sich dann entscheiden, neue Technologien auszuprobieren. Oft sind die Resultate dabei sehr interessant, je nachdem, inwieweit sie in der Lage sind, ihre eigene Strategie an diese neuen technischen Möglichkeiten anzupassen. Wenn ein Maler schlicht und einfach versucht, auf der grafischen Palette das zu malen, was er vorher besser in Öl gemacht hat, ist das nicht so umwerfend. Merce Cunningham benutzt mit über 70 Jahren digitale Software für seine Choreographie. Sein künstlerischer Ansatz ist so offen für neue Konzepte, das er ohne Problem mit einem neuen Medium umgehen kann. Auch John Cage hat eine spezielle Software benutzt, um seine Gedichte (Mesostics) zu schreiben. Er benutzte immer schon Zufallsoperationen, so dass seine Arbeitsweise für die digitale Technologie völlig adäquat war.**

Zufallsgeneratoren, Interaktivität
und künstliches Leben

V.G.: **In der Theorie zur Computerkunst gibt es schon seit den früher 1950ern eine lange Tradition, den Computer nicht als Werkzeug zu sehen, sondern als Partner bei der Schaffung von Kunstwerken. Dies führte bis zu dem Punkt, dass die intuitive, kreative Qualität dem Computer übertragen wurde. Die technische Implemen-**

tation dieser Qualität war meistens ein Zufallsgenerator.

D. D.: **Du meinst, der Computer ist nur eine Art Zufallsgenerator, um schon vorher bestimmte Muster von der Maschine neu mischen und ordnen zu lassen?**

V. G.: **Zum Beispiel.**

D. D.: **Nun, das gehört aber wirklich in die frühen 1960er, denke ich. Heute haben wir doch viel komplexere Strukturen der Interaktion und weiter entwickelte Möglichkeiten für einen Dialog mit der Maschine. Es fängt an mit einem guten Interface - und davon gibt es nicht so viele jenseits von Tastatur und Maus. Und die andere Frage ist, wie tief die Interaktion mit der Maschine wirklich ist. Die meisten interaktiven Kunstwerke, die wir heute kennen, wie z. B. diejenigen, die kürzlich in Tokyo gezeigt wurden von Jean-Louis Boissier oder Bill Seaman oder Jeffrey Shaw, haben nur eine Database, die im Prinzip bereits komplett vorstrukturiert ist. Es liegt nur in meiner Hand, einen Weg auszuwählen, den ich in das Werk hineinverfolge. Es gibt in diesem Fall also keinen Zufallsaspekt von der Seite des Computers. Wenn ich es negativ ausdrücke, ist das Ganze eigentlich nur ein komplizierter Weg, um mir eine bestimmte Botschaft mitzuteilen. Wenn ich die gesamte Datenstruktur überblicken könnte, dann würde ich sagen: »o.k., das ist also alles, nun brauche ich keine weitere Interaktion mehr«. Ich denke der nächste Schritt, der z. Z. schon in einigen Werken vorbereitet wird, ist eine Interaktivität, die es dem Betrachter erlaubt, die gesamte Datenstruktur zu verändern. Du bewegst Dich also nicht mehr in einer schon im voraus definierten Database, sondern es hängt von Deiner eigenen Reaktion ab, wie sich die Struktur verändert, in die Du Dich hineinbewegst. Wenn wir über Interaktivität sprechen, hat das etwas zu tun mit Umberto Eco's Konzept des »Offenen Kunstwerkes«. Ein offenes Kunstwerk heisst, dass der Betrachter nicht nur im voraus definierte Resultate erfahren kann, sondern dass in Verbindung mit dem Mensch-Maschine-Dialog neue Resultate geschaffen werden. Ich glaube, dies ist die Richtung von Interaktivität,**

an der Künstler wie Ulrike Gabriel, Christa Sommerer und Laurent Mignonneau, Knowbotic Research oder Ponton Media Art Lab mit High Tech Einsatz arbeiten. In Leipzig haben wir Installationen von Daniela Plewe und Peter Dittmer gezeigt, die Ähnliches auf der Sprachebene mit einem simplen PC machen. Es ist interessant, dass gerade in diesem Feld viele Künstlergruppen arbeiten. Denn es gibt im Prinzip zwei Wege, um diese Art offener Interaktivität zu erreichen: der eine ist, verschiedene Betrachter miteinander zu verbinden und sie aufeinander reagieren zu lassen, der andere Weg ist, der Datenstruktur selbst die Möglichkeit zu geben, verschiedene Reaktionen im Laufe der Interaktion zu lernen. Aber im Vergleich zu irgendeiner Installation im Rahmen der bildenden Kunst sind diese Dinge viel einfacher im elektronischen Netz zu realisieren, denn hier können die Leute jederzeit zu einem Thema zurückkehren und eine Art Gruppenstruktur entwickeln. Was z. Z. mit geschriebener Sprache in den Bulletin Boards passiert, wäre auch für andere ästhetische Strukturen möglich. Ich kenne bisher kaum wirkliche Beispiele dafür, aber stell Dir vor, du hast irgendeine Art Cyber Sculpture, an der 5 Leute zusammenarbeiten, aber nicht so, dass jeder nur an seiner Ecke herumhackt. Bei Computerspielen sind diese Gruppenstrukturen schon sehr populär. Aber kollektive Kreativität ist immer noch schwierig.

Zurück zu den 60ern - digitales Fluxus

D. D.: **Gruppenaktivität ist vor allem bei Künstlerprojekten im Internet ein ganz wichtiges Thema. In den meisten klassischen Medien funktioniert die typische ein-Künstler-ein-Stück Beziehung noch. Jedoch bei der Netzwerkkommunikation kommt eine neue Qualität hinzu. Gruppenprojekte waren in der Kunstszene für fast 20 Jahre, seit den 60ern und 70ern nicht wichtig.**
Für Fluxus hatte George Maciunas die Idee, dass anonyme Kunstobjekte per Post bestellt werden können unter dem Markennamen Fluxus, ohne dass sie irgendeinen Künstlernamen tragen. Dies kam aus seinem sozialistischen Avantgarde-Denken, der Idee, dass das Kollektiv wichtiger ist als das Individuum. Aber natürlich wollten die Fluxusmitglieder sagen »Ich bins!«

und wollten ihr Namensschild an ihrem Multiple haben. Also funktionierte es nicht, und nur der Fluxuspapst Maciunas hat diese Idee propagiert. Nun war Fluxus als »Marke« viel erfolgreicher als manche einzelnen Künstler, die längst vergessen wären, wenn sie nicht Teil der Bewegung gewesen wären. Fluxus war eines der ersten wirklich internationalen Künstlernetzwerke, das als Gruppe 30 Jahre lang funktioniert hat. Die Leute kennen sich heute immer noch, und es gibt einen Rest von Gruppengeist mit einer weltweiten Kommunikationsstruktur. Ich glaube, deshalb gibt es z. Z. ein neues Interesse an Fluxus, denn wir finden hier eine Struktur, die sehr relevant ist für die Kommunikationsära von heute.

Ich sehe überhaupt eine sehr starke Verbindung zwischen den 60ern und den 90ern, nicht nur bei Fluxus. Als in den 1960ern Paik und andere Künstler begannen, mit Medien zu arbeiten, wollten sie nicht eine neue Kunstform, wie Medienkunst, Videokunst oder Computergrafik schaffen, als Ergänzung zu z.B. Holzschnitt und Radierung. Sie wollten nicht nur eine neue kleine Nussschale ins Meer der Kunst schicken, sondern in den 60ern war das Ziel eine Veränderung der gesamten Struktur der Kunst, ihres Zugangs und ihrer Distribution, durch diese neuen Technologien zu erreichen. Die Hauptabsicht bestand in einer Intermedia-Kunst, die zwischen den etablierten Genres steht.

Aber diese Versprechen gingen nicht in Erfüllung. Zum Teil, weil in den 60ern noch nicht die richtige Technologie zur Verfügung stand, um die Sache ans Laufen zu bringen und zum Teil, weil es keine wirkliche Resonanz in der offiziellen Kunst gab, die noch zu verschlossen war für solche Experimente. Es scheint, dass wir gerade heute die Visionen der 60er wieder aufnehmen, die damals nicht in Erfüllung gegangen sind. Plötzlich befinden wir uns in einer Multimediagesellschaft, und blicken nun zurück auf diese Intermedia-Visionen aus den 60ern. Viele dieser Künstlervisionen sind heutzutage Teil der Alltagskultur geworden, allerdings nicht durch Künstler, sondern einfach durch die Wandlung unserer Gesellschaft und ihrer Kommunikationsstrukturen. In der »Minima Media« Schau in Leipzig habe ich versucht, diese Verbindung zwischen den 60ern und den 90ern aufzuzeigen.

Ich wollte auf die ursprüngliche Idee einer Intermedia-Kunst zurückzukommen, die es wagt, radikale Fragen mit einem Minimum an Technologie zu stellen.

Demokratie und Geschmack

V. G.: **Ein Problem, das wir immer noch mit uns herumtragen, ist die Legitimationsfunktion des Kunstestablishments: eine Kunstschule durchlaufen, mit Galerien und Museen arbeiten. Aber mit der Distribution durch Netzwerke, welche die Verbindung vom Einzelnen zu Vielen ebenso wie vom Einzelnen zum Einzelnen schaffen, wird die Idee der Fluxusmitglieder wahr, diesen Bereich des Establishments zu umgehen, weil nun die Künstler ihr Publikum direkt erreichen können.**

D. D.: **Ja, nur haben wir dasselbe Problem, das schon die 1960er nicht lösen konnten. Ich sehe keinen wirklichen Weg, um das zu umgehen, was Du die Legitimationsstruktur der Kunstwelt nennst. Versucht man, jede Art von kontextschaffenden Strukturen zu umgehen - wie Galerien, Museen, Kuratoren, Kunstmagazine, Ausbildung und all das - dann wird es schwierig, dass einer überhaupt noch den anderen finden kann. Natürlich ist die Idee gut, dass Künstler direkt ihr Publikum erreichen sollen. Aber wir haben sowieso das Problem des Informationsüberflusses und wenn es keinen Qualitätsfilter gibt, dann verlieren wir einfach den Überblick. Wenn alles gleichzeitig erreichbar ist, wie findet man noch das, was man sucht? Die Frage ist: Für wen soll ich mich interessieren, für den Künstler nebenan oder für den von einem anderen Kontinent?**

Das Internet ist ein schönes Medium und im Prinzip öffnet es die technische Möglichkeit, die in den 60er Jahren gesucht wurde. Jeder, der am Netz hängt, kann meine Sachen bekommen, ich habe potentiell so viele Millionen Betrachter wie Internet-User - also bin ich nun ein grosser Künstler. Aber solange sich in der Netzwerkstruktur keine Art von Kunstkontext bildet, d. h. von Kunstestablishment, wird es dort keine erfolgreichen Künstler geben, denn Erfolg wird nur durch dieses Bewertungssystem geschaffen. Also muss dieses Bewertungssystem in die digitale Welt übertragen werden, wenn es

irgendeine Art von Diskurs geben soll. Pionier-projekte, wie das Kunst-BBS-System »The Thing« versuchen daran zu arbeiten. Ansonsten ist jemand, der seine Kunst von seinem Home Terminal aus ins Internet anbietet, in ähnlicher Lage, wie ein Dichter, der Gedichte schreibt, davon Fotokopien macht und sie dann an der Shibuya U-Bahn-Station während der Rush Hour verteilt. So erreichst Du niemals das Publikum, das Du willst.

V. G.: **Oh, da gibt es einen grossen Unterschied: Auf der Strasse erreichst Du eine zufällige Auswahl von Leuten, von denen vielleicht nur ein oder zwei unter Tausend sich für genau das interessieren, was Du machst. Aber im Netz kommen Leute zu Dir und suchen sich das aus, was sie wollen. Im Netz werden die Kriterien für das, was wichtig ist, was schön ist, was uns ästhetisch gefällt, verschoben von all den verschiedenen institutionalisierten Filterfunktio-nen zum Endnutzer, dem Individuum.**
Das Problem des Informationsüberflusses gibt es natürlich nicht nur in der Kunstwelt, aber ich denke, dass Kunst im Netz sich darum zu kümmern hat. Es ist ein Lernprozess. Natürlich gibt es auch technische Lösungsmöglichkeiten. Wenn Du Deine eigenen Kriterien benennen kannst für das, was wichtig, was schön ist, für das, was Du suchst, dann kannst Du sie in einen Suchagenten implementieren und kannst diesen Suchagenten hinaus ins Netz schicken. Der psychologisch und politisch relevante Punkt ist dabei, dass Du derjenige bist, der über die Krite-rien entscheidet, nicht der Herausgeber einer Kunstzeitschrift oder ein Galerist oder eine Schallplattenfirma.

D. D.: **Ich denke, das ist möglich für die Recher-che von echten Informationen, so lange klar ist, dass es um ein bestimmtes Thema geht, für das ein bestimmter Name oder ein anderweitig klar definiertes Kriterium vorliegt. Aber ich glaube noch nicht an einen ästhetischen Agenten, der meinen Geschmack hat und den ich ins Internet schicke, um Kunstwerke zu suchen, oder um Gedichte zu lesen und um mir diejenigen mitzu-bringen, die mir gefallen. Ich glaube, bis dahin wird es noch lange dauern. Um es einmal ganz** direkt auszudrücken: Ich glaube nicht an die Demokratie bei Fragen des Geschmacks, auch nicht im Internet.

V. G.: **Das ist ein starkes Statement. An was glaubst Du denn sonst?**

D. D.: **Ich glaube an einen sehr komplexen sozia-len Prozess, den die Evaluation von Kunst schon immer durchlaufen hat, den langen Weg der Dinge, die sehr bekannt werden, wieder völlig in Vergessenheit geraten und dann wieder ent-deckt werden. All diese Prozesse verlaufen in den letzten Jahrzehnten sehr viel komprimierter. Was zu Anfang des 20sten Jahrhunderts noch 30 Jahre dauerte, ist nun auf eine Zeitspanne von 5 Jahren vekürzt. Trotzdem müssen die Dinge, die bleiben, immer noch diesen sehr diffizilen Filtra-tionsprozess durchlaufen.**
Man kann versuchen, etwas mit Gewalt durch-zusetzen, aber sogar, wenn die stärkste Galerie und das beste Museum Dich pusht, wenn die Dinge selbst nicht die Kraft haben zu überleben, ist es möglich, dass nach 20 Jahren alles vorbei ist. Es gibt keine patentierte Methode, einen Künstler zum Teil der Kunstgeschichte zu machen. Das einzige, an das wir uns halten können, ist dieses sich ständig fortsetzende Diskussionssystem über Kunst. Ich denke, das kann sehr gut auf Netzwerkstrukturen übertra-gen werden, aber es muss von Personen gelei-stet werden und durch ein System von Experten, den Dialog von Experten.
Ich glaube nicht an die Demokratie - damit will ich sagen: Du wirst niemals Erfolg haben mit irgendeiner Art von Quotensystem. Die Dinge, die in dem Moment, wo sie produziert werden, auf das grösste Interesse stossen, sind höchst wahrscheinlich diejenigen, die im Rückblick nicht die stärksten sind. Jedes Quotensystem - wir sehen das beim Fernsehen - drückt das Niveau nach unten. Sogar ein Quotensystem, das sich nur auf die Kunstwelt beschränkt, hat die Tendenz...

V. G.: **... zum kleinsten gemeinsamen Nenner.**
D. D.: **Ja, genau, und das ist immer das Schlimm-ste.**

Evaluation oder Antizipation?

V. G.: **Ich glaube nicht, dass das so in den Netzwerkstrukturen funktioniert. Du sprichst nur von der statistischen Methode, die misst nur, wieviele Leute das Fernsehen zu einer bestimmten Zeit auf einen bestimmten Kanal schalten. Es gibt dazu keine qualitative Interpretation, keine Interaktion zwischen den zwei Seiten. Es ist einfach nur die Erfassung eines Auswahlprozesses. Im Internet hingegen, das grundsätzlich ein Zweiwegmedium ist, gibt es ein qualitativ unterschiedliches Element.**

Zum Beispiel hat die Gruppe »Handshake« in Berlin ein Projekt gemacht, bei dem sie Bilder ähnlich wie die Tintenkleckse des Rorschach-Tests in das Netz eingespeist hat und dann die Leute dazu aufgefordert hat, etwas damit zu machen. Sie haben sehr unterschiedliche Reaktionen erhalten. Es gab Leute, die sich das Bild in ihren PC geladen haben, es in ihrem Grafikprogramm verändert und zurückgeschickt haben. Dann gab es Leute, die einen ausführlichen Dialog mit den Künstlern über das ganze Projekt angefangen haben, bis hin zu individuellen Interpretationen. Es handelt sich also nicht nur um eine rein quantitative Erfassung. Ich bin natürlich auch der Meinung, dass der Kunstevaluationsprozess genauso wie der Informationsevaluationsprozess nicht nach dem simplen Modell funktioniert, Kreuze auf einem Blatt Papier für diese oder jene Partei zu machen. Ich kann aber trotzdem das Statement nicht akzeptieren, dass die Kunstevaluation kein demokratischer Prozess ist, sondern dass wir Experten brauchen, die der Masse sagen, was gut ist.

D. D.: **Nun, das ist auch etwas anderes. Vielleicht haben wir uns in diesem Punkt missverstanden. Ich glaube auch nicht, dass es irgendwelche einzelnen Experten gibt, die die Wahrheit für sich selbst gepachtet haben. Ganz im Gegenteil, die meisten Experten irren sich den grössten Teil der Zeit. Trotzdem gelingt es diesem System der Kunstgeschichtsdiskussion, aus einer Vielzahl von Irrtümern schliesslich zu dem Resultat zu kommen, dass in den 1920er Jahren fünf bestimmte Künstler absolut herausragend sind, und irgendwie neigen wir nach 50 Jahren alle dazu zuzustimmen. Nur habe wir grosse Schwie-**

rigkeiten, dasselbe für unsere eigene zeitgenössische Situation zu sagen.

Ich denke, der Begriff der Antizipation ist ein Schlüsselwort in dieser Struktur der Geschichte. Zum Beispiel, warum interessieren wir uns heute wieder für Fluxus, während in den 80er Jahren Fluxus völlig uninteressant war? Dies ist ein Beispiel für die Wellenbewegungen des Evaluationsprozesses. Denn die Art und Weise, wie Fluxuskünstler zu ihrer Zeit die Welt gesehen haben, ist wegweisend für unser Verständnis von dem, was heute um uns herum passiert.

André Breton sagte einmal »Das Kunstwerk ist nur insofern wertvoll, als es von Reflexen der Zukunft durchzittert wird«. Auf dieses Zitat von Breton bezieht sich Walter Benjamin in seinem Essay über das Kunstwerk im Zeitalter der Reproduzierbarkeit.

Benjamin dachte an eine technische Entwicklung in einzelnen Schritten, zuerst die Fotografie, dann der Film - ein klarer Schritt vom stehenden Bild zum bewegten Bild. Er sagte z. B., dass die Dadaisten mit ihren Simultanlesungen die ästhetischen Möglichkeiten des Films vorweggenommen haben, weil sie auf der Bühne etwas spielten, was später im Film durch die Montagetechnik, bei der simultan Bilder von verschiedenen Orten zusammenkommen, möglich wird. Diese Art der Bewusstseinsmontage wurde von den Dadaisten also vorweggenommen.

Heute stehen wir vor dem Problem, dass wir in der Entwicklung von Medien und Technologie keine klar voneinander trennbaren Schritte mehr haben. Die Entwicklung ist so schnell und so komplex geworden, dass wir vielmehr einen konstanten Fluss der Innovation in allen Bereichen zur gleichen Zeit haben. Wir können also nicht mehr über einzelne Schritte sprechen und diese in ihrer Bedeutung diskutieren.

Bald werden wir sogar keine klaren Trennungen mehr zwischen einzelnen Medien haben. Ich denke, Friederich Kittler hat Recht, wenn er feststellt, dass in der digitalen Welt alle Medien zu einem einzigen Supermedium zusammenschmelzen - und das ist der Moment, wenn niemand mehr über Medien sprechen wird.

Dieter Daniels and
Volker Grassmuck

conversation
Tokyo 8 March 1995

VG: Since two years you changed from former west to former East Germany - and you said you see great differences in the attitude of people towards media. What kind of expressions do your students in Leipzig create in this strive for identity? How do they deal with means that were not accessible to them before, things like video and computer technology?

DD: Well, I see some strategies that are interesting elements of an East German attitude toward the new media. In the western avantgarde context, many media works are not so strong in their content, but rather tend to have a strong formal side of »how it works«. In Leipzig I found interesting that around 1991/92, right after the equipment was accessible in the school, some of the older student generation who had already finished their studies in painting or photography started to work with the new media. Contrary to the western formal aspect, they are very content-oriented, which is a good basis for the work, but on the other hand they might neglegct the formal qualities of the media they are using. For example they just want to go for specific images, or have a very personal message. They don't think so much about the frame, about what they want to do with the result afterwards. Interestingly enough this is true for painting as well as photography or for media works. In a certain way, this is still a pre-McLuhan attitude, while in the west »the medium is the message« has become a part of daily life. And in western art the question of the context is a central issue - in modifying Mc Luhan you could say »the context is the content« And this has something to do with the emergence of media art: electronic media modify or even destroy cultural contexts - and artists wanted to change the limited fine art context through this capacitiy 30 years ago when they started to use these media. So this whole discussion did not take place in East Germany since 40 years, as the context of art was more or less pre-defined by what was officialy possible. Not that other things did not happen, there were certainly alternative forms of art, but they were out of sight, almost not visible.

VG: These experiences in Leipzig are not an issue of only regional significance, I think. Do you see in eastern Europe alternative ways of dealing with these new media?

For example, last year, at ISEA [International Symposion on Electronic Arts, Helsinki] there was a boat tour to St. Petersburg, and we were presented with works from Russian computer graphics artists. There was the general feeling of the Western artists who were invited there of a Deja-vu. The stuff the Russians are doing who are discovering this new medium now, is what had been done in the West ten years before. The general explanation was, there is a certain form of expression built into the technology. Your fantasy is guided by what the pull-down menus of a certain software provide you with, and therefore, you get a strong alikeness of the works that are created. What I am trying to point at, is the possibility of a resource of alternative angles, of not being guided from childhood and through art school into a certain way of perceiving media, but of starting from what you called a »pre-McLuhan« kind of attitude.

Techno-Fear and history vs. newness - Minima Media

DD: I also tried to make this an issue in the exhibition of the Medien Biennale that I staged in Leipzig under the motto of »Minima Media«. In designing the first overview exhibition of media art in East Germany, I found myself confronted with two problems: first, that many people in East Germany have a very negative image of new technologies in general, because they think they are just taking away their jobs and destroying their existing culture. Especialy in media the western companys overtake everything, and there is no real East German identity in the press or on TV, for example.

The problem was that the whole history of media art is unknown in East Germany, because there was almost no information about these developments. I tried to solve this problem by taking historical positions into the show with very early video tapes so that the people see that there has been work in this field since 1965.

I think this emphasis on the »new« is a general problem in all media art issues, also in the western context. This hype about newness mostly depends completely on the technological development and destroys the possibility of of a own aesthetic history in the field of media art. Most of the young media artists or students don't know anything about the pioneer works. They go to Ars Electronica each year and see the newest things, but they don't know what these things are copies of, they don't know the originals, because there is a big lack of source information.

The other important point about the idea of »Minima Media« was to show only pieces with simple technology, mostly on the level of consumer electronics. This was a way to show that media art is not only a question of big money. Many media art shows focus to strongly on the high-tech level of the equipment. I think it's no longer necessary to prove the importance of media art by the newness of its material. The development is so quick that things risk looking outdated so soon. So if you want to do something that is still interesting in five years, you better not take the latest technology.

East and west coming together

DD: And the other aspect that I find important - and this is coming back to 1989 - is that we will find in the next decade a new evaluation system of artist's careers. The reunification of East and West Germany is only the start of East and West Europe coming together. Even if it is a kind of joke, but ask yourself: What if Bruce Nauman would have been born in Timisoara (Rumania) - who would know him and where would he be today? In the »Minima Media« show one of the freshest installations was by Alexandru Patatics from Timisoara - but don't ask me how difficult it was to get a visa for him so that he could take part in the show! These are questions we have always to consider if we look at the new art world of today which is part of a changing political landscape.

In some aspects the cut of consciousness started in 1989 can be compared to the changements that followed the students' movement of May 1968. Both have something to do with the whole issue of political responsibility in the arts and both deal with questions of art as part of the establishment. And in the east you feel immediately that these 1968 events did not take place on the other side of the iron curtain. For example I experience that the role of a professor is still very different, much more traditional compared to the west.

We have a different evaluation background already now, I think. It takes more and more effort to stick to the old one-eyed look at a purely western avantgarde. Especially in the media art scene, there is an openness for developments from the east, because media are about change and communication. Maybe sometimes the interest is even bigger than the results which can be found - so these first steps of computer graphics in Russia which you mentioned should not

be a reason to forget about media art from Russia. Things don't develop so quickly, and the economy problem is the biggest one to solve. How can artists survive, how can they find time to do work? Often those are the problems to solve now.

One shot only - first Rumanian video week in Bucharest

VG: Having been in Tokyo for the last five and a half years, I am not very familiar with the situation in Europe. I keep hearing that a lot of people are very much interested in what is happening in East Europe, say, Hungary or Rumania.

From Japan all this seems rather far away, and it's difficult to appreciate the attraction beyond some very superficial kind of exoticism. What kinds of directions can be seen? What impulses are coming out of Eastern Europe?

DD: Maybe I can talk about the first Rumanian Video Week in Bucharest that was organized by the Soros foundation with the help of Geert Lovink [writer, lecturer, editor, and networker from Amsterdam] and Keiko Sei, [Japanese art organizer living mainly in Prague]. This was a very extreme situation because in Rumania there was no access to technology. It was, together with East Germany, one of the most restricted socialist countries. But still there was a stronger continuation of avant-garde ideas in Rumania than in East Germany. In all other Eastern European countries I found a stronger continuation of the pre-war avantgarde than in East Germany. For example in Poland you have experimental film from the 1960s untill today. This tradition does not exist in East Germany. Culture in the eastern part of Germany had two shocks, first Hitler and then Communism. Maybe that was the double gun that finally killed the roots of the avantgarde from the 1920s. And another important reason is that many oppositional artists left or had to leave for West Germany - so three reason for the almost complete interruption of what you could call the tradition of the avantgarde.

But to come back to Bucharest, I found that, although Ceausescu's policy left deep marks, the people knew who Tristan Tzara is and there were Eugene Ionesco plays in the theater next door to the space where the exhibition took place. There was a big openness for experimental work. In this situation, with many ideas in the air but few possibilities to work, the First Rumanian Video Week was an important step. It was the first occasion that electronic hardware was brought in from the west to give artists the chance to work with. Also some guest lecturers came to give basic instructions on the possibilitys of video installations. I found the eight installations which were realized quite convincing. As I said already, we invited one of the artists, Alexandru Patatics, to the Minima Media show in Leipzig. I was astonished about the immediate possibility of these people to create good works, which are on normal European festival level, with no previous experience. Actually, they were under big pressure because it was clear for them that they had only this one chance. After this exhibition is over they will not get hold of the equipment any longer.

Naturally the whole event was only possible through strong support with US dollars through the Soros Foundation. So almost everything had to come from the west: the money, the equipment, the guest lecturers. This dominance of the western economy and technology is very strong and also influences the aesthetics of the works - but still the success of the event was based on the creativity and openess of the Rumanian artists.

Getting over the western heritage - fresh media, fresh views

VG: I'm just now reading around in Japanese media history, and of course, there was a period in Japan with a similar dominance of the West. But there was also a return of writers, for example, who had been fascinated by Russian or American authors, and would create works under their influence, but then, towards the end of their life, they would come back to very traditional Japanese forms of expression. So maybe after a period of experimentation there is this coming back to roots.

DD: Yes, I discussed this issue just two weeks ago with some art critics in Hong Kong. I was there for a media art exhibition organized by the Goethe Institute. I was astonished by the great interest of press people on this issue. For me it was just another show to visit. Only after two days it became clear to me that this was the very first experience for Hong Kong, this electronic city, with any kind of art work in this sense. So even the major newspaper of Hong Kong wants to bring a two pages issue about media art now.

I also went to the Hong Kong Modern Art Museum and this was very disapointing. They had five rooms: 1940s-50s, 1960s, '70s, '80s, and '90s, only replicas of Western style paintings by Hong Kong artists and most of them and on a very bad quality level. It started with post-impressionism and went to some Picasso style, to Matisse-fake, and abstract fake was the end. May be part of the Japanese western style avantgarde situation was similar in the 1950s, '60s, when it was only Western adaptation. But then you have the japanese Gutai group, which freed itself from traditonal media and developed in the 1950s experimental art forms as radical as Fluxus and happening in the west, but with a very strong Japanese identity. So I told the journalists in Hong Kong that I see in media art a certain chance to get rid of Western influences more quickly. They were quite conscious that this was not the way they could follow in Hong Kong art development, and they were quite critical themselves about what is officially shown in the Western art section of Hong Kong Contemporary Art Museum. From my limited experience of what I have seen here in Japan throughout my three trips, I think that in new media it is easier for people here to get back to their own aesthetic road and to free themselves from strong influences of Western art history.

As soon as you take a brush and oil on canvas, you have everything from Rembrandt until Pollock there that you cannot ignore. But when you work on the computer or with video, you don't have so much history. You have to get rid of Paik, Bill Viola and Gary Hill, and that's it, already. I see in Japanese media works sometimes more unique Japanese qualities than in many other kinds of fine art production. So maybe through this kind of fresher media there is a stronger possibility to get back to what people are themselves and to free themselves from this prevailing avant-garde Western influence. But first of all, we have naturally to make clear that the whole concept of the avant-garde is Western import. There was no idea of avant-garde in Chinese or any Asian culture, nowhere. As soon as we're talking about avant-garde art, it's Western import.

But once the concept of avantgarde is imported, it can take on very independent forms. Maybe this can be compared with changements in the field of technology: all the major export articles of japanese media industry like photocameras, TVs or videorecorders where invented in the west - but today for us westerns they seem to be genuine Japanese products ...

VG: I understand that there is less of a load of art history that is pressing on you when you start working with technical media. But still there is this idea that certain forms of expression are implied in the technology itself, and the strongest way in which this problem poses itself is maybe in computer art.

DD: Yes, in every students' group I find some kind of prototypes which are always repeated. But I mean, everybody in drawing starts with a nude or with a still life. So we must see this as natural steps that have to be taken to get an awareness of what a medium's possibilities are about, and then to get rid of them. Maybe this could be formalized by some kind of educational steps to get through it easier.
Maybe we need to come back to Bauhaus. Bauhaus' biggest influence was to have a formal education of how to use different materials according to their inherent qualities. Could this be adapted to education in the field of electronic media?

The universal medium

VG: I'm rather skeptical about this point because if you pre-defined what a medium is, what inherent rules it contains, and you train people who are new to the usage of this medium according to these lines, then you also focus their attention, their fantasy on a prescribed way. Specifically, working with the computer which has the inherent quality of being a universal medium. So it can be anything according to what you make it be. If you tell them, the computer is there to use certain mathematical algorithms that can create graphic structures you restrict fresh, naive, unstructured fantasy that might be nurtured in different ways without defining already what the medium is.

DD: I think you are right. Also you cannot just adapt so easily the things that happen in the real world to the digital domain because there you don't have pre-structured media qualities, just this kind of universal possibility. If you talk about paper, metal, and wood, these have clearly defined qualities and you should make use of them appropriately, but you don't have this in the digital world, unless you're talking about certain software packages that are updated next year and change quality with each update, and which are no eternal laws any more. So this completely structureless range of possibilities is even the most difficult to solve problem. Many people talk about a kind of »horror vacui«. You don't know where you are. What shall I do? Everything is possible, so where shall I start? You don't have anything to hold on to.

VG: In that kind of situation, coming back to the East German students who start from content and then look for a way to express themselves, would that not be exactly the strategy that an artist should take towards this universal medium?

DD: The difference that these people have a formation already before they start to work with media. They have studied painting or photography, and then just take what they have and bring it over to the new medium. But this is something that does not only happen in the East. Media art is no longer the young people's domain, there are more and more people who have a long established career and decide that they want to try out now these new technologies. Often it is very interesting to see the results, in how far they are able to adopt their own strategy to this different technological possibilities. If mere painters try to paint on the graphic palette what they better did in oil before that's not so interesting.
But for example Merce Cunningham is now in his 70s using digital software for dance choreography. His artistic approach is so open towards new concepts, that it is easy for him to shift to a new medium. Also John Cage worked with software in composing his poems (mesosticks). He used random procedures anyhow, so his way of working was very adequate to digital technology.

Random generators, interactivity, and artificial life

VG: In computer art theory there is a long tradition from the early '50s to see the computer not as a tool but as a partner in creating art works. That went as far as stepping back completely and projecting the intuitive, creative quality into the computer. And the technical implementation of this quality was usually a random generator.

DD: You mean that the computer is only used as a random generator for a kind of pre-arranged patterns that then are mixed by the machine and presented in a new order?

VG: For example.

DD: Well, this was really early 1960s, I think. Today we have a more complex structure of interaction, a stronger possibility for dialogue. It starts with good interfaces of which there are not so many that go beyond keyboard and mouse. And the other question is, how deep the interaction with the machine really is. Most interactive works that we know today, like the ones that were shown in Tokyo at ICC Gallery recently, by Jean-Louis Boissier, or Bill Seaman, or Jeffrey Shaw, have only a database that is in principal completely pre-structured. It's only up to me which paths I find for going into it. So there is no random aspect in this case from the side of the computer, but, if I put it nastily, it's only a more complicated way for me to get the message. If I could see the overall data structure, then I could say, »okay, that's it, so I don't need any inter-action any more.« I think the next step that is being prepared already in some works is to create an inter-activity that allows the viewer to change the whole datastructure. So you don't travel in a pre-defined database but it depends on your own reaction of what you go into looks like.

When we talk about interactivity this has something to do with Umberto Eco's concept of the »open art work«. The open art work means really that the viewer is not only an experiencer of pre-defined results but that in combination with the man-machine dialogue new results are created, and I think, this is the direc-tion of interactivity on which artists like Ulrike Gabriel, Christa Sommerer and Laurent Mignonneau, Know-botic Research or Ponton Media Art Lab are working, mostly with high-tech. Peter Dittmer and Daniela Plewe do the same on the level of language with a simple PC. It is interesting that especially in this field many artist groups are active. There are in principle two ways to acheive this kind of open interaction: one ist to link several viewers and to let them react with each other. the second way is that the datastructure itself has a capability to learn different reactions during the interaction.

But compared to any installation in the fine art frame, these are things are much easyer on the Net because people here can come back whenever they want and develop a kind of group structure. What is happening in written language on the bulletin boards now could be possible for some other aesthetic structures, too. I don't know any real example of this now, but let's say, you have some kind of cyber sculpture on which five people collaborate, but not like each one chiseling away on his corner. With computergames these group structures are allready very popular. But colla-borative creativity is still difficult.

Back to the sixties - digital Fluxus

DD: Group activity in artistic projects on the Internet is again a strong issue. In most classic media art pieces the typical one-artist-one-piece relation is still working, but with network communication a new quality has come in. Collaborative art projects were not really important on the scene for more almost twenty years, since the '60s and '70s.

For Fluxus George Maciunas had the idea, that anony-mous art objects can be ordered by mail under the label Fluxus, without any artists name attached to it. This came from his socialist avantguarde background, the idea that the collective is more important than the individual. But naturally, Fluxus members wanted to say »It's me!« and wanted to have their name tag on their multiple. So this did not work, it was only the Fluxus Pope Maciunas who promoted this idea. But the Fluxus label was much more successful than many single artists, who would have been forgotten, had they not been part of the movement. Fluxus was one of the first really international artist's network groups that continued for almost 30 years. Still today people know each other and there is a rest of group spirit with a worldwide communication structure. This is why I think there is a new interest in Fluxus now because there is some kind of structure in it that is interesting for the communications era of today.

I see a strong relation in general, not only with Fluxus, between the '60s and the '90s. In the '60s, the visions by Paik and others who started artists work with media, didn't mean to create media art or video art or computer graphics as some kind of new small nut shell in the sea of art - like wood cut art or engraving art, so now we also have computer art. This was not the idea, but the aim was to change the overall struct-ure of distribution and of access to art through these new technologies in the '60s. The main idea was an intermedia art, that stands between the established genres.

But these promises were not fulfilled, partly because the '60s did not have the right technology to make it work, and partly because there was no real feedback in the official art world, which was still too closed for these experiments. It seems that today we are some-how retaking the visions of the '60s that were not fulfil-led at that time. Suddenly, we have the multimedia society, and we go back to these intermedia visions of the 60s. Many of the artists visions formed in the 60s have become part of everyday culture today, but not through artists, but just through the changes of the society and the communication structures. In the »Minima Media« show in Leipzig, I tried to show this link between the 60s and the 90s, and wanted to come back to the idea of intermedia art, which dares to ask radical questions with a minimum of technology.

Democracy and taste

VG: One problem that's still with us is the legitimizing function of the art establishment: going through schools, having galleries and museums. But with the distribution network linking one-to-many - and also one-to-one, of course - the idea of Fluxus members that you talked about, to circumvent this whole realm and have the artists address the audience directly, becomes possible.

DD: Yes, but then again, we have the problem that the 1960s could not solve. I don't see yet the real way to bypass what you call the legitimation structure of the art world. Because bypassing any kind of context-creating structure - which is galleries, museums, curators, magazines, education and all this - makes it so difficult for who should find whom. It's a very good idea that artists might directly address the public, but we have the problem of information overflow in general. If there is no quality filter within, we just get lost and we don't know how to choose and find what we want if everything is accessible. The question is: What should I be interested in, the artist living next door or one from another continent? The Internet is a nice medium, and in principle it has this capacity that was researched in the 1960s. Everybody who is on the net can get my stuff, so I am a great artist now, and I have potentially so many million viewers. But then, as long as you don't have in network communication a kind of art context, of art establishment, you will have no successful artists, because success is only created through this evaluation system. So this evalutation system has to be duplicated in the digital world if there should be any kind of discourse. This is what pioneer projects like the art-BBS »The Thing« try to do. Otherwise somebody distributing personally his art from his home terminal on the Internet is like a poet writing poems, making photo copies, and then distributing them at Shibuya station in rush hours. So you don't get the public that you want.

VG: Oh, there is a big difference. In the street you get a random selection of people among whom there might be one or two among thousands who is interested in what you are doing. On the Net, people come to your site and pick up what they like. On the Net the criteria for what is relevant, what is beautiful, what is aesthetically appealing, are moved from all the different institutionalized filter functions to the end user, the individual.

The problem of information overload is, of course, not only one of the art world but still, I think, one that art on the Net has to address. It's a learning process. Of course, there are also technical solutions. If you can name your own criteria for what is relevant, what is beautiful, what you're looking for, you can implement them in a search engine, and send it out on the Net. The psychologically and politically relevant point is, you are the one who decides on the criteria, not the editor of an art magazine, a gallerist, or a record label.

DD: I think this is possible for any kind of real information research, as long as it's clear that it's a certain topic or certain name or some other defined criteria, but I don't believe yet in any aesthetic agent which has my taste and which I send on the Internet to check art works, to read poems and bring back the ones I like. This will take a long development. Even with the Internet I don't believe in democracy in taste, to put it bluntly.

VG: That's a strong statement. What do you believe in?

DD: I believe in a very complex social process that has always been evaluating art through long procedures of making something very prominent, letting it fall into oblivion afterwards and rediscovering it again. All these things are even much more compressed in recent years. What took thirty years in the early 20th century is now compressed to a five year rhythm. But still the things which remain have to go through this very difficult filtration process. You can try to push something through with all violence, and even if it's the strongest gallery and the best museum that pushes you, if it's not the stuff that survives, it is possible that after twenty years it's over. So there is no approved method to install an artist in art history. It is only this ongoing discussion system that we have. I think that this can be adapted to network structures, but it has to be done by persons and through an expert system, an expert dialogue.

I don't believe in democracy in a sense that you will not succeed with any kind of rating system. The things that find the most interest at the moment they are produced, are very probable to be the ones that are not the strongest in retrospect. Because rating systems - we see this in TV - always lower the level. Any kind of rating system, even if you have a rating system limited to the art world only, has the tendency to reach the...

VG: ... lowest common denominator.

DD: Yes, exactly. And this is always the worst.

Evaluation or anticipation

VG: I don't think it works that way in these kind of network structures. What you mentioned is the statistical approach. What is measured is how many people tune into one TV program at a time. There is no qualitative interpretation, no interaction between the two sides. It's a simple measurement of a selection process. Whereas on the Internet, it being basically a two-way medium, there is a qualitatively different element here.

For example, the group »Handshake« in Berlin did a project posting Rorschach Test-like ink blot pictures on the net and asking people to do something with it. The reactions they got were manifold. There were people who would download an image, edit it in their graphics program, and post it back. But there were also people who started an extensive dialogue with the artists about the whole project, about individual interpretations that came out. So it's not purely a quantitative measure. Of course, I agree with you that the art evaluation process just like the information evaluation process, is not this simplistic model of making crosses on the sheet of paper for this party or that party. I can not let the statement stand that art evaluation is not a democratic process, but we have to have experts telling the masses what is good.

DD: Yes, that is something else. Maybe you misunderstood then. No, I don't think there are any single experts who have the truth for themselves. Absolutely the opposite, most experts are wrong most of the time. But somehow this whole art history discussion system manages to make out of a majority of errors finally the result that in the 1920s there are really five outstanding artists, and that somehow we tend to agree after fifty years. But we have big difficulties to determine this if we are in the contemporary situation. I think the concept of anticipation is the keyword in this structure of history. Because, why are we interested

now in Fluxus, why is this so popular, suddenly? It was not really popular during the 1980s. This is an example for the wave movements of the evaluation process. Because of the way Fluxus artists saw the world at their time, it's influential for our way of understanding what is happening around us today.

André Breton once said »The work of art is valuable only in so far as it is vibrated by the reflexes of the future«. And to this quote of Breton Walter Benjamin refers in his essay on the artwork in the age of reproduction.

Benjamin was thinking about technological development in steps. So first photography, afterwards comes film - a very clear step from still image to motion image. He was saying that the dadaists' simultaneous performance was anticipating aesthetic possibilities of film because they played on stage what later on was happening in cinema with the simultaneous images of different places by the montage technique. So this kind of consciousness montage was pre-performed by them.

Today I think the problem is that we do not have any clear steps in the development of media and of technology any more. The development has become so quick and so complex, that we rather have a constant flow of innovation in all aereas at the same time. So we can no longer speak about seperate steps which could be discussed in their relevance.

And soon we won't have any clear separation between different media anymore. I think Kittler is right if he states that in the digital world all media will melt into one single supermedium - and that is the moment nobody will talk about media anymore.

(Dieses Gespräch wurde in englisch für das Intercommunication magazine geführt. [veröffentlicht in japanisch, Heft Mai 1995]. Bei der Suche nach einem geeigneten Abschluss der Minima Media Dokumentation fiel mir auf, das hier manches gesagt ist, was sich sonst nicht leicht schreiben liess. Der Blick aus der Ferne erlaubt es, die sonst zu nahen Fragen besser zu benennen. D.D.)

(This interview was held in english for Intercommunication magazine. [published in japanese, may 1995] In search of an appropriate conclusion to this documentation of Minima Media, I found that here things had been said, that could not have been so easily written. The view from the distance enables us to see the obvious questions close-by. D.D.)

Ich war dabei

Marius Babias

Zigeunerschnitzel

Auf der Hinfahrt gab es nur warmes Bier, und das Rauchen ausserhalb des Abteils wurde uns unter Androhung von Ordnungsgeld verboten. Seit jener Fischvergiftung auf der Strecke Berlin-Rostock hatten wir auf Zugrestaurant keine Bockwurst. Im Hauptbahnhof Leipzig schenkten wir einem Obdachlosen unsere Butterbrote und sagten den herumlungernden Skins mal schnell unsere Meinung, und zwar so laut, dass sie es nicht hören konnten. Der Taxifahrer wusste mit »Medienbiennale« nichts anzufangen. Neue Medien, im Osten bedeutet das zumeist: Endlich Privatfernsehen! Wir gaben ihm die Adresse, und er fragte, ob die Strasse früher nicht »Karl-Marx-Allee« geheissen hätte. »Marx Brothers«, sagten wir, aber er verstand keinen Spass. Er wollte wissen, ob wir hier eine neue Serie für RTL drehen. »Nein, für den 'Schwarzen Kanal'. Schnitzler spielt den Biedenkopf.«

In der Eingangshalle der Buntgarnwerke war es bitter kalt. Das Bier gab ein falsches Versprechen auf Wärme. Wir marschierten Stockwerk für Stockwerk durch die fahl beleuchteten Hallen, mieden dunkle Korridore und grosse Krater, begegneten in jeder Ecke Gespenstern, lauschten unseren eigenen Geräuschen und sahen den Atem kondensieren, hatten kein Dach über dem Kopf, streiften knapp am Abgrund vorbei und standen vor aufgerissenen Belüftungsschächten, sahen Licht am Ende des Tunnels, kletterten hinauf zu Paiks »Buddha« und verbrannten uns die Augen am Kerzenlicht, stiegen dann hinunter in die Katakomben, stiefelten dort durch Wasserpfützen, stolperten über Kabel und streckten tastend die Arme aus, um nicht gegen die schwitzenden Mauern zu stossen. Wo ein Wille ist, ist auch eine Sackgasse. Der affirmative Appeal des Technoiden der Medienkunst nachgesagt wird, war vollständig verdunstet und in das Gebäude eingesickert. Die Erfindung der Maschine finalisiert die anthropologische Entwicklung, behauptet Virilio. Die bilderzeugenden neuen Codes unterwerfen die Wahrnehmung und löschen mit dem Text das historische Denken aus, sekundiert Flusser. Wir merkten nichts davon. Der sozio-historische Kontextbezug des Gebäudes war trotz kompletter Werksdemontage sichtbar geblieben: an den Wänden schwarz geränderte Rechtecke, die dann entstehen, wenn Plakate, Losungen und Bilder abgehängt werden; fensterlose, tapezierte Büros; mit Cabinet-Zigarettenkippen, Geschirr und Pfandflaschen übersäte Aufenthaltszimmer. Nur einmal, angesichts der in diesem ruinösen Ambiente untergebrachten digitalen Bibliothek des ZKM, dachten wir: Die Werktätigen haben den Sozialismus boykottiert.

Wir folgten der Kunstgemeinde ins »Prellbock«. Es wurden Zigeunerschnitzel, Fischvergiftung und Leipziger Allerlei serviert. Wir beschlossen, in der Innenstadt essen zu gehen. Sollten sich doch die anderen den Magen verderben. Das Taxi kam nicht. L. kannte einen kulinarischen Tempel ganz in der Nähe. Wir gingen zu Fuss. Die Ausstellung hatte unsere Wahrnehmung derart geschärft, dass uns die Stadt wie eine riesige Werkshalle vorkam, die nicht zu Ende gebaut worden war. Deshalb fehlte das Dach. Das Lokal hatte geschlossen. L. wurde nervös. Ein Passant empfahl »Heidis Keller«, eine als Küchenbetrieb getarnte Trinkstube, die wir auf L.s ausdrücklichen Wunsch hin verliessen. Allmählich sehnten wir uns nach dem Zigeunerschnitzel zurück. Wir passierten den Innenstadtring. L. behauptete auf einmal, er wäre lieber im »Prellbock« geblieben und sah uns vorwurfsvoll an. Nach einer Stunde Fussmarsch betraten wir den »Auerbachs Keller«, liessen uns erschöpft nieder und bestellten Zigeunerschnitzel. Nach dem Dessert fand uns L. wieder sympathisch. Gemeinsam schauten wir noch kurz bei der »Techno Party« in den Buntgarnwerken vorbei. A. ging nach draussen, um ein Taxi zu organisieren. Auf der Toilette holten wir uns nasse Füsse. In der Pension hatten wir Glück. Der Wirt genehmigte uns ein letztes Bier im Frühstückszimmer, aber nur, weil auf 3SAT die Wiederholung des »Aktuellen Sportstudios« lief. VfB hatte verloren, dann warf uns der Wirt hinaus.

Marius Babias ist Kunstkritiker und lebt in Berlin

Marius Babias

Zigeunerschnitzel

On the train there was nothing but warm beer on sale and we were threatened with a fine for smoking outside our compartment. Memories of a dose of fish poisoning contracted on the Berlin-Rostock route made us steer clear of the Bockwurst in the dining car. After alighting at Leipzig central station we gave our sandwiches to a homeless person, and inaudibly told the skinheads hanging about there what we thought of them. The cab-driver had never heard of the »Medienbiennale«. In the east, new media generally means the long-awaited arrival of private TV. When we told him the address, he asked if the street used to be called »Karl-Marx-Allee«. He was not amused by our offering of »Marx Brothers« (or by our other attempted jokes).

The entrance hall of the textile factory was bitterly cold, and this time the beer was chilled. We trooped through the dimly lit halls of the factory storey-by-storey, avoiding dark corridors and big craters, encountered ghosts in every corner, suddenly had no roof over our heads, narrowly avoided falling down into an abyss and found ourselves standing in front of wide-open ventilation shafts, saw light at the end of the tunnel, climbed up to Paik's »Buddha«, burned our eyes on the candle flames, then descended into the catacombs, waded through puddles, stumbled over cables and held out our arms so we wouldn't knock against the dripping walls. Where there's a will there's a cul-de-sac. The affirmative technoid appeal reputedly held by media art had evaporated and seeped into the walls of the building. The invention of the machine finalizes the anthropological development, claims Virilio. The image-producing new codes subjugate the perceptive faculties and delete historical thinking along with the text, Flusser seconds. We noticed nothing of the kind. The factory had been gutted, but none of its socio-historical references had been erased. On the walls black-edged rectangles left behind when posters, banners and pictures were taken down. Windowless, wall-papered offices. Recreation rooms strewn with »Cabinet« cigarette butts, crockery and returnable bottles. Only once - when confronted by the digitized ZKM library in this ruin - the thought came to us that the workers had boycotted socialism.

We followed the art community to the »Prellbock«, where Zigeunerschnitzel, fish poisoning and Leipziger Allerlei were on the menu. We decided to go eat in the city centre. Let the others ruin their digestions, we thought. The taxi didn't come. L. knew of a gastronomic oasis close by. We walked there, our senses so sharpened by the exhibition that the whole town looked like a massive, never-completed, factory workshop. That's why the roof was missing. The restaurant was closed. L. got nervous. A passer-by recommended »Heidis Keller«, a drinkers' den disguised as a restaurant. We left in compliance with L.'s express wish. We were beginning to long for that Zigeunerschnitzel. We crossed the inner-city ring road. L. suddenly said he wished he'd stayed in the »Prellbock« and looked at us reproachfully. After walking for an hour we entered the »Auerbach Keller«, flopped down in our chairs, exhausted, and ordered Zigeunerschnitzel. L. liked us again after the dessert. We paid a brief visit to the »Techno Party« in the textile factory. A. went out to arrange a taxi. Our feet got wet in the toilets. Back in the boarding house, our luck changed: the landlord let us drink a last beer in the breakfast room, but only because 3SAT was repeating the sports news. We just had time to learn that VfB had lost before the landlord threw us out.

Marius Babias is an art critic based in Berlin

Ich war dabei I was there

Jürgen Meier und
Gabriele Church

Euer Büro befindet sich in der Datenzentrale des 120jährigen, 1991 geschlossenen Betriebes, der auf ca. 100 000 qm täglich 450 km Garn mit 1500 Arbeitskräften in 3 Schichten herstellte.

Die Medienbiennale zeigt 50 Künstler auf 40 000 qm. Das sind 800 qm für jeden Teilnehmer und ergibt einen Ausstellungsweg von 5 km Länge.

Der Weg beginnt dort, wo die Produktionslinie endete: in der Abteilung Verpackung und Versand.

Ab 1997 wird das Dienstleistungszentrum Elster-Park den Ort nutzen:
-Bruce Nauman - jetzt im Garn-Zwischenlager - liefe in der Hotelküche;
-Paik - jetzt im Uhrenturm - meditierte im Eingang des Dachgartenrestaurants;
-Stan Douglas - jetzt in der Krempelei - liesse »Marnie« im Möbelladen laufen;
-Dieter Kiessling - jetzt in der Warenannahme - stünde in der Ladenpassage;
-Euer Büro bliebe Büro.

Allerdings zeigt die Medienbiennale 30 Jahre Medienkunst nur für 10 Tage.

Das Projekt wird von einer eindrucksvollen Zahl Sponsoren gefördert, in alle Welt übertragen und bleibt über 6 Telefonleitungen mit ebenso-vielen Netzwerken verbunden.

Dennoch blieb mir der Zugang verwehrt. Als ich beim Gang durch die Ausstellung an einem Monitor vorbeikam und über die bereitgestellte Tastatur ins Club-Netz gelangen wollte hiess es:

'No access for Medienbiennale'

Jürgen Meier ist Künstler und Vorsitzender des Kunstvereins Elsterpark e.V.

.... so we thought we had seen it all:

a perception formed by careful measurements of each and every space, detailed examination of substance, analysis of structure, arrangement of use, organization of functions, planning and building design.

... the Buntgarnwerke, Leipzig.

Finding

floor and ceiling of the future food market held apart by Douglas Gordon's ›Predictable Incident in unfamiliar Surroundings‹,

the kitchen of the riverside cafe mystified by Tony Oursler's ›Camera‹,

the levels of the main staircase pulled apart by three videos by Allan Kaprow (›Time pieces‹), Jochen Gerz (›Rufen bis zur Erschöpfung‹) and Jozef Robakowski (›I am going‹),

the entrance to the rooftop restaurant turned into a place for meditation by Nam June Paik's ›Buddha‹,

the future hotel rooms inhabited by Heiner Blum's ›Augentaschen‹ or brought alive by
Bruce Naumann's ›Raw Material-Brrr‹,

the future conference hall miniaturized by Dell-brügge/deMoll's ›Video Theorie-no tech version‹,

and future offices magnified by Breda Beban/Hrvoje Horvatic's ›Before the Kiss‹,

we saw it all again .

Gabriele Curch, architect living and working in Leipzig

Ich war dabei

Keiko Sei

Minima macht mich neugierig. Minimalismus jedoch nicht.

Als ich 1987 einige polnische Performancevideos sah, die für die Tokyoter Infermental Edition eingeschickt worden waren, fragte ich mich: »Wieso sind diese Videos so minimal?« Eines der Videos z.B. beschäftigte sich mit dem Verhältnis des Performers zu Japan. Er zerdrückte rote Beete auf weissem Stoff und schuf so eine Japanische Flagge. Das war die Performance. Warum??

Das witzige daran ist, dass er vermutlich dachte, dass Japan das Land des Minimalismus sei. Unsere kommunistisch-minimale Lebensweise hatte damit anscheinend etwas zu tun. Wie ironisch. Minimalismus ist in Japan, wie auch in anderen wohlhabenden westlichen Nationen, nur einer von vielen möglichen Stilen. Wenn man sich für diesen Stil entscheidet, muss man einen schlüssigen Grund haben und diesen auch klar machen. Denn niemand würde Minima nur aus Notwendigkeit wählen.

Das war einer der Gründe für meinen Entschluss, in Osteuropa zu leben. Ich hatte genug von der Konsum- und Informationsgesellschaft und beschloss, den Grund für »Minima« herauszufinden.

Die meisten Leute denken - und ich erwartete dies auch - , dass der Grund für den minimalen Gebrauch von Medientechnologie in Osteuropa auf einen Mangel an Technik oder Information zurückzuführen ist. Ich merkte jedoch, dass dies nicht unbedingt der Fall sein musste. Selbst in Rumänien, wo ich 1993 an der Auswahl rumänischer Videoinstallationen beteiligt war, musste eine der rumänischen Kuratorinnen - eine Kunsthistorikerin - die Jury von einer Arbeit überzeugen, die sie ausstellen wollte. Sich auf den Charakter der Arbeit beziehend sagte sie: »Minimalistische Arbeiten müssen auch vertreten sein. Sie sind wertvoll.« Die Tatsache, dass sie sich die Mühe machte, dies zu erklären, verstärkte meine Neugier: Hier ist eine Arbeit, für die der Künstler zum ersten Mal das Medium Video benutzt hat. Er hatte sogar (zum ersten Mal) Geld für die Realisierung einer Arbeit bekommen. Und doch bestand die Arbeit aus dem Minimum. Aber sie musste als Minimalismus, also Minimum erklärt werden. Solche Geschichten geben einem zu denken.

Leipzig bot mir anhand von Minima Media erneut Gelegenheit, über dieses Thema nachzudenken. Bekannte und weniger bekannte Künstler und Künstlerinnen aus Ost und West stellten während der Medienbiennale Leipzig 94 Arbeiten aus, die sich nicht in erster Linie durch den Gebrauch von High Technology auszeichneten. Und dieses Mal musste ich nicht lange nach »dem Grund« für diesen 'Minimalismus' suchen. Es war offensichtlich. Während ich durch den riesigen Industriekomplex lief, fragte ich mich, ob das Publikum sich - angeregt von der Ausstellung - dieselben Fragen stellte wie ich.

Leipzig schien mir der geeignete Ort, um dieses Thema zu behandeln, denn hier fand das erste, von Dieter Daniels organisierte Treffen ost- und westdeutscher Medienkünstler statt. Für die Medienbiennale 94 kooperierte er mit Inke Arns, der Ko-organisatorin und -initiatorin von »OSTranenie 93« am Bauhaus Dessau, dem wichtigsten osteuropäischen Videofestival. Man kann wohl vermuten, dass der Bereich Berlin - Dessau -Leipzig zu einem wichtigen Kreuzungspunkt zwischen Osten und Westen im Bereich der Medienkunst werden wird.
Zusammen mit der Donau-Linie, der traditionellen Ost-Westverbindung, bieten diese Orte dem westlichen Publikum eine Möglichkeit, sich intensiv mit den inneren Arbeitsbedingungen osteuropäischer Künstler und Künstlerinnen auseinanderzusetzen, die bis jetzt nur im Ausland auf Interesse stossen.

Keiko Sei ist eine japanische Medientheoretikerin und Kuratorin, die derzeit in Prag lebt

I was there

Keiko Sei

Minima makes me curious. Whereas minimalism doesn't. When I saw a couple of Polish performance videos that were sent for the Infermental Tokyo edition in 1987, I had to ask myself: »Why are they so minimal?«

One, for example, dealt with the performer's sentiments about Japan. He crushes a red beet on a white cloth and makes a Japanese national flag. That was all the performance. Why??

Curious thing here is that he probably had an idea that Japan is the cuntry of minimalism. So our communism-led minimal way of life should correspond with it. How ironical. Minimalism in Japan, like any wealthy Western nation is now merely one of thousands of styles that one can choose. If one chooses it, that must have a reason and it's suposed to be presented in such a way, that the audience is satisfied with the clear explanation why the minimum. Because no one would take minima only out of necessity.

That became one of the several reasons that i chose to live in Eastern Europe. I was so tainted by the material and information overloaded society that I had to go out to find out the reason why minima.

People usually think, and that's what I was expecting, that minimum use of media technology in Eastern Europe is due to lack of instruments or information. I realized however that this was not necessarily the case. Even in Romania, where I had a chance to participate in selection of Romanian video installations in 1993, one of the Romanian jury members, an art historian, had to convince other members about a work she wanted to take. Referring to the character of the work, she said: »Minimalistic works have to be included as well. They are precious.« The fact that she took trouble to explain that deepenend my question: Here is the piece in which the artist used video for the first time. It was even the first time that the artist worked with a budget. Hence the piece was apparently the minimum. But it had to be explained as the minimalism, i.e. - minimum. There is thus certainly a complex of issues in those episodes to think about.

Meanwhile, Leipzig offered me another chance to think about the issue under the subject of »minima media«. The famous and wealthy artists, less known artists, and artists from Eastern Europe side by side presented their works that don't show high- technology so obviously for the »Medienbiennale Leizig 94«. Yet this time I did not have to find out 'the reason' by myself. It was there. Running through the huge old industrial space, I was wondering if other visitors would bring out the same question as mine. And if it somewhat provked the argument.

Leipzig seemed to be the right place to accommodate the theme, as it was the place that held the first East-West German media artists' meeting, also organized by Dieter Daniels. He teamed up with Inke Arns who co-organized »OSTranenie 93« at the Bauhaus Dessau, the major East-European video festival, that leads us to anticipate that the Berlin - Dessau - Leipzig circuit is becoming the important crossing point of East and West in the field of media art. Together with the Donau line, the traditional East and West link, they will give Western audiences a chance to learn more about the inner struggle of East European artists who still receive only promiscuous interest from outside.

Keiko Sei is a japanese media theoretician and curator and lives in Prague

Ich war dabei I was there

Jeffrey Shaw

Als Ausstellung gelang es Minima Media zu demonstrieren, dass auch eine unaufdringliche Beschäftigung mit Technologieeinsatz möglich ist. Sie zeigte das für die Kunst vorherrschende Interesse daran, neue Werte im technologischen Bereich zu orten und zu formulieren, ohne dabei von der schwindelerregenden Fortschrittstempo der neuen Medienformen geblendet zu werden. Und so braucht uns die scheinbare technologische Einfachheit der ausgestellten Werke nicht peinlich zu sein. Festgestellt wird ein grundlegender kultureller Wert, der präzise und bescheiden ausgedrückt werden kann. Die Entdeckungen können später auf jede gewünschte technologische Ebene projiziert werden.

Die neuen Medien bergen ein Paradox in sich: einerseits sind sie komplex, andererseits einfach. Daher widersprechen sich High- und Low-Tech ebensowenig wie ein aufwendiges Kunstobjekt und ein Stück arte povera. Eine zeitlose Eigenschaft der Kunst ist ihre Fähigkeit, aus weniger mehr zu machen, aus Rohmaterial Wertstoffe zu machen. Und bei aller technischen Aufwendigkeit sind die neuen Medien letztendlich nur Rohmaterial in anderer Form.

Von der Ausstellung kam ein zweites Signal: seit den 60ern ist die Kunst bestrebt, alle möglicherweise verwendbaren Materialien und Zusammenhänge für ihre Auseinandersetzungen zu verwenden. Ein breites Spektrum von gesellschaftlichen Belangen lässt sich gleichzeitig mit der Erforschung von unterschiedlichen neuen Medien thematisieren, verkörpern doch diese neuen Formen die Dialektik einer gesellschaftlichen Wandlung, infolgedessen diese Medien sowohl Thema wie Gegenstand von künstlerischem Interesse werden.

Jeffrey Shaw ist Medienkünstler und Leiter des Instituts für Visuelle Medien am ZKM Karlsruhe

The exhibition Minima Media successfully demonstrated the viabililty of a discreet approach to the use of technological materials. It shows art's overiding interest in identifying and articulating new values in the technological domain without being seduced into a fetishistic attraction to the delirious progress of the new media forms just for their own sake. And so there is no embarrassment in the apparent technological naivete of the works exhibited there. What is being identified is an underlying cultural value which can be succinctly stated in the most unassuming ways. These discoveries can then be extrapolated onto any level of technological sophistication.

There is a paradoxical aspect of the new technological media. On one hand they are highly sophisticated and advanced materials, on the other hand they are usually quite basic in their essential functionality. Therefore there is no contradiction between high and low tech, as there is no contradiction between a luxuriously made art object or a piece of arte povera. It is a timeless quality of art practice that it has celebrated the economy of getting more from less - of being able to transmute base materials into objects of value. And despite their range of technological sophistication all new media are in effect just other forms of base material.

The other clear signal from this exhibition is the fact that art since the 60's has the ambition to embrace all possibly useful materials and contexts for its speculative purposes. Addressing a wide range of social concerns goes hand in hand with the exploration of a wide range of new media forms insofar as these new media embody the dialectic of a social metamorphosis that make them both subject and object of interest to the artist.

Jeffrey Shaw is a media artist and director of the institute for visual media at ZKM Karlsruhe

Ich war dabei

Astrid Sommer

»Wieso Skandal, die Leipziger
waren etwas irritiert.« (H. Müller)
»Ich war dabei« als Stück für Stück die Medienkunstwerke von den Buntgarnwerken Besitz ergriffen. Tatsächlich passierte genau dies aber nicht: der Raum, die weitläufigen abgelebten Hallen blieben immer sie selbst, sprachen für sich — also für ihre Geschichte des Arbeitslebens im untergegangenen Industriezeitalter, blieben mit dieser Geschichte und ihrer Architektur dominant und boten so einen beziehungsreichen Rahmen, der die einzelnen Werke zu kommentieren stark genug war, nahmen also vice versa viel eher die Kunstwerke in Besitz und machten — jedoch behutsam — raumbezogene Arbeiten auch aus jenen, die gar nicht als solche gedacht waren.[1] In der Aufbauphase der Ausstellung war dieser Eindruck am prägnantesten, zu einem Zeitpunkt, als einzelne Räume selbst als Werke in Ruhe wirken konnten[2] und die Treppenhäuser sich allmählich erst mit den kongenial plazierten »historischen Videobändern« bevölkerten, Józef Robakowski die Stufen atem- und endlos zu zählen begann, Jochen Gerz vergeblich und bis zur Erschöpfung rief und nach und nach die Kunstwerke zu Orientierungspunkten auf den Wegen durch die endlosen Hallen wurden. Die Präsenz der Fabrikgeschichte war so stark, dass der »kritische Entlarvungsversuch« (etwa: unpolitische Medienkunst in von Kriegswirtschaft und Ausbeutung belasteten Fabrikgebäuden ohne direkte Thematisierung dieses Umstandes) anhand recherchierter Daten, Fakten, Fotos durch BüroBert eher verdeutlichte, wie Erfahrung von Geschichte verdeckt werden kann.[3] Sie schien jedoch aufzutauchen, wenn Anja Wieses Tonbandtierschau zu jammern begann und den riesigen Raum mit ganz neuen Geräuschen besprach, die sich so sehr vom früheren Lärmen der längst demontierten Maschinen unterschieden. Im Raum umherwandernd, wurden die Töne verstärkt, eindringlich, während die visuelle Seite der Installation sich geradezu verlor, die alten klobigen Tonbandmaschinen (selbst bereits Relikte) filigran wirkten und das im Kreis laufende Tonband fast unsichtbar der versehentlichen Zerstörung nur grossräumig schauender Besucherinnen ausgesetzt war.

Zuvor war man übrigens am Schreibtisch von Dellbrügge/de Moll vorbeigekommen, die das angebotene Konzept »minima media« noch überschritten und den Medien den Rücken kehrten, was Jochen Gerz ja bereits 1970 gefordert hatte. Von hier aus, dem letzten Raum der Ausstellung, war es ein ausserordentlich langer Weg — auch konzeptuell — bis in den Keller von Hochbau West, zu Tony Ourslers »Camera«, diesem fies-psychologischen, lüsternen »Kopfmännchen«, das die Besucherinnen in die finstere hinterste Ecke lockte, ausserordentlich perfide, um ihnen schliesslich Gemeinheiten ins Gesicht zu schreien, als hätten sie den Kleinen belästigt; dabei waren die Nerven doch aufgrund der Pfützen, der Rattenköder und der herumhängenden Kabel im Halbdunkel schon ein wenig blossgelegt.

Bleibt zu bemerken, dass über all dem der Paik´sche Buddha im Turmzimmer thronte. Vier kleine Fensterchen, die selbst wie Monitore aussahen, gaben den Blick frei über Leipzig — »der Himmel war, glaube ich, eher blau«.

Astrid Sommer ist Mitarbeiterin am ZKM

1 Interessant ist, dass die Medienbiennale eine der wenigen »Medienkunst«-Ausstellungen war, die als Ganzes zu einem Werk wurde und als solches betrachtet werden kann. Man wird ihr weder mit der beliebten Fingerzeig-Methode gerecht (»dieses Kunstwerk war gut, jenes schwach und das dort überhaupt keines«) noch muss sie sich den Vorwurf machen lassen, mit dem so modischen Ambiente verfallender Industriegebäude lediglich kokettiert zu haben.

2 »Die Hallen sind ein ständiges Abenteuer und voller Entdeckungen. Ein Raum wie von Boltansky, einer von Beuys. Es sind die Hinterlassenschaften der Fabrik: als seien die Leute geflüchtet, von einer Minute auf die andere. Ein Kellerraum mit Spindschränken, Tisch mit Tischdecke, darauf ein Kästchen mit Familienfotos und einem Brief. Eine Thermoskanne, Pin-up-Girls... Ein gigantisches Gebläse hinter

I was there

Astrid Sommer

halbeingestürzter Wand, wie ein riesiges Musikinstrument. Das Ganze ist ein echtes Konservatorium. Für einen Rundgang braucht man zweieinhalb Stunden...« (Brief vom 15.10.94)

3 Es könnte sich hier ein längerer Diskurs anschliessen über die gegenwärtigen Konzepte, eher: Missverständnisse in Bezug auf political correctness/Affirmation/Kunst-Macht-Gesellschaft, der von BüroBert vielleicht gewollt, bezeichnenderweise aber gerade nicht ausgelöst wurde. Mir fällt ein Gespräch von Müller und Kluge ein:

»M:...Kunst entsteht eigentlich nur aus dem Einverständnis. Horkheimer hat das auf den Punkt gebracht. Aus Polemik entsteht überhaupt keine Kunst.

K: Nein. Auch aus Abgrenzung nicht.

M: Nein, auch aus Abgrenzung nicht. Du musst einverstanden sein auch mit der Gewalt, mit der Grausamkeit, damit du sie beschreiben kannst. Was dann andere damit machen, und daraus für sich machen, ist eine ganz andere Frage. Aber ohne das Einverständnis auch mit Brutalität, auch mit Gewalt, kannst du sie nicht beschreiben. Es ist sicher ein Problem, worüber man reden oder streiten kann: ob Kunst überhaupt human ist. Sie ist es nicht. Sie hat nichts damit zu tun.« (Alexander Kluge/Heiner Müller: »Ich schulde der Welt einen Toten«, Hamburg 1995, S. 60. Siehe ausserdem: S. 75.)

»Why hardly a scandal;
the Leipzigers were somewhat irritated.«
(H. Müller)

»I was there« when media art took possession, work-by-work, of the disused textile mill. But exactly that didn't happen. The sprawling, decrepit workshops continued to speak for themselves, recalling scenes of factory labour in an extinct industrial age, dominating the present with their history, their architecture. This setting was suggestive enough to comment upon the works displayed, and so it was more a case of the factory taking firm but subtle hold of the artworks and making them connect with their surroundings, no matter how remote the original concept.[1] This impression was strongest while the exhibition was being set up, a period in which some parts of the building functioned as creations in their own right.[2] The stairways slowly filled up with shrewdly positioned »historic videos«, and suddenly Józef Robakowski was there, counting the steps, breathlessly, endlessly; and Jochen Gerz too, shouting himself hoarse with no hope of hearing a reply. One could see the exhibits becoming landmarks in the uncharted factory wasteland. Presented in so eloquent a setting, BüroBert's statistics, data and photos (intended to expose the exhibition as something like apolitical media art surrounded by, but blithely ignoring, a history of wartime production and exploitation) seemed to exemplify the way hard facts can obscure directly perceptible history.[3] But the sensory, immediate past prevailed. For instance, when Anja Wiese's canned menagerie whined into action and swamped the huge space with noises so very different from the commotion of the machines that used to run there. The sounds became louder and more urgent as they progressed through the factory, whereas optically the same installation seemed to shrink. The cumbersome old tape recorders (relics in their own right) suddenly looked delicate, the rotating band of tape was as good as invisible, permanently in danger of being torn by visitors with eyes only for the massive scale of the place.

But before getting this far, visitors had to pass the desk occupied by Dellbrügge/de Moll, who outdid the »Minima Media« concept and turned their backs on the media, echoing a suggestion Jochen Gerz made back in 1970. It was a long walk (and conceptual journey, too) from this last room in the exhibition to the basements of the Hochbau West. Down there, Tony Oursler's »Camera« lay in wait, an unpleasantly psychological, lusting »talking head« who lured visitors into the darkest corner and showered them with abuse, made them feel like child molesters. (As if their nerves were not enough frayed already by the puddles of water, the rat poison, the cables lurking in the semi-dark.)

The Paik »Buddha« throned over all from a tower with four little windows (they could have been taken for monitors) offering a panoramic view of Leipzig - »the sky was, I think, bluish«.

Astrid Sommer works at ZKM Karlsruhe

1 Interestingly, the Medienbiennale was one of the few »media art« exhibitions which as a whole became a work in itself and can be viewed as such. It is impossible to do justice to the event with the »finger-pointing« method (»that was a good work of art, that one bad, that one not a work of art at all«) or to accuse it of playing with the fashionable appeal of a decaying industrial environment.

2 »The factory workshops are a constant adventure and full of surprises. One area looks like Boltansky, another like Beuys. The factory relics do it: as if the workers fled without stopping to clear things away. A basement with lockups, a table with a table-cloth, topped by a box with private photos of the family and a letter. A thermal flask, pin-up girls ... A gigantic fan behind a semi-collapsed wall looks like a huge musical instrument. The whole place is a genuine »conservatoire«. You need two and a half hours for a round trip ... « (letter dated 15. October 1994)

3 At this point one could embark on a lengthy discussion about contemporary notions (misunderstandings might be the more accurate term) regarding political correctness/affirmation/art-power society. This was the debate which BüroBert perhaps wanted but, tellingly, failed to provoke. I am reminded of a conversation between Müller and Kluge:
»M: ... Art, in fact, is produced only by acquiescence. Horkheimer made that clear. Polemizing does not produce art.
K: No. Nor does disassociating oneself from the subject matter.

M: I agree. To be able to describe the power, the cruelty, you must accept it. What others do with it, and make of it for themselves, is another question. But you can only describe things like brutality and violence if you accept them. Certainly, you can argue whether art is humane. I say it isn't. Art has nothing to do with decency.« (Alexander Kluge/ Heiner Müller: »Ich schulde der Welt einen Toten«, Hamburg 1995, p. 60. See also p. 75)

Ich war dabei I was there

Julie Heintz

Unser Aufenthalt in Leipzig anlässlich der Medienbiennale erscheint schon weit weg, aber die Installationen und die Diskussionen mit den Künstlern und den Organisatoren sind uns noch lebhaft in Erinnerung geblieben.

Die Studenten aus Nantes haben Leipzig verlassen mit mit dem Kopf voller Bilder technologisch avancierter oder auch klassischer Natur, mit Erinnerungen an das Herumirren in den gigantischen leeren Räumen, auf der Suche nach grossangelegten oder auch intimeren Installationen. Ganz von selbst stellte sich ihnen die Frage nach den eigenen künstlerischen Positionen.
Die Diskussionen und Debatten über die verschiedenen ausgestellten Arbeiten und die ihnen zugrundeliegenden Überlegungen wurden während unserer langen Rückreise im Auto unablässlich und sehr leidenschaftlich geführt. Wir müssen uns also bedanken, dass »Minima Media«, wenn auch unabsichtlich, die Dauer unserer Reise verkürzt hat.

Julie Heintz ist Kunstkritikerin in Paris und Dozentin an der Kunsthochschule Nantes

Le temps où nous étions venus à Leipzig pour la Medienbiennale parait déja bien loin, mais le souvenir des installations là-bas et des discussions menées à cette occasion avec les exposants et intervenants reste encore bien vif.

Les étudiants de Nantes sont eux repartis la tête pleine d'images technologiquement très avancées ou plus classiques, d' errances à la rechereche des installations monumentales ou plus intimes dans de gigantesques espaces vides, et par là-même de vrais questionnements sur leurs propres postionnements plastiques.
Les discussions, et on pourrait presque dire les débats, que nous avons poursuivis sans trève pendant le long voyage de retour en voiture à propos des divers travaux exposés et de leurs fondements, ont été très passionnés et passionnants.
Il nous faut donc remercier »Minima Media« aussi d'avoir ainsi bien involontairement écourte la durée du trajet.

Julie Heintz est critique d'art à Paris et enseigne à Nantes

Presse zu Minima Media
press coverage of Minima Media

Printmedien

- Kreuzer Leipzig, Nr. 7/94
- medien praktisch, Nr. 3, September 94
- Fit for Fun, Heft 7, Oktober 94
- Kunstforum international, Bd. 128, Okt. - Dez. 94
- Siemens Kulturprogramm, Oktober 94
- Eikon, Nr. 10 / 11, 94
- !Forbes, Nr. 10 / 94
- Leipzig anders, »Radikal - Minimal« (Sylvia Kahlisch), Oktober 94
- mediagramm, »Minima Media - Medienkunst für die Neuen Länder«, Nr. 17, Oktober 94
- Informationsdienst Kunst, Nr. 82, 12.10.94
- Zitty Berlin, Nr. 21 / 94 (13. - 26.10.94)
- Focus, Nr. 42 / 94 (17. - 23.10.94)
- Leipziger Volkszeitung, 24.10.94
- Bild Zeitung, »Medienbiennale - Kunst mit neuer Technologie«, 24.10.94
- Mitteldeutsche Zeitung Halle, 24. / 25.10.94 (dpa)
- Leipziger Volkszeitung, »Digitalbier im Buntgarnwerk« (Raimund Winzer), 25.10.94
- Tagesspiegel Berlin, »Die Unverfrorenheit des Zukunftsglaubens« (Nicola Kuhn), 25.10.94
- Stadt-Anzeiger Leipzig, Ausgabe 43, 26.10.94
- Tageszeitung Berlin, »Buddha glotzt TV« (Sybille Weber), 26.10.94
- neue bildende kunst, Zeitschrift für Kunst und Kritik (Berlin): »Wie alt sind die neuen Medien?«, Ausgabe Oktober 94, mit Beiträgen von Dieter Daniels (»Von der Mail art zur E-mail«), Peter Funken (»Das persönliche Kino des Józef Robakowski«), Pipilotti Rist (Künstlerseiten), Carsten Ahrens (»Peter Dittmer / Die Amme«), u.a.
- foglio forum, Okt. / Nov. 94
- Artis - Zeitschrift für neue Kunst, Okt. / Nov. 94
- Frankfurter Allgemeine Zeitung, »Keine Chance dem Zuschauer« (Peter Guth), 2.11.94
- Dt. Allgemeines Sonntagsblatt, »Gedichte aus der Tonmaschine« (Sybille Weber), 4.11.94
- Frankfurter Rundschau, »Kunst, digital« (Alexis Canem), 7.11.94
- Zitty Berlin, »Low Budget, hochfrequent« (Til Radevagen), Nr. 23 / 94 (10. - 23.11.94)
- Freitag, »Der Mensch hat ausgedient« (Kraft Wetzel), Nr. 47, 18.11.94
- Muestra Internacional de Video de Cadiz (Katalog und Vortrag), November 94
- Die Woche, »Bildstörung« (Sabine Vogel), 25.11.94
- Kreuzer Leipzig, »Kunst am Medium. Ein postindustrielles Vergnügen mit mystischer Ader - die Medienbiennale Leipzig 94« (Dezember 94)
- Mediagramm (ZKM Karlsruhe), »Zwei Epochen in Leipzig. Von den Sechzigern zu den Neunzigern« (Andreas Denk), Januar 1995
- CHIP Computer Magazin, »Skulpturen aus dem Underground« (Uwe Kauss), Januar 1995
- Kunstforum international, »Grosse Bilder - kleine Apparate« (Jürgen Raap), Nr. 129, Januar - April 1995
- medium, »Was ist und wozu taugt Medienkunst?« (Kraft Wetzel), Januar 1995
- PAKT, (Gebhard Sengmüller), Januar 1995
- Sachsen - Das Regionalmagazin, »Medienbiennale Leipzig 94 - Verknüpfung von Kunst und Technologie« (H. Küster), Jan./Feb. 1995, Nr. 1
- PAGE Magazin, »Kunst im Netzwerk«, Februar 1995
- Siemens Kulturprogramm - Projekte 1993 / 94
- Image Forum (Tokyo), Nr. 185, Juni 1995
- Magazyn Sztuki / Art Magazine, quarterly Nr. 1, Warschau 1995, »Super Media - Minima Media. Film, Video and Computer Art in 94« (Ryszard W. Kluszcynski), S. 198 - 210
- Landesgalerie am Oberösterreichischen Landesmuseum Linz, Österreich, Präsentation »Minima Media - Medienbiennale Leipzig 94« am 19. Juni 1995 (begleitend zur Ars Electronica 1995)

Fernsehberichterstattung

- mdr - aktuell, Sonntag, 23.10.94, 19.30 Uhr
- mdr - artour, Mittwoch, 26.10.94, 22.00 Uhr
- Deutsche Welle TV, Samstag, 29.10.94, 11.30 Uhr

Radio

- mdr - Kultur Frühstücksjournal, 22. 10. 94, 8.20 Uhr
- mdr1 - Kurznachrichten Samstag, 22. 10. 94, 14.00 Uhr und 18.00 Uhr
- Radio Energy «Liebling Kreuzer», Montag, 24. 10. 94, 19.00 Uhr
- mdr -Kultur Dienstag, 25. 10. 94, 22.00 Uhr
- mdr - Kurznachrichten Montag, 31. 10. 94
- Berichte im WDR und SR

Biografien

Inke Arns

* 1968 in Duisdorf (Bonn), lebt in Berlin
Schulbesuch in Paris 1982 - 86, lebt seit 1986 in Berlin, Studium der Osteuropastudien, Politikwissenschaft und Kunstgeschichte in Berlin und Amsterdam 1988 - 95, konzipierte Ausstellungen im Bauhaus Archiv Berlin (»Die VCHutemas in Moskau 1920 - 1930«) 1993, am Bauhaus Dessau (Internationales Videofestival »OSTranenie 93: Erschütterte Mythen - Neue Realitäten« - Schwerpunkt Ost- und Mitteleuropa) Nov. 1993, Projektmanagement und Leitung der Medienbiennale Leipzig 94 - »Minima Media«

Breda Beban & Hrvoje Horvatic

* 1952 Breda Beban in Novi Sad, Jugoslawien,
* 1958 Hrvoje Horvatic in Rijeka, Jugoslawien,
leben in London
Breda Beban studierte 1970 - 76 an der Akademie der bildenden Künste, Zagreb; Hrvoje Horvatic studierte 1979 - 84 an der Film- und Fernsehakademie, Zagreb, seit 1985 Zusammenarbeit im Bereich Video und Videoinstallationen, seit 1987 zahlreiche Einzelausstellungen und Ausstellungs- und Festivalbeteiligungen, u.a. Teilnahme an der Biennale Sao Paolo 1994 gemeinsame Professur am Royal College of Fine Arts in Stockholm 1992-94

Frank Berendt

* 1964 in Leipzig, lebt in Leipzig
Malereistudium bei Prof. Arno Rink, HGB Leipzig 1988-92, seit 1992 Meisterschüler für Videokunst bei Prof. Ralf Urban Bühler, HGB Leipzig, Einzelausstellungen u.a. »Afternoon«, Leipzig und Berlin (Dogenhausgalerie), Ausstellungsbeteiligungen (Installation / Musik / Performance) seit 1989 als Mitglied der Leipziger Künstlergruppe »Oval Language« u.a. »Ingerenz«, Multimediale Performance mit Tadashi Endo - BUTHO MA (Japan), Leipzig (Kulturfabrik) 1992, »Clear«, Altenburg (Staatl. Lindenaumuseum) 1993, »Organic«, AVE-Festival, Arnheim 1993

Heiner Blum

* 1959 in Stuttgart, lebt in Frankfurt am Main
Studium der Visuellen Kommunikation an der Gesamthochschule Kassel, Stipendien in Rom und Paris, Siemens-Projektstipendium des Zentrums für Kunst und Medientechnologie Karlsruhe 1992, seit 1981 Ausstellungsbeteiligungen u.a. bei »Sehen /Lesen. Die Sprache der Kunst« im Kunstverein Frank-

furt 1993, seit 1987 zahlreiche Einzelausstellungen u.a. im Museum für Moderne Kunst Frankfurt a.M. 1993

Birgit Brenner

* 1964 in Ulm /Donau, lebt in Berlin
1985 - 1990 Studium Grafik-Design in Darmstadt, seit 1990 Studium an der Hochschule der Künste (HdK), Berlin bei Prof. Rebecca Horn, seit 1991 Ausstellungen, u.a. bei »37 Räume«, Kunst-Werke Berlin; Teilnahme am Performance-Festival, Granada 1994

Klaus vom Bruch

* 1952 in Köln, lebt in Köln
Studium 1975/76   California Institute of the Arts, Valencia, Kalifornien
zahlreiche Einzelausstellungen u.a.: 1978 Galerie Philomene Magers, Bonn; 1983 Skulpturenmuseum, Marl; 1988 Städtisches Museum Abteiberg, Mönchengladbach; 1989 Moderna Museet, Stockholm,1990 Kestner Gesellschaft, Hannover, Weisses Haus, Hamburg; 1991 »Brattain & Bardeen«, Galerie Daniel Buchholz, Köln, Institute of Contemporary Arts, London;1993 »Jam-Jam-Projekt« Kölnischer Kunstverein. Ausstellungsbeteiligungen u.a. 1980 »XI Biennale de Paris«, Musée d'Art Moderne de la Ville de Paris; 1984 Biennale Venedig; 1987 »1st International Tv & Video Festival«, Spiral Building, Tokyo; 1987 Documenta 8, Kassel; 1989 Video - Skulptur , Köln; 1992 Mediale, Hamburg. 1990 Karl Schmidt-Rottluff Stipendium, seit 1992 Professur, Hochschule für Gestaltung, Karlsruhe

Wojciech Bruszewski

* 1947 in Polen, lebt in Lodz, Polen
bis 1975 Kamera- und Regiestudium an der Nationalen Filmakademie, Lodz. Mitbegründer und Mitglied der »Werkstatt der Filmform« (WARSZTAT-Gruppe) 1970 - 76, Teilnahme an der documenta 6, Kassel 1977, Stipendiat des DAAD in West-Berlin 1980-81, begründete 1988 einen unabhängigen Radiosender (Radio Ruine der Künste Berlin, UKW 97,2 MHz), der bis 1993 »The Infinite Talk« ausstrahlte;
Professor an der Kunstakademie Poznan

BüroBert

gegründet 1987 in Giessen, u.a. durch Jochen Becker und Renate Lorenz, seit 1994 in Berlin

aktuelle Projekte, Veranstaltungen und Ausstellungen: 1993 »trap« Kunst-Werke Berlin, 1993 »flugblattlieder« Interimsgalerie der Künstler München, 1994 »Services« Kunstraum Universität Lüneburg, 1994 »Game Girl« Shedhalle Zürich,

Publikationen u.a.: »Copyshop«, Edition ID-Archiv 1993, »Was fehlt«, Beilage der taz Bremen 4.12.1993

Hank Bull

* 1949 in Calgary, lebt in Vancouver

Studium an der New School of Art in Toronto, seit 1973 Mitglied und Mitkurator der Western Front in Vancouver, seit 1973 Arbeit im Bereich Performance, Mail Art, Fluxus und Neuen Medien; seit 1979 Arbeit mit Video, Radio und insbesondere Telekommunikationsmedien; Performances unter Einbeziehung von Bildtelephon, Fax, Slowscan und Internet; kuratierte das internationale Videomagazin »Infermental VI« 1985; Teilnahme an der Biennale Venedig und der documenta; Arbeiten im New York Museum of Modern Art und dem Montreal Museum of Contemporary Art, Auszeichnung des Canada Council 1994

Dieter Daniels

* 1957 in Bonn, lebt in Leipzig

1984 Mitbegründer der Videonale Bonn, seitdem Kurator, Referent und Juror für Medienkunstfestivals und Museen in u.a.: Basel, Barcelona, Bologna, Budapest, Bukarest, Ferrara, Hongkong, Kuala Lumpur, Leipzig, Locarno, Linz, Tokyo, Wien, Wroclaw.

1988 Organisation und Konzeption der Ausstellung »Übrigens sterben immer die anderen, Marcel Duchamp und die Avantgarde seit 1950« am Museum Ludwig Köln, seit 1991 Aufbau der Videosammlung am Zentrum für Kunst und Medientechnologie Karlsruhe, seit 1993 Professur für Kunstgeschichte und Medientheorie an der Hochschule für Grafik und Buchkunst Leipzig, 1994 Konzeption und Leitung von »Minma Media, Medienbiennale Leipzig«

zahlreiche Publikationen u.a.:

Fluxus, Themenheft von Kunstforum, Bd. 115, 1991

Duchamp und die anderen, Köln 1992

George Brecht - notebooks, Köln 1992

Art Int Act 1, ZKM Karlsruhe 1994

Dellbrügge / de Moll

* 1961 Christiane Dellbrügge in Moline, Illinois, USA ,

* 1961 Ralf de Moll in Saarlouis, BRD,

leben seit 1988 in Berlin

Studium an der Staatlichen Akademie der Bildenden Künste, Karlsruhe, seit 1984 Zusammenarbeit; seit 1985 zahlreiche Projekte, Festivalbeteiligungen und Ausstellungen, u.a. entstehen für die Gruppenausstellung »Génériques. Le visuel et l'écrit« in Paris 1992 die ersten »Video-Theorie«-Bänder; »Kunstkonsumentenprofile« im Contemporary Art Center Moskau 1994, Produktion der Kunstzeitschrift »below papers« 1993/94, Stipendium des Berliner Senats im ICA Moskau 1995/96

Peter Dittmer

* 1962 in Potsdam, lebt in Berlin

Studium an der Hochschule für Bildende Künste Dresden 1984-85, Arbeit mit Performances, Super8-Filmen, Malerei, zwischen 1985 - 1988 Beschäftigung mit Dramaturgie, Bühnenbild, Regie; 1989 Audio- und Videoperformances, seit 1989 Lärmobjekte und -installationen, seit 1991 Computerarbeiten;

Gruppen- und Einzelausstellungen u.a. in Berlin, Paris, Genf, Rom, Basel, Frankfurt a.M., Köln, Hamburg

Stipendiat u.a. der Stiftung Kulturfonds Berlin, des Berliner Senats (Bildende Kunst), des Berliner Senats/Heinrich-Böll-Stiftung (Literatur)

Stan Douglas

* 1960 in Vancouver, lebt in Vancouver

Studium in Vancouver am Emily Carr College of Art, Abschluss 1982, seit 1983 zahlreiche internationale Einzelausstellungen und Ausstellungsbeteiligungen, u.a. Teilnehmer Aperto - Biennale di Venezia 1990, Sydney Biennale 1990, Documenta IX, Kassel 1992, Retrospektive 1994 u.a. in Rotterdam (Witte de With Center for Contemporary Art), Madrid (Centro Reina Sofia), Zürich (Kunsthalle), London (ICA), Paris (Musée National d'Art Moderne - Centre Georges Pompidou); Teilnahme an der Whitney Biennale New York 1995, Stipendiat des DAAD in Berlin 1994

Frank Eckart

* 1962 in Chemnitz, lebt in Bremen und Berlin,

Studium der Philosophie, Pädagogik und Psychologie in Leipzig und Halle, nach Diplom- und Forschungsstudium in Leipzig ab 1992 Mitarbeit an der Forschungsstelle Osteuropa der Universität Bremen, 1995 Dissertation zur DDR-Kunst der 80'er Jahre,

Publikationen: »Eigenart und Eigensinn. Alternative Kunstszenen in der DDR 1980-90« (1993), zahlreiche Texte zu bildenden Künstlern, sowie Artikel in Zeitschriften (u.a. neue bildende kunst)

Stephan Eichhorn

* 1962 in Leipzig, lebt in Leipzig
Studium in Dresden an der Technischen Universität, 1983 - 88, Abschluss 1988 als Diplomingenieur, seit 1991 Arbeit für Apple Macintosh, seit 1993 wissenschaftlicher Mitarbeiter am Fachbereich Medienkunst an der Hochschule für Grafik und Buchkunst Leipzig, Produzent und Programmierer der CD-ROM »Die Veteranen« 1994

Frank Fietzek

* 1960 in Kiel, lebt in Hamburg
Studium der Philosophie in Tübingen 1981-82, Freie Kunstschule Hamburg 1983-84, Informatikstudium in Hamburg 1985-86, seit 1983 zahlreiche internationale Ausstellungsbeteiligungen u.a. Teilnehmer der »Interface« Hamburg 1990 und »MultiMediale 3«, ZKM Karlsruhe 1993, seit 1985 Einzelausstellungen, Stipendium des ZKM Karlsruhe 1993, Preisträger des »New Point of View« 1994, seit 1994 Gastdozent an der Merzakademie Stuttgart

Nina Fischer & Maroan el Sani

* 1965 Nina Fischer in Emden,
* 1966 Maroan el Sani in Duisburg, leben in Berlin
Nina Fischer studierte Grafik-Design an der FH Münster 1985, seit 1987 Visuelle Kommunikation an der HdK Berlin, Rietveld-Academie 1989-90, Diplom 1991, Arbeitsstipendium der Senatsverwaltung für Kulturelle Angelegenheiten, Berlin 1991; Meisterjahr Klasse Export (HdK Berlin) 1992/93
Maroan el Sani studierte Publizistik und Theater- und Filmwissenschaft an der FU Berlin 1988-94. Zahlreiche Arbeiten als Einzelkünstler,
seit 1991 Zusammenarbeit und Ausstellungen, u.a. »Neue Produkte aus der Chaosforschung«, Video-Objekte, Galerie Eigen + Art Berlin 1993 und Teilnahme an der Ausstellung »Urbane Legenden«, Staatliche Kunsthalle Baden-Baden 1995

Benedikt Forster

* 1953 in Bonndorf, lebt in Büchig
u.a. Mitinitiator der 1. Medienbiennale Leipzig 1992

Fred Fröhlich

* 1968 in Suhl (Thür.), lebt in Halle
Studium Industrie-Design in Halle an der Hochschule für Kunst und Design 1990-92, seit 1992 Studium Fotografie - Fotografik bei Prof. Jansong, Hochschule für Grafik und Buchkunst, Leipzig
Ausstellungsbeteiligung bei der Videonale Bonn mit einer interaktiven Fernsehinstallation 1994

(e.) Twin Gabriel

* 1962 »Else« Gabriel in Halberstadt (DDR), * 1968 Ulf Wrede in Potsdam, seit 1991 bezeichnet (e.) Twin Gabriel die Zusammenarbeit von E.(lse) und U.(lf), auch: Plastische Planung; leben in Berlin und Los Angeles, »Else« Gabriel studierte Bühnenbild in Dresden an der Hochschule für Bildende Künste 1982-87, Auto-Perforations-Artistik 1982-90; Wrede studierte 1984-89 an der Hochschule für Musik »Hanns Eisler« in Berlin, Abteilung Tanz- und Unterhaltungsmusik, zahlreiche Stipendien,u.a. Auslandsstipendium des DAAD / Berliner Senats für Pasadena / Los Angeles 1992/93, seit 1989 zahlreiche Einzelausstellungen und Ausstellungsbeteiligungen u.a. Beteiligung an »New Territories« in Boston (School of the Museum of Fine Arts) 1990, »Fontanelle« in Potsdam (Kunstspeicher) 1993, »Memento« in Prag (Galerie der Hauptstadt Prag) 1994, »Der Riss im Raum« in Berlin (Martin-Gropius-Bau) 1994 und »Urbane Legenden« in Baden-Baden (Staatliche Kunsthalle) 1995

Jochen Gerz

* 1940 in Berlin, lebt in Paris
Studium in Köln 1958 (Germanistik, Sinologie, Anglistik) und Basel 1962 (Urgeschichte), lebt seit 1966 in Paris, seit 1968 Bücher und öffentliche Interventionen, seit 1969 Foto-Texte, seit 1972 Videos, Installationen, Performances, zahlreiche internationale Ausstellungen, u.a. 1976 Biennale Venedig, 1977 und 1987 Documenta, Kassel, 1994 Retrospektive »people speak«, Vancouver Art Gallery
aktuelle Arbeiten im öffentlichen Raum:
Monument gegen den Faschismus, Hamburg 1986
Unsichtbares Mahnmal, Saarbrücken 1993
zahlreiche Gastprofessuren,
u.a. HGB Leipzig seit 1994

Douglas Gordon

* 1966 in Glasgow, lebt in Glasgow
Studium 1984-88 an der Glasgow School of Art, dann 1988-90 in London an der Slade School of Art,

seit 1986 zahlreiche internationale Projekte und Ausstellungen, u.a. das »Archive Project« in Nevers (F) am APAC Centre d'Art Contemporain 1991, »Speaker Project« in London (ICA) und in Rom (Multiplici Culture) 1992, Teilnahme an »Prospekt 93« in Frankfurt a.M. 1993 und »Point de Vue« in Paris (Centre d'Art Contemporain Georges Pompidou) 1994, Teilnahme an »Kopfbahnhof / Terminal« im Leipziger Hauptbahnhof 1995

Volker Ralf Grassmuck

* 1961 in Hannover, lebt in Berlin
Studium der Soziologie, Publizistik, Psychologie, Informationswissenschaft in Groningen, Berlin und Tokyo, von 1989 bis 1995 Gastforscher am Research Center of Advanced Science and Technologie der Toyko University, zahlreiche Vorträge und Projekte zu elektronischen Netzwerken,
mehrere Publikationen, u.a. :
Vom Animismus zur Animation, Hamburg 1988
Das Müll System. Eine Metarealistische Bestandsaufnahme (zusammen mit Christian Unverzagt), Suhrkamp Verlag, Frankfurt 1991

Marina Grzinic & Aina Smid

* 1958 Marina Grzinic, Studienabschluss M.A. Kunstsoziologie an der Philosophischen Fakultät,Ljubljana
* 1957 Aina Smid, Studienabschluss Kunstgeschichte an der Philosophischen Fakultät, Ljubljana,
leben in Ljubljana, seit 1982 Zusammenarbeit im Bereich Videokunst, Kooperation in mehr als 20 Videokunstprojekten, daneben eigene Dokumentarvideoarbeiten und künstlerische Projekte für das Fernsehen, Teilnahme an internationalen Videofestivals, mehrere Auszeichnungen (u.a. 1.Preis der Videonale Bonn 1992, 37th International Film Festival San Francisco, Deutscher Videokunstpreis 1993), Teilnahme an »Europa - Europa«, Bonn (Bundeskunst- und Ausstellungshalle) 1994

Ingo Günther

* 1957 in Bad Eilsen, lebt in New York
1978-83 Studium an der Kunstakademie Düsseldorf, zahlreiche Kunstpreise, u.a.: 1983 P.S. One, New York, 1987 Kunstfonds Stipendium, 1988 Ars Viva Stipendium (BDI), 1988 Kunstpreis Glockengasse, Köln. Zahlreiche Einzelausstellungen u.a.: 1982 Kunsthalle Düsseldorf, 1983 Anthology Film Archives, New York, 1985 Long Beach Museum of Art, Los Angeles, 1987 ELAC, Espace Lyonnais d'Art Contem-

porain, Lyon, 1991 Weisser Raum, Hamburg, 1992 P3 ART + Environment, Tokyo. Ausstellungbeteiligung u.a.: 1984 Bienale Venedig, 1987 Documenta Kassel, 1989 Video Skulptur, Köln.
1990 Gründung des unabhängigen TV Senders »Kanal X« in Leipzig
1991 - 1994 Professur and der Kunsthochschule für Medien, Köln

Jean-François Guiton

* 1953 in Paris, lebt in Strasbourg
1972-1980 Modellbauer, 1980-85 Studium Kunstakademie Düsseldorf, 1984 1. Preis Videonale Bonn, 1990 1. Marler Videokunstpreis, 1988 Stipendium Kunstfonds Bonn, Einzelausstellungen u.a.: 1987 Folkwang Video, Essen, 1991 Kijkhuis, Den Haag, 1992 Ecole Nationale d'Art, Dijon, 1992 Galerie Sabrina Grassi, Paris, 1987-94 Lehrauftrag Universität Wuppertal, seit 1994 Dozent für Video, Ecole des beaux arts, Strasbourg

Handshake

1993-94, Telekommunikationsprojekt, Berlin
(Barbara Aselmeier, Joachim Blank, Armin Haase, Karl-Heinz Jeron)
Premiere auf dem 1. Internationalen Videofestival OSTranenie am Bauhaus Dessau 1993; 1994 Teilnahme an zahlreichen Ausstellungen,Veranstaltungen und Festivals, u.a. Videofest Berlin, »Datendandy - Verhaltensweisen im medialen Raum« (Bilwet Agentur) - Zeiss-Planetarium Berlin; »Berlin - hier und jetzt«, (Senator für kulturelle Angelegenheiten Berlin und Goetheinstitut Prag); Teilnahme am Feldforschungsprojekt »FeldReise« in der ehemaligen russischen Kaserne Krampnitz (bei Potsdam); European Media Art Festival (Osnabrück);
Teilnahme an wissenschaftlichen Veranstaltungen, u.a. »Die Zukunft von Kommunikationsnetzen«, Symposium am Wissenschaftszentrum Berlin im Juni 1994 und Teilnahme an der 5. Europäischen Sommerakademie »Designer der Zukunft - Die medialen Botschaften des 21. Jahrhunderts«, Akademie der Künste Berlin, Juli 1994.
Seit Januar 1995 Internationale Stadt Berlin.

Jörg Herold

* 1965 in Leipzig, lebt in Leipzig und Rothspalk
Ausbildung zum Stukkateur, Studium der Malerei in Leipzig und Berlin, seit 1986 Super-8 Filme, seit 1987 zahlreiche Einzelausstellungen u.a. »Mythos Leben«

(mit A. Strba) in Magdeburg (Kloster Unser Lieben Frauen) 1994 und Ausstellungsbeteiligungen, u.a. bei Aperto - Biennale Venezia 1990, Biennale of Sydney 1992, »The Present Order«, Kunstverein Elsterpark 1994 und »Kunst Ruimte« Kampten 1995

Christine Hill

* 1968 in Binghampton, New York, USA, lebt in Berlin
Studium in Baltimore, Maryland, am Maryland Institute, College of Art bis 1991 (Bachelor of Arts),
seit 1988 Aktionen und Ausstellungen, u.a. »All Mighty Senators Cannibalism« Tour als Go-Go-Dancer durch die USA und Kanada 1989, lebt seit 1991 in Berlin, Teilnahme u.a. »nachtbogen 92«, Galerie O-Zwei Berlin, »Water Bar«, David Zwirner Galerie New York 1993, »Unfair 93«, D. Buchholz Galerie Köln und »Art Hotel« - Amsterdam Hilton Hotel / Galerie Eigen + Art Amsterdam 1994; Mitglied der Berliner Band »Bindemittel«, Single- und CD-Veröffentlichungen

Jürgen Hille

* 1961 in Düsseldorf, lebt in Düsseldorf
Studium an der Kunstakademie Düsseldorf 1980 - 86, Reisestipendium Italien 1983, Arbeitsstipendium NRW, Schloss Ringenberg 1987, Stipendium des Landes Schleswig-Holstein, Künstlerhaus Selk 1994

Tjark Ihmels

* 1963, lebt in Leipzig
Studium der Theologie 1982-87, 1990-94 Studium Malerei an der Hochschule für Grafik und Buchkunst Leipzig, 1994 Meisterschüler, seit 1992 zahlreiche Ausstellungen, u. a. Stadtinstallation »der andere Raum« (mit M. Touma) 1994, mit der CD-ROM »Die Veteranen« Teilnahme u. a. bei ACM'94 San Francisco, Video Positive '95 Liverpool, WRO '95 Wroclaw und »Milia '95« Cannes, Publikationstätigkeit 1992-93,

Institut Egon March (I.E.M.)

1986 Gründung als interdisziplinäres Projekt durch Marko Kosnik Virant in Ljubljana, unterschiedliche Aktivitäten und Projekte, u.a. die akustische Erforschung von unterirdischen Höhlen (»Cavis negra«, 1985/86), Performance »Stvar - Das Ding - The Thing« in Hamburg (HfBK) 1991 und Ljubljana (Cankarjev Dom) 1992, Organisation der »Piazzetta Ljubljana« in Zusammenarbeit mit »Piazza Virtuale« (van Gogh TV / documenta Kassel / 3Sat), seit 1993 Arbeit an der modularen Performance »Opna« (1. Teil »Figure in

Space - Man in a Container«, SKUC Galeria Ljubljana Juli 1993, »Opna - 2. Phase«, OSTranenie 93, Bauhaus Dessau Nov. 1993, 3. Teil »Cukrarna«, Medienbiennale Leipzig 1994), seit 1991 Programme für Radio Student Ljubljana

KP Ludwig John

* 1961 in Merseburg, lebt in Leipzig
Studium Computer/Video Bauhaus Dessau 1989, Diplom Fotografie/Fotografik, HGB Leipzig 1990, Diplom Kunst & Mediatechnologie HK Utrecht 1991, Meisterschüler mit Lehrauftrag HGB Leipzig 1991, Mitinitiator der Medienbiennale Leipzig 1992, Studienaufenthalt USA/Kanada, Gast am Banff Centre for the Arts 1993, seit 1989 verschiedene Projekte im Installations- und Performancebereich, u. a. »J.Score avi« - interaktive Live-Performance 1993, »Die Veteranen« Künstler CD-ROM 1994

Allan Kaprow

* 1927 Atlantic City, New Jersey, lebt in Encinitas, New Mexico, USA.
1947-48 Studium der Malerei bei Hans Hofmann. 1949-50, New York University, M.A. in Philosophie. 1950-52, Columbia University, M.A. in Kunstgeschichte. 1956-58 Studium bei John Cage, New School for Social Research, New York. Begründer des Happenings. 1959 »18 Happenings in 6 parts«, Reuben Gallery, New York. 1962 Environment »Courtyard«, Mills Hotel, New York. Seit den 70er Jahren vor allem Partituren für die Selbstverwirklichung von Aktionen. Seit 1974 Professor an der University of California, San Diego. 1986 Retrospektive im Museum am Ostwall, Dortmund. 1991 Retrospektive Fondazione Mudima, Mailand.

Dieter Kiessling

* 1957 in Münster, lebt in Düsseldorf
Studium an der Kunstakademie Düsseldorf (Abtlg. Münster) 1978 - 1986, Meisterschüler bei Prof. R. Ruthenbeck 1986, BDI Stipendium 1990, Schmidt-Rottluff-Stipendium 1990, seit 1986 zahlreiche Einzelausstellungen u.a. Museum Abteiberg, Mönchengladbach 1989, Gesellschaft für aktuelle Kunst, Bremen 1995 und Teilnahme an »Video-Skulptur 1963 - 1989« Köln, Multimediale 3, ZKM 1993, Multimediale 4, ZKM 1995

Jörg Klaus

* 1961 in Altenburg, lebt in Berlin

1983 Studium der Pädagogik an der Martin-Luther-Universität Halle/Wittenberg, 1988 Abbruch des Studiums, Arbeit u.a. als Hausmeister, 1989 Tätigkeit als Fotograf bei einer Tageszeitung in Halle/S., seit 1993 Studium der Fotografie an der HGB bei Arno Fischer, 1993 Übersiedlung nach Berlin, Arbeit für Zeitungen, Werbung usw.

Werner Klotz

* 1956 in Bonn, lebt in Berlin

Einzelausstellungen seit 1982, u.a. in Berlin (Künstlerhaus Bethanien) 1992, San Francisco (Center for the Arts, Yerba Buena Gardens) 1994, Stadtgalerie Saarbrücken 1994, Ausstellungsbeteiligungen seit 1983, u.a. »Fukui International Video Biennale« Fukui 1991, Snug Harbor Cultural Center,Staten Island, New York 1994 und »Poiesis«, Hamburg (Altes Botanisches Museum) 1994

Mischa Kuball

* 1959, lebt in Düsseldorf

Einzelausstellungen seit 1987, u.a. Städtische Galerie im Museum Folkwang, Essen 1987, »Bauhaus I«, Neue Kunst im Hagenbucher, Heilbronn 1991, »Welt/Fall« Haus Wittgenstein (mit Vilem Flusser), Wien 1991, »Projektionsraum 1:1:1«, bei Konrad Fischer, Düsseldorf 1992, »Bauhaus-Block«, am Bauhaus Dessau 1992, »Double Standard«, Stichting de Appel, Amsterdam 1993, zuletzt u.a. »No-Place«, Museum Sprengel, Hannover 1994, »Leerstand«, Förderkreis der Leipziger Galerie für Zeitgenössische Kunst 1994

Zbigniew Libera

* 1959 in Pabianice, Polen, lebt in Warschau

Einzelausstellungen seit 1982, u.a. Laboratorium Gallery - Center of Contemporary Arts Warschau 1992, Ausstellungsbeteiligungen seit 1987, u.a. »Maszyny drzace, kominy dymiace«, Dziekanka Gallery, Warsaw 1987, »Supplements. Contemporary Polish Drawing«, John Hansard Gallery, Southampton 1989, AVE Festival, Arnheim 1990, »Perseweracja mistyczna i róza«, P.G.S., Sopot, Polen 1992, »Emergency«, Aperto '93, XLV Biennale di Venezia 1993, »Europa, Europa«, Kunst- und Ausstellungshalle, Bonn 1994

Helmut Mark

* 1958 in Innsbruck, lebt in Wien

Teilnahme bei vielen internationalen Ausstellungen und Festivals, z.B. bei der Biennale in Venedig 1986, bei der Biennale in Sydney 1990, beim Steirischen Herbst 1987 und 1994, bei der Ausstellung »Videoskulptur« Köln 1989, bei »Prospekt '89« Frankfurt. Zahlreiche internationale Einzelausstellungen u.a.: Galerie Gritta Insam, Wien 1989, Galerie Wassermann, München 1993. Seit Beginn der 80'er Jahre Arbeit mit neuen bzw. Telekommunikationsmedien, Radio- und TV-Arbeiten. Begründung des Wiener Netznotenpunktes von »The Thing«. Seit 1995 Professur an der HGB Leipzig

Maix Mayer

* 1960 in Leipzig geboren, lebt in Leipzig

Diplom der Marinen Ökologie 1987, zahlreiche Arbeitsstipendien und Preise, u.a. Arbeitsaufenthalt 1993 in Tasmanien, Karl-Schmitt-Rottluff Stipendium 1994, seit 1988 Einzelausstellungen, u.a. im Australian Centre of Contemporary Art, Melbourne 1994, Ausstellungsbeteiligungen u.a. »Humpty Dumpty's Kaleidoscope: A New Generation of German Artists«, Sydney (Museum of Contemporary Art) 1992, Galerie Eigen+Art, New York 1993, »Leerstand«, Förderkreis der Leipziger Galerie für Zeitgenössische Kunst 1994

Kevin McCoy

* 1967, lebt in Seattle

1989 Bachelor of Arts in Philosophy, Whitman College, Walla Walla, WA, Studienaufenthalt in Paris 1989-90, Studium Electronic Art am Rensselear Polytechnic Institute, Troy, New York (M.F.A. 1994), Arbeit mit Film, Video, Fotografie, Computergrafik, Installation und Performance, Einzelausstellungen u.a. »Memory Box«, iEAR Space, Troy, NY 1994, Ausstellungsbeteiligungen seit 1991, Teilnahme u.a. beim »Monitor '93 + '94 Festival« Goteborg (Goteborgs Konstmuseum), »Electronic Media Art«, Oneonta, NY (Foreman Gallery) 1994, »New Visions Film and Video Festival«, Glasgow 1994, Mitglied von »Aggregate Music« (mit Andrew Deutsch)

Gordon Monahan

* 1956 in Kingston, Ontario, Canada, lebt in Berlin

Studium an der University of Ottawa, Dept. of Sciences 1974-76, Mount Allison University, Bachelor of Music 1976-80, Aufenthalte / Stipendien am Banff Centre for the Arts, Alberta, 1990, The Exploratorium,

San Francisco, 1991, DAAD-Stipendiat, Berliner Künstlerprogramm 1992; Arbeiten für Klavier, Lautsprecher, Video, kinetische Installationen und Klangskulpturen, seit Anfang der 80'er Teilnahme an zahlreichen internationalen Festivals; Auszeichnungen und Preise, Austellungsbeteiligungen zuletzt u.a. bei V2, s'Hertogenbosch 1993 und »Privat«, Kunst-Werke Berlin 1993

Antonio Muntadas
* 1942 in Barcelona, lebt in New York,
lebt seit 1971in den USA, seit 1971 Videos, seit 1974 Installationen, seine Arbeiten beschäftigen sich mit der Informationsübertragung innerhalb von Systemen und sind weltweit auf zahlreichen Ausstellungen gezeigt worden. Dozent und Lehrer u.a. am MIT (Cambridge), der University of California (San Diego), an der Universidade de São Paulo (Brasilien) und an der Ecole Nationale Supérieure de Beaux Arts (Paris)

Museum für Zukunft
Gründung im Juni 1993 im Umfeld von Botschaft e.V. Berlin, Mitarbeiter: Natascha Sadr Haghighian, Stefan Heidenreich, Christoph Keller, Ines Schaber und Pit Schultz, Stadium I: Berlin (Künstlerhaus Bethanien) 16. 12. 93 - 2. 1. 94, Stadium II: Köln, Friesenwall 116 (Schipper/Krome), 5. 4. 94 - 17. 4. 94, Stadium III: Leipzig, Medienbiennale, 22. 10. 94 - 1. 11. 94

Bruce Nauman
* 1941 Fort Wayne, USA, lebt in Galisteo, New Mexico, USA
Studium der Mathematik und Physik, dann Kunst an University of Wisconsin bis 1964, lehrt am San Francisco Art Institute 1966-68, Einzelausstellung Leo Castelli Gallery New York 1968, Retrospektive Los Angeles County Museum 1972, seit dem zahlreiche internationale Ausstellungen, 1994/95 Retrospektive mit Staionen in Madrid (Centro de Arte Reina Sofia), Minneapolis (Walker Art Center), Los Angeles, Washington, New York

Olaf Nicolai
* 1962 in Halle / Saale, lebt in Leipzig,
Studium der Germanistik, Dissertationsstipendium an der Universität Leipzig, seit 1985 Einzelausstellungen, zuletzt u.a. »Inschrift«, Messehofpassage, Leipzig 1994, »Sammlers Blick«, Lindenau Museum, Altenburg 1994, »Tableau / Speicher«, Grassi-Museum,

Leipzig 1994, Ausstellungsbeteiligungen u.a. »Humpty Dumpty Kaleidoscope. A New Generation of German Artists«, Sydney (Museum of Contemporary Art) 1992, »Cadavre Exquis«, New York (Drawing Centre) 1993, »Welt-Moral«, Kunsthalle Basel 1994, »Imaginäres Hotel«, Elsterpark Leipzig 1994, 1993 Beginn der Konzept-Edition »Die Gabe. Eine Sammlung.« (Edition 931)

Marcel Odenbach
* 1953 in Köln, lebt in Köln
1974-70 Studium Architektur und Kunstgeschichte in Aachen. Seit 1976 zahlreiche Einzelausstellungen, u.a 1978 Galerie Magers, Bonn; 1980 Galerie Stampa, Basel; 1986 ICA Boston; 1987 Centre Pompidou, Paris; 1989 Centro de Arte Reina Sofia, Madrid. Zahlreiche Ausstellungsbeteiligungen, ua.: 1987 Documenta 8, Kassel; 1989, Video-Skulptur, Köln; 1993 Mediale, Hamburg. 1984 Preis des Locarno Videoart Festival und Marler Videokunstpreis.
Seit 1992 Professur an der Hochschule für Gestaltung Karlsruhe.

Tony Oursler
* 1957 in New York, lebt in New York
Studium am California Institute for the Arts bis 1979 (B.F.A.), lehrt am Massachusets College of Arts, Boston, seit 1976 Videos, zahlreiche Einzelausstellungen seit 1981, zuletzt u.a. im Portikus, Frankfurt a.M. 1994 und im Musée d'Art Moderne Contemporain Strasbourg 1995, Ausstellungsbeteiligungen u.a. »The Luminous Image«, Amsterdam (Stedelijk Museum) 1984, documenta 8, Kassel 1987, Whitney-Biennale, New York (Whitney Museum of American Art) 1989

Nam June Paik
* 1932 in Seoul, Korea, lebt in New York.
1952-56 Musikstudium an der Universität Tokio. 1956-58 Studium an der Universität München und an der Musikhochschule Freiburg, 1957 Teilnahme an den Internationalen Ferienkursen für Neue Musik, Darmstadt, 1958-63 Mitarbeiter im Studio für Elektronische Musik beim WDR Köln, 1962 Gründungsmitglied der Fluxus-Bewegung, ab 1963 Arbeit mit TV-Geräten. Lebt seit 1964 in New York, Stipendium der Rockefeller-Foundation, seit 1965 Arbeit mit Video. 1976 Retrospektive im Kölnischen Kunstverein, seit 1979 Professor an der Kunstakademie Düsseldorf,

Realisation von weltweiten TV-Satelliten-Sendungen, 1984 »Good Morning, Mr. Orwell«, 1988 »Wrap around the World«, 1993 Goldener Löwe der Biennale Venedig,

Alexandru Patatics

* 1963 in Timisoara / Rumänien, lebt in Timisoara
Studium an der Hochschule der Bildenden Künste Timisoara 1974 - 1982, Studium an der Akademie der Bildenden Künste »Ion Andreescu« in Cluj Napaca 1986 - 1991, seit 1981 Ausstellungsbeteiligungen u.a. »The First International Youth Festival«, Ankara 1990, »Ex Oriente Lux«, Bukarest 1993, »Orient - Occident«, Timisoara (Kunstmuseum) 1994

Daniela Plewe

lebt in Berlin, Studium der Philosophie, Literaturwissenschaft, Anthropologie; Video an der Université de Paris VIII, seit 1991 Mitarbeit bei der Gruppe »Logik, Wissenstheorie und Information«, FU Berlin; Arbeit mit Video- und interaktiven Computerinstallationen, Ausstellungen seit 1992, u.a. Teilnahme beim Electronic Art Syndrom, Berlin 1992, mit »View Point Run 1.0« (Computerinstallation), Stubnitz KunstRaum-Schiff 1994, mit »Muser´s Service« (View Point Run 2.0) International Symposium on Electronic Arts (ISEA) 94, Helsinki, Living Poet´s Society , Helsinki

Sabine Prietzel

* 1966 in Cottbus, lebt in Leipzig
Friseurlehre 1982-84, Tätigkeit als Maskenbildnerin am Theater 1984-86, Berufsausbildung zur Fotografin 1986-89, seit 1991 Fotografiestudium an der HGB Leipzig, seit 1992 in der Fachklasse für Fotografik bei Prof. J. Jansong und Medien bei Prof. R.U. Bühler, Ausstellungen u.a. »Zerstöre die Form«, Ausstellung mit P. Schüler im Kellertheater Leipzig 1990, Teilnahme »100 Jahre Fotografie an der HGB Leipzig« 1993

Arne Reinhardt

* 1969 in Weimar, lebt in Leipzig,
1985 bis 1987 Lehre zum Holzmodellbauer in Leipzig, 1989 bis 1991 Produktionsassistent an den Leipziger Theaterwerkstätten, seit Oktober 1991 Studium an der Hochschule für Grafik und Buchkunst Leipzig, seit Februar 1994 Hauptstudium bei Professorin Astrid Klein, Ausstellungen und Beteiligungen: 16. Duisburger Akzente, Mercatorhalle Duisburg 1992, TATA WEST, Tor I, Köln 1992, »Übergangsfeld«, Galerie

Fiedler, Leipzig 1992, »Augenhöhe«, Informationszentrum Leipzig 1992, »Zwei in einem Raum« Galerie 68elf, Köln (zusammen mit Dieter Breuer)1993, »Begegnung der Wasserfälle«, Dresdner Bank Leipzig 1995

Pipilotti Rist

* 1962 im Rheintal, lebt in Zürich und Basel
Studium Gebrauchs- Illustrations- und Fotografik an der Hochschule für Angewandte Kunst in Wien und Klasse für audiovisuelle Gestaltung (Video) an der SfG Basel, Video- und Computerkünstlerin, Mitglied der MusikPerformancegruppe »Les Reines Prochaines« (LRP), seit 1984 Videos, u.a. »Pickelporno« (1992), seit 1986 Performances u.a. mit LRP, seit 1984 Einzelausstellungen, seit 1988 internationale Ausstellungsbeteiligungen, zuletzt u.a. Aperto - Biennale di Venezia 1993, Biennale di Sao Paolo 1994, »Oh Boy, it's a Girl!«, München (Kunstverein) und Wien (Kunstraum) 1994, zahlreiche Preise und Stipendien, mit LRP Veröffentlichungen von Audiokassetten und CDs

Józef Robakowski

* 1939 in Poznán, lebt in Lodz, Polen
Studium an der Abteilung der Bildenden Künste der Mikolaj Kopernik Universität in Torun und an der Nationalen Film-, Theater- und Fernsehschule in Lódz, Polen, Arbeiten im Bereich konzeptueller Film, Photographie, Video, Installationen; Theoretiker und Initiator von Ausstellungen und Aktionen, Universitätsdozent 1970-81, Mitbegründer verschiedener Künstlergruppen u.a. OKO, »zero 61«, Warsztat Formy Filmowej (Lódz), seit 1978 Leitung der »Galeria Wymiany« - »Exchange Gallery«, dort Herausgabe von Monografien und Autorenvideos, Mitglied des internationalen »Infermental«-Netzes, seit 1959 Teilnahme an zahlreichen internationalen Kunstveranstaltungen, 1994 »Europa - Europa« Bundeskunsthalle (Bonn)

Peter Schüler

* 1962 in Leipzig, lebt in Leipzig
Berufsausbildung zum Baufacharbeiter 1978-80, Heizer 1981-82, verschiedene Tätigkeiten am Leipziger Theater 1982-90, seit 1990 Studium der Fotografie an der HGB Leipzig bei Prof. Jansong, seit 1991 Mitglied der Künstlergruppe »The Oval Language«, Beschäftigung mit Aktion, Video, Installation; Videotrilogie »...hilflos, ein Deutscher zu sein« 1993 (Teilnahme Deutscher Videokunstpreis 1993), Performance »Herodot 2000«, Arnhem (»International

AVE Festival«) 1993, Arbeitsstipendium der »Galerie für Zeitgenössische Kunst Leipzig« 1993

Tilo Schulz
* 1972 in Leipzig, lebt in Leipzig
erste Farbtafeln 1991, erste Schultafelarbeiten, blaue Formtafeln 1992, ab 1993 erste geteilte Arbeiten, Festlegung der Farbe Rot für die Formtafeln, Ausstellungen u.a. in der Galerie Quadriga, Leipzig 1992, Farbtafelinstallation I-III im öffentlichen Raum in Leipzig und Köln 1992, »abstrakt«, Künstlerbundausstellung Dresden 1993, Preisträger des Künstlerbundpreises 1993, Einzelausstellung Dogenhausgalerie Berlin und Leipzig 1994

Gebhard Sengmüller
* 1967 in Wien, lebt in Wien
seit 1985 Arbeiten mit Fotografie & Super8, Studium an der HS für Musik und darstellende Kunst Wien / Institut für Elektroakustik 1987-89, seit 1989 Arbeiten mit elektronischen Medien, Video, Computer, Gründungsmitglied Mediengruppe PYRAMEDIA 1989, seit 1992 Hochschule für angewandte Kunst Wien / Meisterklasse Prof. Peter Weibel , 1994 Auslandsstipendium künstlerische Fotografie BmUK für Paris, seit 1990 zahlreiche Ausstellungen, Installationen, Live-Fernsehprojekte, TV Dokumentationen und Projekte im öffentlichen Raum mit Verwendung neuer Medien, Teilnahme u.a. bei der »Ars Electronica« mit »TV POETRY / Versuchsanordnung 1/93«, Linz 1993

Paul Sermon
* 1966 in Oxford (England), lebt in Leipzig und Berlin
Studium der Bildenden Künste (BA Hon's) am Gwent College of Higher Education, Wales 1985-88, Postgraduierten - Abschluss (MFA) an der University of Reading, England 1989-91, Prix Ars Electronica »Goldene Nica« für die Hypermedia-Installation »Think about the People now« in Linz, Österreich 1991, Artist in Residence am Zentrum für Kunst und Medientechnologie in Karlsruhe 1993, »Sparkey award« des Interactive Media Festival in Los Angeles, für die telematische Videoinstallation »Telematic Dreaming« 1994, Ausstellungen u.a. in London (GB), Bristol (GB), Lille (F), Linz (A), Helsinki (FIN), Karlsruhe, Köln, Leipzig, Amsterdam (NL), Los Angeles (USA) und Tokyo (J), Dozent für telematische Medien am Medienkunstbereich der HGB Leipzig.

Mieko Shiomi
* 1938 in Japan, lebt in Osaka, Japan
Studium der Musiktheorie an der Tokyo National University bis 1961, gründet experimentelle Musik-Gruppe »Group Ongaku«, 1964-65 in New York, nimmt dort an Fluxus Aktionen teil, 1965 - 1975 zahlreiche Mail Art Konzepte als »Spatial Poem« und Publikation in einem Buch, seit 1977 Komposition von musikalischen Performancestücken, organisiert 1994 Fluxus Media Opera in Xebec Hall, Kobe, Japan

Alexej Shulgin
* 1963 in Moskau, lebt in Moskau
seit 1984 verschiedene Einzelausstellungen in Moskau und Helsinki, u.a. »Televisions. 1989 - 1993«, Moskau (XL-Gallery) 1994, seit 1987 zahlreiche internationale Ausstellungsbeteiligungen u.a. bei »XVIII. Allunions-Ausstellung Junger Künstler«, Moskau (Zentrale Ausstellungshalle »Manege«) 1987, »Die Zeitgenössische Photographie in der Sowjetunion«, Lausanne (Museum für Photographie) 1988, »Photo/Manifesto«, New York (Fine Arts Gallery & Avram Family Gallery, Fine Arts Center, Long Island University) & Baltimore, USA (Museum for Contemporary Arts) 1991, zuletzt Teilnahme bei »PHOTO-reclamation, New Art from Moscow & St. Petersburg«, London (John Hansard Gallery, University of Southampton, Photographers' Gallery) 1994

Micha Touma
* 1956 in Haifa, Israel, lebt in Leipzig
Studium der Kunstpädagogik in Tel Aviv 1980, Studium an der HGB Leipzig 1987, Meisterschüler bei Prof. Heisig 1990, seit 1993 künstlerischer Mitarbeiter FB Medienkunst HGB Leipzig, seit 1992 Ausstellungstätigkeit, u. a. Stadtinstallation »der andere Raum« (mit T. Ihmels) 1994, mit der CD-ROM »Die Veteranen« Teilnahme u. a. bei ACM'94 San Francisco, Video Positive '95 Liverpool, WRO '95 Wroclaw und »Milia '95« Cannes, Publikationstätigkeit 1992-93,

Wastijn & Deschuymer
* 1965 Johan Deschuymer in Kortrijk, Belgien
* 1963 Koen Wastijn in Wevelgem, Belgien,
leben in Brüssel,
seit 1989 Einzelausstellungen u.a. in Brüssel (Beursschouwburg) 1991, in Los Angeles (Sue Spaid Gallery) 1993, Ausstellungsbeteiligungen u.a. »Prix de la Jeune Peinture Belge«, Brüssel (Palais des Beaux

Arts) 1993, »Beeld/Beeld«, Gent (Museum voor Hedendaagse Kunst) 1994

Anja Wiese
* 1962 in Herten, lebt in Düsseldorf und Weimar
Studium in Münster an der Westfälischen Wilhelms - Universität und der Kunstakademie Münster 1981-85, Kunstakademie Düsseldorf (Paik / Uecker) 1986-89, Meisterschülerin, 1992 Staatsexamen (Kunst / Sozial-wissenschaften), Zusatzstudium Audiovisuelle Medien / Medienkunst in Köln (Kunsthochschule für Medien), seit 1993 künstlerische Mitarbeit an der Fakultät Gestaltung der HAB Weimar, seit 1985 zahlreiche Ausstelllungen u.a. Einzelausstellung »Ähnliche Einsamkeit«, Düsseldorf (Raum 1) 1988, Teilnahme u.a. beim »FORUM junger Kunst '91«, Kiel (Kunst-halle), Wolfsburg (Städtische Galerie), Museum Bochum , »The 7th Pusan Biennial«, Pusan / Südkorea (Pusan Cultural Center) 1994

Andrea Zapp
* in Prüm (Eifel), lebt in Berlin
Studium der Film- und Fernsehwissenschaft und Russisch in Marburg und Moskau, Leitung der inter-Activa - internationales Festival für interaktive Medien in Köln, Veröffentlichungen, Lehraufträge und Forschung zu Film und neuen Medien, Wahrnehmung und Gestaltung; u.a. seit 1995 an der Filmhochschule Potsdam. Mit Paul Sermon Projektgründung »Tele-matic Spaces - Dynamic Televirtual Environments« zur Entwicklung von ISDN-Projekten.

Minima Media
Medienbiennale Leipzig 1994
Veranstaltungsort / location:
Fabrikhallen der ehemaligen VEB Buntgarnwerke
Leipzig Plagwitz, Nonnenstrasse
22. Okt.. - 1.Nov. 1994

Konzept / concept: Dieter Daniels
Leitung / directed by: Dieter Daniels, Inke Arns
Projektmanagment: Inke Arns
Projektsekretariat: Daniela Matthiä

Mitarbeit / collaboration:
KP Ludwig John, Netzwerkprojekte
Fred Fröhlich, Netzwerkprojekte
Rudolf Israel, Pressearbeit
Astrid Sommer, Ausstellungsaufbau
Karen Daniels, Ausstellungsaufbau
Andrea Zapp, LED Projekt
Verena Tintelnot, Leipzig or bust Projekt

Ausstellungstechnik /technician:
Hartmut Bruckner, Köln
mit Thomas Poser und Werner Wenzel

Medienbiennale e.V. Vorstand / board:
Prof. Dr. Dieter Daniels (HGB Leipzig),
Jochen Hempel (Dogenhaus Galerie, Leipzig),
KP Ludwig John (HGB Leipzig),
Gerd Harry Lybke (Galerie Eigen+Art, Leipzig),
Christine Rink (Galerie der HGB, Leipzig),
Joerg Seyde (Kanal X, Leipzig)

Kontaktadresse / contact:
Medienbiennale c/o HGB Leipzig
Wächterstr. 11, 04107 Leipzig
Fax +341-2135166

Sponsoren/Dank
support/thanks

Unterstützt durch / supported by:

Amerikahaus (Leipzig)

Auswärtiges Amt (Bonn)

British Council (Leipzig)

Buga Partners GmbH (Leipzig)

Comfort Werbeagentur GmbH (Leipzig)

Computer X (Leipzig)

Friedrich Ebert Stiftung, Leipzig

Hotel Deutschland (Leipzig)

Institut Français (Leipzig)

JCDecaux Deutschland GmbH (Leipzig)

Kommunales Kino (Leipzig)

Kulturamt der Stadt Leipzig

Kunstfonds e.V. (Bonn)

Lufthansa (Leipzig)

Mecom (Pfinztal-Karlsruhe)

Norbert Meissner (Leipzig / Köln)

Nokia Unterhaltungselektronik GmbH (Düsseldorf)

On-line LED Medien (Leipzig)

Polnisches Institut (Leipzig)

Sächsisches Staatsministerium für Wissenschaft
und Kunst (Dresden)

Jens Sergel / Lichtleihn (Leipzig)

Sharp Electronics Europe GmbH (Hamburg)

Siemens AG (Leipzig)

Siemens Kulturprogramm (München)

Stiftung Kulturfonds (Berlin)

Taurus PB Computer Vertrieb GmbH (Leipzig)

Telekom (Leipzig)

TVC GmbH, Leipzig

Universität Leipzig (Universitätsrechenzentrum)

Werk II, Kulturfabrik (Leipzig)

Zentrum für Kunst und Medientechnologie (Karlsruhe)

Dank an / thanks to:

H. Burmeier, Sharp Electronics, Hamburg

Winfred Fischer, Telekom Leipzig

Matthias Flügge, Neue Bildende Kunst, Berlin

Astrid Klein, Köln / Leipzig

Prof. Dr. Heinrich Klotz, ZKM Karlsruhe

Friedel Krahwinkel, Nokia, Düsseldorf

Frau Nass, Lufthansa Leipzig

Jürgen Meier, Leipzig

Prof. Dr. H. J. Meyer, Staatsministerium für Wissenschaft und Kunst, Dresden

Claus Möbius, Margarete Gläser, HTS Hagenovia
Steuerberatung Leipzig

Dieter Oehms, Hamburg

Jeffery Shaw, ZKM Karlsruhe

Claudia Steinbach, On Line Leipzig

Herr Voss, Siemens AG Leipzig

SHARP

**Siemens
Kultur
Programm**

Telekom

Fotonachweis

Alle Fotos soweit nicht anders angegeben:
Uwe Walter, Berlin

Umschlag und Zwischentitel unter Verwendung
von Rotocamera-Fotos von Christoph Keller
Inke Arns: S. 8, S. 142 - 151
BuGa Partners: S. 9, 16
Stefan Straube: S. 11, 12, 14, 114
Silke Koch: S. 22 - 27
Dörte Baasch: S. 36, 44, 45, 112
Peter Schüler: S. 37, 38, 116,
Stan Douglas: S. 56
Michael Rücker: S. 59, 61
Dieter Kiessling: S.69
ZKM: S.95, 96
Andreas Wünschirs: S. 98 - 106
Gebhard Sengmüller: S. 109
Miha Fras: S. 113
Christine Hill: S. 115
Frank Berger: S. 124, 125
Fred Fröhlich: S. 128
Thilo Schmalfeld: S. 129, 130
Frank Berendt: S. 132
Wastijn & Deschuymer: S. 133
Jürgen Hille: S. 134
Arne Reinhardt: S. 135
Die Veteranen: S.136, 137
Jean-François Guiton: S. 139
Pippilotti Rist: S. S. 140
Marina Grzinic, Aina Smid: S. 140
Handshake: S. 159 - 164

Technische Angaben zum Druck

Reproduktionstechnik: Die Farbabbildungen wurden
von Ektachromen auf dem Scanner Hell 3000
reproduziert. Rasterweite: 80 Linien/cm.
Die Schwarzweißabbildungen wurden auf dem Scanner
Fujix Scanart 30 II reproduziert. Rasterweite 70 Linien/cm.
Die Belichtung der Druckplatten (Ozasol P61) erfolgte
über Positivmontage.
Reproarbeiten und Druck: Plitt Druck- u. Verlag GmbH.
Drucktechnik: Der Druck ist auf dem Vierfarbsystem der
Europa-Skala aufgebaut.
Gedruckt wurde im Offsetverfahren auf einer Sechs-
farbenmaschine (Heidelberg Speedmaster 102).
Buchbinderische Verarbeitung: Willi Krupp, Essen
Papier: mattgestrichen h'frei Westminster 130 g/qm,
Geese-Papier.